◎ 吴国祯 编著

分子振动光谱学原理

清华大学出版社
北京

内容简介

本书较系统地介绍了分子振动光谱学的基础理论知识。全书共分16章，介绍了量子力学基础、分子的转动、振动、点群表示、电子的休克方法、拉曼效应、拉曼虚态、拉曼旋光、键极化率、微分键极化率方法以及高激发振动等内容，并备有习题及解答。

本书汇集了作者多年来在此领域授课和研究的心得，对于在分子谱学、物理和化学领域学习和工作的教师、科研工作者、研究生，以及本科生均有参考价值。

图书在版编目(CIP)数据

分子振动光谱学原理/吴国祯编著. —北京：清华大学出版社，2018 (2024.6 重印)
ISBN 978-7-302-49367-9

Ⅰ. ①分… Ⅱ. ①吴… Ⅲ. ①分子振动—光谱学 Ⅳ. ①O561.3

中国版本图书馆CIP数据核字(2018)第014499号

责任编辑：鲁永芳
封面设计：傅瑞学
责任校对：赵丽敏
责任印制：刘 菲

出版发行：清华大学出版社
网 址：https://www.tup.com.cn，https://www.wqxuetang.com
地 址：北京清华大学学研大厦A座 邮 编：100084
社 总 机：010-83470000 邮 购：010-62786544
投稿与读者服务：010-62776969，c-service@tup.tsinghua.edu.cn
质量反馈：010-62772015，zhiliang@tup.tsinghua.edu.cn
印 装 者：涿州市般润文化传播有限公司
经 销：全国新华书店
开 本：170mm×230mm **印 张**：13 **字 数**：247千字
版 次：2018年3月第1版 **印 次**：2024年6月第5次印刷
定 价：39.00元

产品编号：077454-01

前　言

分子光谱学是一门研究分子的运动及其与光的相互作用的科学，或者说是运用光—电磁波为手段来研究分子的运动的一门科学。可见分子光谱学的内涵有两个组成部分，其一是光的本身性质以及分子的结构、运动，其二是它们之间的相互作用。在光的强度不是很强的情况下，光波本身可以用经典的电磁波理论来描述。在高强度光强时，则必须以量子的概念来描述光，这时光的粒子性质显得非常突出，再也不能视为单纯的波的物理现象了。至于分子的结构及其运动，由于构成分子的粒子——电子与原子核——是微观的粒子，它们的运动状态需要以量子力学来描述。因此，我们可以明确地说，分子光谱学从理论上讲已经解决了，因为不论是分子还是光，它们的运动规律已经被人们所掌握。有这样的想法，固然合乎逻辑，但问题的关键在于运动规律的掌握不等于具体问题的完全解决。其中最主要的原因是，即便是最简单的氢分子，它的量子力学的描写也是很难精确得到的。至于化学中的一般分子，那问题就更难解决了。问题的核心在于分子是由多个电子和原子核组成的，这样的多体问题，在量子力学方程中是解不出来的。由于这个原因，研究分子与光的相互作用，或是分子光谱学，很大程度上需要依靠实验手段来取得有关的数据，同时也需要用理论分析的方法对所取得的数据进行分析、推论，以阐明实验观察中所隐含的物理以及化学的意义。所以说分子光谱学是一门实验性和理论性都很强的科学，要做好此领域的工作，必须有实验和理论两方面的素养，二者缺一不可。

前面谈及分子是由电子和原子核所构成的多体体系，它的运动是很复杂的。虽说复杂但不是杂乱无章。其中一个最大的特征是电子的质量比原子核的质量小很多，只有万分之一或更小。换句话说，电子的运动速率要比原子核的运动速率快千万倍以上。当原子核只运动一点点时，电子却已经在分子里运动了好几千万个周期了。因此可以设想，当分子因核的运动而处于不同构型时，电子的运动状态总能跟上核运动的变化。这就是说当核在运动时，电子总能在瞬间调整其运动使之满足核在任何瞬时对它的运动状态的要求。反之，如果因为某种原因，譬如光的吸收，使得电子的运动状态改变了，这时由于核的运动速率比电子的要慢很多，所以核将一时还保持着原来的构型及运动状态。不难设想由于电子的运动速率比核的快上千万倍，因此改变电子运动所需的能量要比改变核运动所需的能量大很多。

核的运动可以划分为核间距离做周期性变化的振动运动和核整体绕某个轴的旋转运动。读者或许已经知道当分子含有 N 个原子时，对线形分子而言有 $3N-5$ 个振动模，2 个旋转模，3 个移动模；对非线形分子而言，则有 $3N-6$ 个振动模，3 个旋转模，3 个移动模。移动模是指分子在空间做整体的简单平移移动，本书将不做讨论。类似于分子中电子的运动速率比核的快很多，分子的振动频率也要比分子的转动快很多，当分子振动了几百个周期，分子才在空间旋转一周。因此，我们也可以粗略地将这两类运动分开来处理。同样改变分子振动所需的能量也将比改变分子的旋转能量大上千百倍。

综上所述，我们可将分子的运动划分为电子的运动、分子的振动和转动（还有有关核的自旋的运动，暂且不予讨论）。因此，分子光谱学也依研究对象的不同，划分为电子光谱学、振动光谱学和转动光谱学。这样划分完全是人为的权宜之计。在任何时刻，我们都必须牢牢记住，这些运动只是分子运动的几个侧面，它们之间的关系是紧密的。不能设想分子的任何一个层次的运动能和其他层次的运动截然无关。因此分子光谱学虽然分为几支，但一个好的分子光谱学工作者，不能只专一样，而对其余的完全陌生。学习分子光谱学的读者也一样，不能只了解电子的运动理论，而不懂得分子的振动或转动理论。可见分子光谱学是一门相当复杂的科学，它牵涉很多的领域。有人说分子光谱学就是一门分子物理学，这样的提法是不过分的。

从以上分析可知，要掌握好分子光谱学，首先要打好基础，这个基础就是量子力学。有了量子力学的基础，还得有量子化学的知识，因为量子化学是研究分子中电子运动的课题，然后还需通盘掌握有关分子振动和转动的理论。如果研究对象是液态或固态的，则还得掌握有关液体或固体的理论知识。因此分子光谱学是一门多层次的科学，它不仅牵涉化学也牵涉物理。尽管如此，就每一个分子光谱学（基础性和应用性）工作者来说，工作总会有所侧重，不可能做到面面俱到，但树立一个全局的观点是很重要的，对一个初入门的人来说亦然。平常我们可能会听到人们谈及他是从事红外或紫外的工作等，这无非是依研究手段来划分工作。从上面的阐述，我们可以说这样的提法是不妥当的。准确的提法应该是按研究工作对象来划分，这样便有可能打破按研究手段来划分的圈地思想。事实上，应该是以研究对象的性质来决定研究手段的使用。

如上所述，分子光谱学所牵涉的范畴是相当广泛的，但是我们也不应该以为只有全面学习完各个范畴、领域的知识才算了解、掌握了分子光谱学，然后才能开展研究工作。果真如此，那可能大半辈子也学习不完这些知识。这就要求我们在最短的时间内，先掌握最基本、最关键的基础知识。有了这基础后，随着研究工作的要求、需要，再逐步提高和逐步较全盘地掌握各层次的理论以及实验知识。

掌握量子力学的基础知识是很关键的。有关量子力学的书,坊间很多。本书的撰写主要在介绍有关分子的振动和转动的基础知识。只要有量子力学的基础知识就可以阅读本书了,即便没有量子化学方面的知识也不受影响。对于完全没有量子力学基础的读者,我建议先读一些量子力学的书,然后再阅读本书。不然,也得在阅读本书时,同时阅读有关量子力学的书。

第1章,首先简略回顾一下有关的量子力学基础知识,然后将重点集中在和分子光谱学有直接关系的光和分子体系作用的课题上。从实验的角度看,分子和光作用的结果主要表现在测得的谱图上。对有关谱图的形状和其中所含有关物理过程的信息,将重点介绍。

第2章,首先介绍分子中电子的运动及如何将其与核的运动分开,即玻恩-奥本海默近似。然后介绍所谓的分子势能曲线,事实上是由电子的能量,包括电子的动能、电子间的排斥能、与核相吸的势能,以及核间相互排斥的能量的总和。有了势能曲线的概念,便容易了解分子的振动和转动的物理图像了。在此基础上,将详细介绍有关振动、转动以及它们和光相互作用的特点、性质。核的自旋量子态也会影响到分子的转动、振动乃至电子态。这看起来似乎难以理解,但如果从分子的对称性角度来看,却又是必然的,这点本章也将提及。然后,介绍分子的振动和转动总谱图以及如何从实验谱图求得有关分子结构的参数。

第3章,介绍分子的振动分析。这是全书的一个核心组成部分,读者务必充分了解各种有关核坐标的定义、变换关系以及简正振动分析的来龙去脉。不但要理解数学关系式的物理内涵,还得在自己的脑海中建立起分子振动的几何图像。因为分子的振动,按照经典的简谐运动来看,它是具有明确的几何图像的。准确建立这样的图像有利于深刻理解分子振动的理论与特点。

第4章的立意在于让读者了解到,有了第3章"分子的振动"的概念后,是可以将之"用"起来的。本章一个重要的观念是对实验结果要能构造出明确的物理图像。所举的例子是SCN^-吸附在银电极表面后,其振动模频率随银表面电位不同而变化的行为。经过简正振动的分析,可以得到相当清晰的SCN^-吸附在银表面的图像。

第5章,介绍分子的点群及其在分子振动分析上的应用。分子经常具有几何对称性,本章的主旨是如何运用此对称性来简化对分子振动、转动的分析。分子对称性的概念很重要,它对电子态的分析非常有用。本章只简要地介绍点群在分子振动方面的应用原理。读者如想对此课题做更广泛的接触,有关的图书不胜枚举,如科顿所著的《群论及其在化学中的应用》一书就是很好的读物。本章中,也需注意5.19节有关点群性质的补充说明。这些补充说明容易被忽略,甚而导致对点群性质的误解。此外,5.20节从群论的角度来理解量子数的观点也很重要。这个观点和第 14 章的内容有关。

第 6 章，介绍点群的概念在固体（晶体）中的应用。重点介绍位群、空间群以及它们和分子点群之间的关系。这些内容对于研究固体，特别是分子晶体的振动，包括相变是不可或缺的。

第 7 章，介绍休克的分子中电子波函数形成的原理。同时，也结合第 5 章群论的方法对其作对称性的归类。这样，有助于我们对反映电子态和振动态耦合的拉曼过程的了解。

第 8 章，介绍拉曼效应。前面提及分子中的电子运动和核的运动有着紧密的关系。拉曼效应充分展示了这种关系。拉曼效应过程首先是光子被分子捕获。分子因吸收光子而使电子跃迁到高的量子状态。这个高的量子状态是不稳定的，也未必正好是本征态。当电子从高的量子态跃迁至基态并将能量以光的形式发射出去时，有时不会回到原来的振动态或转动态。换言之，分子以振动或转动能的方式吸收了一部分光的能量。自然，也有可能振动或转动的能量被释放到发射出的光中。（应了解在整个过程中，电子的运动状态虽然经历了许多变化，但核的位置、运动状态始终是变化很少的，因为电子的运动速率比核的运动快很多。）如果被吸收光子的能量正好能将电子从基态跃迁至高的本征激发态，则电子在本征激发态停留的时间会较长，这会使拉曼散射过程发生的概率增加很多，相应地拉曼峰强也会增加很多，这就是共振拉曼效应。相应的非激发到本征态的过程，称为非共振拉曼效应。拉曼效应是个双光子过程，它不仅展示了分子振动或转动的信息，更重要的是它包含着分子振动态和电子态耦合的信息。从这个观点看，我们可以从拉曼效应得到的信息要比红外效应的多很多。

第 9 章，着重用量子力学的方法分析拉曼效应的核心过程——电子与核相互作用的机制，从而深入理解共振拉曼效应是这种机制的结果。

第 10 章，介绍近年来人们关注的表面增强拉曼效应。介绍作者建立的从拉曼峰强求取键极化率的方法，用此方法我们可以得到很多有关该效应的机制与性质。在此着重强调拉曼峰强所隐含的物理或化学信息是不可忽视的。

第 11 章，运用第 10 章的从拉曼峰强求取键极化率的方法，研究了拉曼效应中电子激发扰动态的物理本质，明确了所谓的“拉曼虚态”的电子结构特征。

第 12 章，介绍旋光性，特别是拉曼旋光性。这个领域还处在新生阶段。随着谱学技术的发展，人们完全有理由相信它会是一个有生命力的新领域，因为它反映了分子的立体结构信息，也揭示着比红外与一般拉曼过程更高一个层次的光和分子的相互作用。

第 13 章，介绍同样是作者创立的从拉曼旋光谱求取微分键极化率的方法。微分键极化率反映的是分子手性的机制及其本质特征。这个方法是研究拉曼旋光谱以及手性本质的有效手段。

第 14 章,介绍用群论对称性的方法理解双电子原子的能谱特征。初看会以为这个课题和分子的振动、转动无关。事实上,由于电子间的排斥作用,双电子原子的电子激发态的构型会类似于(线形的)三原子分子结构,也因此,其能谱必然反映着类似三原子分子振动和转动谱的特征。如何从电子能谱分析出这些特征呢?解波函数的方法肯定不是个妥当的首选思路,反而是用对称性对其量子数进行归类的方法(结合 5.20 节的论述),可以达到这样的结果。这个结果也告诉我们,分子和原子体系的物理本质是第一性,而剖析它们性质的方法,如量子力学只是属于第二性的方法。量子力学解波函数的方法固然是研究微观量子体系的重要手段,但不是唯一的。第 16 章关于研究分子高激发振动态的内容,也揭示着这种观点。

第 15 章,深入阐述分子对称性的意义、内涵。初学群论的人往往误以为点群是分子对称性的全部内涵(主要内涵)。事实上点群只是将分子看作几何结构时所具有的几何对称性,分子的对称内涵远远超出这个范畴。本章我们将准确阐述分子对称性的定义,并了解如何处理具有不定几何构型分子的电子、振动、转动等问题。

第 16 章,介绍近年来逐渐为人们所重视的有关分子高激发振动态的课题。对于低激发振动态而言,传统量子力学的薛定谔方法是合适的,它所体现的是简正振动模形式。然而对于高激发振动态,薛定谔方法就很难再有效了。由于非线性效应,高激发振动的模式是异常复杂的。随着近年实验技术的进展,有关分子高激发振动的谱图已逐渐多了起来,如何理解这些谱图?它们所隐含的有关分子高激发振动态的物理图像、内涵是什么?有迹象显示它们和混沌结构有关。本章将介绍作者在此领域的有关工作以及看法、观点。这个方法有别于用波函数的方法,它结合了二次量子化算子表达、海森伯对应、经典力学——哈密顿方法、单摆的动力学、非线性力学的概念——李雅普诺夫指数、混沌等领域,而数据则来自实验的观察——量子化能级的间距。

通过第 16 章和第 14 章的内容,我们认识到薛定谔波函数的方法不是必然的。显然,其他的方法包括经典的以及群论的方法更富于挑战性,也往往能让我们直指问题的核心,了解到体系的本质特征。

总之,这是个崭新的、引人入胜、富有生命力的领域,也开拓了分子振动光谱学与别的学科领域,如非线性学科的相通渠道。人们应该认识到分子振动光谱学还在前进中,它远未成熟,还处在茁壮成长的发育期。

本书的目的在于期望初学者能尽快掌握有用的基本原理,而不迷失在浩瀚的、似乎没有尽头的理论学习当中。对于教育与科研工作者,如研究生、教师,作者期望本书能起到学与用相结合、相促进的作用。核心问题在于:对于一个科研课题,要害就在于能否提出一个物理思想。作者期望这本书确能带给读者这些作者认为弥足珍贵的东西。

作者认为读者在阅读了本书的有关章节后,将对分子振动、转动的光谱学有基础性的掌握。有了这个基础后,根据个人工作的范畴特点,再去深入钻研,心中就比较有数了。作者在完成本书的过程中,始终是按照这个目标撰写的。作者认为这样的学习方式才是行之有效的。学习的目标,在于掌握最基本的、关键的和核心的东西,学习的目的完全是为了创新、创造。如果把学习搞得复杂化、巨细无遗、面面俱到,钻在其中而不能自拔,就不是我们的愿望了。

本书可为大专院校具有初步量子力学基础的学生、研究生或科技工作者研习分子振动光谱学之用。本书的撰写源自于2001出版的第1版(《分子振动光谱学:原理与研究》)。此次再版删去了原版中的一些内容不是很重要的章节,也添加了这些年来作者在这个领域学习、工作和教学的心得和经验。正因如此,本书一定有许多缺憾,因此作者诚挚地要求读者以批评的眼光和独立的思考来阅读本书。

此次出版得到清华大学低维量子物理国家重点实验室的支持,在此一并表示感谢。

吴国祯
2017年8月
于清华园

目　录

第1章　量子力学基础 …… 1

1.1　量子状态与算符 …… 1
1.2　不含时的微扰 …… 5
1.3　含时的微扰 …… 5
1.4　光的作用 …… 6
1.5　爱因斯坦的光的吸收和辐射理论 …… 8
1.6　谱线的形状与宽度 …… 9
1.7　关于波数 …… 11
参考文献 …… 11
习题 …… 11

第2章　分子的转动 …… 13

2.1　概述 …… 13
2.2　玻恩-奥本海默近似 …… 14
2.3　刚体转子 …… 16
2.4　谱线 …… 17
2.5　对称性 …… 18
2.6　简谐振子 …… 19
2.7　分子振动转动谱线 …… 20
2.8　离心力效应 …… 22
2.9　非简谐效应 …… 23
2.10　多原子分子的转动光谱 …… 23
参考文献 …… 24
习题 …… 25

第3章　分子的振动 …… 26

3.1　简正振动模 …… 26

3.2　简正坐标 …… 28
3.3　选择定则 …… 30
3.4　一般坐标 …… 31
3.5　共振现象 …… 35
3.6　具有若干旋转稳定点的分子 …… 36
3.7　分子内旋转运动 …… 37
3.8　官能团频率 …… 39
3.9　结语 …… 40
参考文献 …… 41
习题 …… 41

第4章　键力常数的计算与SCN^-在电极表面的吸附 …… 43

4.1　引言 …… 43
4.2　SCN^-吸附在银电极表面的振动分析 …… 44
参考文献 …… 45

第5章　点群的表示及其应用 …… 46

5.1　分子的对称性与群的定义 …… 46
5.2　群的分类 …… 48
5.3　群的一些性质 …… 48
5.4　点群 …… 50
5.5　群的表示 …… 50
5.6　特征值 …… 51
5.7　特征表 …… 51
5.8　可约表示的约化 …… 53
5.9　基 …… 53
5.10　以简正坐标为基的表示 …… 55
5.11　以原子位移为基的表示的约化 …… 56
5.12　分子振动的分析 …… 57
5.13　不可约表示基的寻找 …… 58
5.14　对称坐标 …… 58
5.15　直积群 …… 59
5.16　简正振动波函数的对称性 …… 61
5.17　选择定则 …… 64

5.18　相关 …… 65
5.19　关于点群的几点说明 …… 66
5.20　关于量子数 …… 67
参考文献 …… 68
习题 …… 68

第6章　分子晶体的振动与群的相关 …… 70

6.1　分子晶体的振动 …… 70
6.2　单胞群、位群、平移群 …… 72
6.3　分子点群、位群及单胞群的相关及其物理意义 …… 75
参考文献 …… 79

第7章　电子波函数 …… 80

7.1　电子波函数 …… 80
7.2　原子轨道线性组合的概念 …… 80
7.3　杂化轨道系数的确定 …… 81
7.4　久期方程 …… 83
7.5　休克近似 …… 84
7.6　对称和群的应用 …… 88
7.7　相关 …… 89
7.8　HMO的改进 …… 90
7.9　电子在轨道间的跃迁和选择定则 …… 90
7.10　结语 …… 91
参考文献 …… 91
习题 …… 91

第8章　拉曼效应 …… 93

8.1　散射现象 …… 93
8.2　拉曼效应 …… 96
8.3　拉曼效应的量子观点 …… 97
8.4　选择定则 …… 99
8.5　极化率 …… 101
8.6　沃肯斯坦键极化率理论 …… 102
8.7　共振拉曼效应 …… 103

8.8 高次拉曼效应 …… 104
参考文献 …… 104
习题 …… 104

第9章 振动—电子态的耦合与拉曼效应 …… 106

9.1 引言 …… 106
9.2 拉曼极化率 …… 106
9.3 非共振拉曼极化率 …… 108
9.4 共振拉曼极化率 …… 108
9.5 M^+TCNQ^-的共振拉曼谱 …… 109
参考文献 …… 111

第10章 键极化率的计算 …… 112

10.1 引言 …… 112
10.2 分子键极化率的计算 …… 114
10.3 表面增强拉曼峰强 …… 116
10.4 表面增强吸附分子键极化率的计算 …… 117
参考文献 …… 121

第11章 拉曼虚态的电子结构 …… 122

11.1 拉曼峰强 …… 122
11.2 拉曼虚态 …… 122
11.3 2-氨基吡啶的拉曼虚态电子结构 …… 123
11.4 虚态弛豫的测不准关系 …… 127
11.5 结语 …… 127
参考文献 …… 127

第12章 旋光性 …… 128

12.1 引言 …… 128
12.2 磁过程、电四极矩过程与电偶极矩的作用 …… 131
12.3 分子振动旋光性的模型 …… 132
12.4 分子振动旋光的电荷流动模型 …… 132
12.5 结语 …… 134
参考文献 …… 135

第 13 章 拉曼旋光与微分键极化率 …… 136

13.1 拉曼旋光下的键极化率 …… 136
13.2 (+)-(R)-methyloxirane 的键极化率和微分键极化率 …… 138
13.3 分子内手性对映性 …… 141
13.4 拉曼、拉曼旋光峰强和键极化率、微分键极化率的等同性 …… 142
参考文献 …… 143

第 14 章 双电子原子的能谱与双原子分子转动振动谱的相似性 …… 144

14.1 氢原子电子运动的对称性 …… 144
14.2 氦原子双电子的激发态 …… 145
14.3 *d* 和 *I* 组态的归类 …… 147
14.4 总结 …… 149
参考文献 …… 149
习题 …… 150

第 15 章 分子的对称 …… 151

15.1 置换反演群 …… 151
15.2 分子的对称群、点群和转动群 …… 153
15.3 分子波函数的对称分类 …… 155
15.4 选择定则 …… 158
参考文献 …… 160
习题 …… 161

第 16 章 分子高激发振动 …… 162

16.1 前言 …… 162
16.2 莫尔斯振子 …… 162
16.3 单摆的动力学 …… 163
16.4 二次量子化算符的表达 …… 164
16.5 一个共振等同于一个单摆的动力学 …… 165
16.6 一个共振对应于一个守恒量 …… 166
16.7 混沌 …… 166
16.8 海森伯对应 …… 167
16.9 共振的重叠导致混沌的产生 …… 169

16.10　动力学势 …… 170
16.11　结论 …… 174
参考文献 …… 174

习题解答 …… 175

附录 A　点群特征表 …… 185

第1章　量子力学基础

本章主要回顾量子力学的基本概念，然后着重叙述那些和分子光谱学有关的量子课题。本章虽然没有牵涉具体的分子的电子、振动、转动等内容，但它是以后各章有关分子运动的基础。

1.1　量子状态与算符

在量子力学中，一个物理状态可以用一个称作状态函数(state function)的量$|a\rangle$(或$\langle a|$)来表示。$|a\rangle$有时也被称作状态向量(state vector)。这是因为$|a\rangle$满足数学中向量的许多性质的缘故。例如，两个向量之和仍为一向量；一数乘以一向量仍为一向量。对应地，有

$$|a\rangle + |b\rangle = |c\rangle$$

$$c|a\rangle = |d\rangle$$

此处，$|a\rangle$，$|b\rangle$，$|c\rangle$，$|d\rangle$等均为状态函数，而c可为任意复数。

向量间除了有"+"这种运算的联系外，还有一个重要的性质，就是两个向量之内积(通常以符号"·"表示)，为一实数。同样地，两个状态函数$\langle a|$，$|b\rangle$之间亦可定义一内积运算，并以

$$\langle a|b\rangle \quad \text{或} \quad \langle b|a\rangle$$

表示。与向量之内积不同，$\langle a|b\rangle$不一定为实数，可为复数。若以积分形式来表示(这是量子力学中的一种表象)，则

$$\langle a|b\rangle = \int \varphi_a^* \varphi_b \mathrm{d}\tau$$

式中，φ_a^*，φ_b为描述$\langle a|b\rangle$状态之代数函数(称作波函数)；符号"*"表示取复共轭，即将函数中之虚数i改为−i；$\mathrm{d}\tau$是对φ_a，φ_b函数定义的空间作积分。从上式，明显的有

$$\langle a|b\rangle = \langle b|a\rangle^*$$

可见状态函数间之内积若不为实数，则做内积运算时，函数之先后顺序是重要的。

向量之集合与运算构成了称作向量空间的数学结构，状态函数的集合与运算则构成了希尔伯特空间(Hilbert space)。

以上叙述了对物理状态的描述。怎样表示"物理操作"这个概念呢？为此，人

们引入算符的运算。算符是一种数学概念。广义地说，它就是一种变换。一个状态函数$|a\rangle$可以经由一个算符$\hat{T}$的作用变换到另一个状态函数$|b\rangle$。形象地说，就是一个物理状态经过某个"物理操作"以后，因为该物理操作对它起了作用，从而变成了另一种状态。在量子力学中，一种物理操作对应着一个算符，可以用数学式子表示为

$$\hat{T} \mid a\rangle = \mid b\rangle$$

如果$|b\rangle$正好为$a|a\rangle$，则上式变为

$$\hat{T} \mid a\rangle = a \mid a\rangle$$

此时就称a和$|a\rangle$为$\hat{T}$的本征值(eigenvalue)和本征函数(eigenfunction)。一个算符可以有一组本征函数，并且它们间的内积均为零。

物理操作所对应的数学算符$\hat{T}$都满足以下的关系式：

$$\langle a \mid \hat{T} \mid b\rangle = \langle b \mid \hat{T} \mid a\rangle^*$$

满足以上关系的算符就称作厄米算符(Hermitian)。可以证明，厄米算符的本征值必然为实数。

在量子力学中，每一个物理操作都对应着一个算符，它们和经典力学中的物理量有着简单的对应关系，见表1.1。表中x_k，p_{xj}，J_{xj}，H分别为运动粒子j的坐标，动量，角动量和哈密顿量(Hamiltonian)。V表示势能。此处h为普朗克常数，$\hbar = h/2\pi$，下同。

表1.1　物理量在经典力学和量子力学中的对应表示式

经典力学	量子力学
x_k	x_k
$p_{xj} = m_j v_j = m_j\left(\frac{\mathrm{d}x_j}{\mathrm{d}t}\right)$	$\frac{\hbar}{\mathrm{i}}\frac{\partial}{\partial X_j}$
$J_{xj} = m_j\left(y_j\frac{\mathrm{d}z_j}{\mathrm{d}t} - z_j\frac{\mathrm{d}y_j}{\mathrm{d}t}\right)$	$\frac{\hbar}{\mathrm{i}}\left(y_j\frac{\partial}{\partial z_j} - z_j\frac{\partial}{\partial y_j}\right)$
$H = \frac{1}{2}\sum_j \frac{1}{m_j}(p_{xj}^2 + p_{yj}^2 + p_{zj}^2) + V$	$H = -\frac{\hbar^2}{2}\sum_j \frac{1}{m_j}\nabla_j^2 + V$

算符间存在对易(commute)和不对易两种关系。对算符$\hat{A}$和$\hat{B}$，定义：

$$[\hat{A},\hat{B}] = \hat{A}\hat{B} - \hat{B}\hat{A}$$

显而易见，下式也均成立：

$$[\hat{A},\hat{B}] = -[\hat{B},\hat{A}]$$

$$[\hat{A},\hat{B}+\hat{C}] = [\hat{A},\hat{B}] + [\hat{A},\hat{C}]$$

$$[\hat{A},\hat{B}\hat{C}]=[\hat{A},\hat{B}]\hat{C}+\hat{B}[\hat{A},\hat{C}]$$

如果$[\hat{A},\hat{B}]$作用在任意函数(在定义空间中的)f后,使其均为零,即

$$[\hat{A},\hat{B}]f=0$$

则上式可简写为

$$[\hat{A},\hat{B}]=0$$

并称$\hat{A}$,$\hat{B}$为对易的,否则便是不对易的。许多算符是对易的,但也有许多是不对易的,并且有着简单的关系。例如:

$$[\hat{\boldsymbol{J}},\hat{J}^2]=0$$

$$[\hat{J}^2,\hat{J}_+]=[\hat{J}^2,\hat{J}_-]=[\hat{J}^2,\hat{J}_z]=0$$

$$[\hat{J}_x,\hat{J}_y]=\mathrm{i}\hat{J}_z,\quad[\hat{J}_y,\hat{J}_z]=\mathrm{i}\hat{J}_x$$

$$[\hat{J}_z,\hat{J}_-]=-\hat{J}_-,\quad[\hat{J}_+,\hat{J}_-]=2\hat{J}_z$$

$$[\hat{x},\hat{p}_x]=\mathrm{i}\hbar,\quad[\hat{x},\hat{p}_x^2]=2\hbar^2\frac{\partial}{\partial x}$$

$$[\hat{x},\hat{H}]=\frac{\mathrm{i}\hbar}{m}\hat{p}_x,\quad[\hat{p}_X,\hat{H}]=\frac{\hbar}{\mathrm{i}}\frac{\partial V}{\partial x}$$

$$[\hat{q}_i,G(p_1,\cdots,p_k)]=\mathrm{i}\hbar\frac{\partial G}{\partial p_i}$$

$$[\hat{p}_i,\hat{F}(q_1,\cdots,q_k)]=\frac{\hbar}{\mathrm{i}}\frac{\partial F}{\partial q_i}$$

上式中,

$$\hat{\boldsymbol{J}}=\hat{J}_x\hat{\boldsymbol{x}}+\hat{J}_y\hat{\boldsymbol{y}}+\hat{J}_z\hat{\boldsymbol{z}}$$

$$\hat{J}_\pm=\hat{J}_x\pm\mathrm{i}\hat{J}_y$$

此处,$\hat{\boldsymbol{x}}$,$\hat{\boldsymbol{y}}$,$\hat{\boldsymbol{z}}$为笛卡儿坐标系的单位向量。

算符间的不对易性和量子力学中的量子化以及测不准原理有着密切的关系。

两个算符若为对易,则它们共有一组完备本征函数;反之两个算符若共有一组完备本征函数(即在定义的空间内的任何函数都可以表示为其线性组合),则它们必然是对易的。这一定理在一般量子力学的书中大都有证明,在此就不再重复。

对一个物理状态$|a\rangle$,当我们进行一系列的测量(如前所述,此测量对应于算符$\hat{A}$)时,测得期待值(expectation value)$\langle A\rangle$,

$$\langle\hat{A}\rangle=\frac{\langle a|\hat{A}|a\rangle}{\langle a|a\rangle}$$

定义

$$(\Delta \hat{A})^2 \equiv \langle (\hat{A} - \langle \hat{A} \rangle)^2 \rangle$$

在此，$(\Delta \hat{A})^2$是指测量$\hat{A}$的误差平方的均值。上式经展开后，可以等于$\langle \hat{A}^2 \rangle - \langle \hat{A} \rangle^2$。

可以证明，对两个算符$\hat{A}$，$\hat{B}$，恒有

$$\Delta \hat{A} \cdot \Delta \hat{B} \geqslant \frac{1}{2} \mid \langle [\hat{A}, \hat{B}] \rangle \mid$$

若$\hat{A}$，$\hat{B}$对易，上式变为

$$\Delta \hat{A} \cdot \Delta \hat{B} \geqslant 0$$

就物理意义讲，此式表示对应于$\hat{A}$，$\hat{B}$算符的两个物理操作的测量精确度，理论上可以“同时”无限制地精确下去。反之，若$[\hat{A}, \hat{B}] \neq 0$，则$\Delta \hat{A} \cdot \Delta \hat{B}$可大于一个不为零的定值，即如

$$\Delta \hat{J}_x \cdot \Delta \hat{J}_y \geqslant \frac{1}{2} \mid \langle [\hat{J}_x, \hat{J}_y] \rangle \mid = \frac{1}{2} \mid \langle \hat{J}_z \rangle \mid$$

此处$|\langle \hat{J}_z \rangle|$可为$l\hbar$，$l=0,1/2,1,3/2,2,\cdots$。

所以当$l \neq 0$时，$\hat{J}_x$，$\hat{J}_y$两者不可能同时无限制地被精确测定。这就是一般所称的测不准原理。

一个算符$\hat{T}$除了表1.1所示的微分形式外，还可以用一组完备函数$\{|a_i\rangle\}_i$以矩阵的形式来表示，

$$T_{ij} = \langle a_i \mid \hat{T} \mid a_j \rangle$$

式中T_{ij}为矩阵元。

如果$\langle a_i | a_j \rangle = \delta_{ij}$，$\delta_{ij} = \begin{cases} 0, & i \neq j \\ 1, & i = j \end{cases}$，则$\{|a_i\rangle\}_i$满足一种称作闭合性的关系(closure relation)，并用下述符号来表示，

$$\sum_i \mid a_i \rangle \langle a_i \mid = 1$$

$\sum_i \mid a_i \rangle \langle a_i \mid$称为单元算符，它可以插入任何算符运算中间，并经过适当地运用可简化许多繁琐的运算(参见习题1.1)。

如果$|a_i\rangle$为$\hat{T}$的本征函数，并且本征函数都是正交的，即

$$\hat{T} \mid a_i \rangle = a_i \mid a_i \rangle$$

$$T_{ij} = a_i \delta_{ij}$$

则矩阵$\boldsymbol{T}$为对角线矩阵。

1.2　不含时的微扰

在一般的量子力学书中，对不含时的微扰理论均有详细的讨论，在此不再重复。以下对非简并与简并的两种情况分别讨论。

1. 非简并的情况

设

$$H = H^0 + \lambda H', \quad \lambda H' \ll H^0$$

H, H^0, H' 分别为完整的，没有微扰和微扰的哈密顿量。$|n^{(0)}\rangle, E_n^{(0)}, |n\rangle, E_n$ 分别为 H^0 和 H 的本征函数与本征值，则 H 的本征函数与本征值可分别写为

$$|n\rangle = |n^{(0)}\rangle + \lambda |n^{(1)}\rangle + \lambda^2 |n^{(2)}\rangle \cdots$$

$$E_n = E_n^{(0)} + \lambda E_n^{(1)} + \lambda^2 E_n^{(2)} + \cdots$$

其中，

$$|n^{(1)}\rangle = \sum_{l \neq n} \frac{|l^{(0)}\rangle\langle l^{(0)}|H'|n^{(0)}\rangle}{E_n^{(0)} - E_l^{(0)}}$$

$$E_n^{(1)} = \langle n^{(0)}|H'|n^{(0)}\rangle$$

$$E_n^{(2)} = \sum_{l \neq n} \frac{\langle n^{(0)}|H'|l^{(0)}\rangle\langle l^{(0)}|H'|n^{(0)}\rangle}{E_n^{(0)} - E_l^{(0)}} = \sum_{l \neq n} \frac{|\langle n^{(0)}|H'|l^{(0)}\rangle|^2}{E_n^{(0)} - E_l^{(0)}}$$

2. 简并的情况

设 $|1^{(0)}\rangle, |2^{(0)}\rangle, \cdots, |n^{(0)}\rangle$ 为 $H^{(0)}$ 的简并态，在 H' 微扰作用下（即 $H = H^{(0)} + H'$）的本征值为下列方程之解：

$$\begin{vmatrix} H'_{11} - E, & H'_{12}, & \cdots, & H'_{1n} \\ \vdots & & & \\ H'_{n1}, & H'_{n2}, & \cdots, & H'_{nn} - E \end{vmatrix} = 0$$

其中，

$$H'_{ij} = \langle i^{(0)}|H'|j^{(0)}\rangle$$

1.3　含时的微扰

设在时间 t 时的物理状态为 $|n,t\rangle$，同时 $|n,t\rangle$ 满足量子力学运动方程，即

$$H^0 |n,t\rangle = -\frac{\hbar}{\mathrm{i}} \frac{\partial}{\partial t} |n,t\rangle \tag{1.1}$$

此处 H^0 为该物理状态的哈密顿量。在此,我们假定 H^0 不含时间这个变量。令

$$|n,t\rangle = \exp(-\mathrm{i}E_n t/\hbar)|n\rangle \tag{1.2}$$

将式(1.2)代入式(1.1),即得

$$H^0 |n\rangle = E_n |n\rangle$$

这就是稳定态的本征方程问题了。

现在设想在前述的物理条件上,加一含时的微扰量 $H'(t)$,则运动方程为

$$(H^0 + H'(t))|\varphi\rangle_i = -\frac{\hbar}{\mathrm{i}}\frac{\partial}{\partial t}|\varphi\rangle_i \tag{1.3}$$

因为 $\{|n,t\rangle\}_n$ 为完备函数,故可将 $|\varphi\rangle_i$ 展开为其线性组合,即

$$|\varphi\rangle_i = \sum_n C_{ni}(t)\mathrm{e}^{-\mathrm{i}E_n t/\hbar}|n\rangle \tag{1.4}$$

将式(1.4)代入式(1.3),运用式(1.1),并在等式两边同乘以 $\langle m|$,并运用下述的关系:

$$\langle m|n\rangle = \delta_{mn}$$

则有

$$\frac{\mathrm{d}}{\mathrm{d}t}C_{mi}(t) = -\frac{\mathrm{i}}{\hbar}\sum_n C_{ni}(t)\mathrm{e}^{-\mathrm{i}(E_n-E_m)t/\hbar}\langle m|H'|n\rangle \tag{1.5}$$

$C_{mi}(t)$ 表示在时间 t 时,$|\varphi\rangle_i$ 在 $|m,t\rangle$ 态上有多少可能性的量。

若 $\langle m|H'|n\rangle=0$,则 $C_{ni}(t)$ 均为常数,即

$$|\varphi\rangle_i = \sum_n C_{ni}|n,t\rangle$$

这就意味着 $|\varphi\rangle_i$ 在 $|n,t\rangle$ 态上概率不随时间改变,亦即 $H'(t)$ 微扰对 $|\varphi\rangle_i$ 并不起作用。所以 $\langle m|H'|n\rangle$ 一项是否为零对 $|\varphi\rangle_i$ 在那些态上的跃迁起着决定性的作用。光谱学中的跃迁选择定则就是由它是否为零导出的。

在下节中,我们将运用式(1.5)来查看在光的作用下,一个量子态的变化情形。

1.4 光的作用

在弱光作用下,一个在势能 V 里运动的粒子的哈密顿量为

$$H = \left[-\frac{\hbar^2}{2m}\nabla^2 + V(\boldsymbol{r})\right] + \frac{\mathrm{i}e\hbar}{mc}\boldsymbol{A}\cdot\boldsymbol{\nabla}$$

式中,$\frac{\mathrm{i}e\hbar}{mc}\boldsymbol{A}\cdot\boldsymbol{\nabla}$ 是粒子与光相作用的哈密顿量;$\boldsymbol{\nabla}$ 为 $\frac{\partial}{\partial x}\hat{\boldsymbol{x}}+\frac{\partial}{\partial y}\hat{\boldsymbol{y}}+\frac{\partial}{\partial z}\hat{\boldsymbol{z}}$;$\boldsymbol{A}$ 称作矢势能(vector potential),与光的电场 $\boldsymbol{\varepsilon}$ 的关系为

$$\boldsymbol{\varepsilon}(\boldsymbol{r},t) = -\frac{1}{c}\frac{\partial\boldsymbol{A}(\boldsymbol{r},t)}{\partial t}$$

显然,可用前节叙述的方法来处理这个问题。令

$$H^0 = -\frac{\hbar^2}{2m}\nabla^2 + V(\boldsymbol{r})$$

$$H' = \frac{\mathrm{i}e\hbar}{mc}\boldsymbol{A}\cdot\boldsymbol{\nabla}$$

此外,为方便起见,还假定系统在和光作用前处于$|k\rangle$态,亦即

$$C_k = 1, \quad C_{l\neq k} = 0$$

由式(1.5),可得

$$\frac{\mathrm{d}}{\mathrm{d}t}C_{mk}(t) = -\frac{\mathrm{i}}{\hbar}\mathrm{e}^{-\mathrm{i}(E_k - E_m)t/\hbar}\langle m \mid \frac{\mathrm{i}e\hbar}{mc}\boldsymbol{A}\cdot\boldsymbol{\nabla}\mid k\rangle \tag{1.6}$$

若令

$$\begin{aligned}\boldsymbol{A} &= \boldsymbol{A}_0\cos(\omega t + \boldsymbol{k}\cdot\boldsymbol{r}) \\ &= \frac{1}{2}[\boldsymbol{A}_0\mathrm{e}^{\mathrm{i}(\omega t + \boldsymbol{k}\cdot\boldsymbol{r})} + c.\,c.]\end{aligned}$$

此处 $c.\,c.$ 表示前项之复共轭(complex conjugate)。若令

$$E_k - E_m = \hbar\omega_{km}$$

则式(1.6)可写为

$$\frac{\mathrm{d}}{\mathrm{d}t}C_{mk}(t) = a_{mk}\mathrm{e}^{\mathrm{i}(\omega - \omega_{km})t} + c.\,c. \tag{1.7}$$

此处

$$a_{mk} = \frac{1}{2}\frac{e}{mc}\boldsymbol{A}_0\langle m \mid \mathrm{e}^{\mathrm{i}\boldsymbol{k}\cdot\boldsymbol{r}}\boldsymbol{\nabla}\mid k\rangle$$

可以解得

$$C_{mk}(t) = a_{mk}\frac{\mathrm{e}^{\mathrm{i}(\omega - \omega_{km})t} - 1}{\mathrm{i}(\omega - \omega_{km})} - a_{mk}^{*}\frac{\mathrm{e}^{-\mathrm{i}(\omega + \omega_{km})t} - 1}{\mathrm{i}(\omega + \omega_{km})}$$

取第一项(第二项亦同),在时间 t 时,从$|k\rangle$跃迁到$|m\rangle$的概率为

$$P_{mk}(t) = |C_{mk}(t)|^2 = 4|a_{mk}|^2\frac{\sin^2\frac{1}{2}(\omega - \omega_{km})t}{(\omega - \omega_{km})^2}$$

通常还需考虑光的频率分配因素 $g(\omega)$,即不同频率 ω 的光的强度。于是有

$$P_{mk}(t) = 4|a_{mk}|^2\int_{-\infty}^{\infty}\frac{\sin^2\frac{1}{2}(\omega - \omega_{km})t}{(\omega - \omega_{km})^2}g(\omega)\mathrm{d}\omega \tag{1.8}$$

如果 $g(\omega)$是一均匀函数,亦即 $g(\omega)=1$,则运用

$$\int_{-\infty}^{\infty}\frac{\sin^2 x}{x^2}\mathrm{d}x = \pi$$

的关系,可将式(1.8)简化为

$$P_{mk}(t) = 2\pi|a_{mk}|^2 t$$

从上式可见跃迁概率是和时间成正比的。

下面,进一步阐明$|a_{mk}|$项的实质意义。

为方便计,只考虑 x 方向的情形,并假设光的进行方向沿 z 轴,即 $\boldsymbol{k}=k\hat{\boldsymbol{z}}$。此时

$$
\begin{aligned}
(a_{mk})_x &= \frac{e}{mc}A_{0x}\langle m \mid \mathrm{e}^{ikz}\frac{\partial}{\partial x} \mid k\rangle \\
&= \frac{e}{mc}A_{0x}\langle m \mid (1+\mathrm{i}kz+\cdots)\frac{\partial}{\partial x} \mid k\rangle \\
&= \frac{e}{mc}A_{0x}\left\{\langle m \mid \frac{\partial}{\partial x} \mid k\rangle + \langle m \mid \mathrm{i}kz\frac{\partial}{\partial x} \mid k\rangle + \cdots\right\} \qquad (1.9)
\end{aligned}
$$

可以证明(见习题 1.4)

$$
\langle m \mid \frac{\partial}{\partial x} \mid k\rangle = \frac{m}{\hbar^2}(E_m - E_k)\langle m \mid x \mid k\rangle
$$

$$
\begin{aligned}
\langle m \mid z\frac{\partial}{\partial x} \mid k\rangle &= \frac{1}{2}\left[\langle m \mid z\frac{\partial}{\partial x} + x\frac{\partial}{\partial z} \mid k\rangle + \langle m \mid z\frac{\partial}{\partial x} - x\frac{\partial}{\partial z} \mid k\rangle\right] \\
&= \left[\frac{im}{k\hbar^2}(E_m - E_k)\langle m \mid xz \mid k\rangle\right] + \frac{\mathrm{i}}{2\hbar}\langle m \mid J_y \mid k\rangle
\end{aligned}
$$

就物理意义而言,$\langle m|x|k\rangle$是指通过电偶极矩(electric dipole moment)跃迁的光吸收过程。$\langle m \mid xz \mid k\rangle$和$\langle m \mid J_y \mid k\rangle$是分别通过电四极矩(electric quadrupole moment)或双光子的拉曼过程和磁偶极矩(magnetic dipole moment)跃迁的过程。

总的来说,一般考虑光和物质作用的跃迁机制时,应考虑

$$
\langle m \mid \boldsymbol{r} \mid k\rangle,\quad \langle m \mid \boldsymbol{rr} \mid k\rangle,\quad \langle m \mid \boldsymbol{J} \mid k\rangle,\quad \cdots
$$

诸项是否为零。我们也注意到,一般来说

$$
\langle m \mid \boldsymbol{r} \mid k\rangle \gg \langle m \mid \boldsymbol{rr} \mid k\rangle,\quad \langle m \mid \boldsymbol{J} \mid k\rangle,\quad \cdots
$$

1.5　爱因斯坦的光的吸收和辐射理论

爱因斯坦认为处于基态$|1\rangle$和激发态$|2\rangle|$的量子系统(图 1.1),在强度为 ρ 的光的作用下有 3 种跃迁机制。它们是和 ρ 有关的态$|1\rangle$和态$|2\rangle$之间的吸收和发射过程,称为吸收(激发吸收)和激发发射。它们的速率分别为

$$
K_{12} = B_{12}\rho
$$

$$
K_{21} = B_{21}\rho
$$

另一种是从激发态自然回到基态的跃迁过程(自发跃迁或自发弛豫),它和 ρ 无关。其速率为

$$
K'_{21} = A_{21}
$$

在热平衡时,

$$N_2A_{21} + N_2B_{21}\rho = N_1B_{12}\rho$$

或

$$\frac{N_2}{N_1} = \frac{B_{12}\rho}{B_{21}\rho + A_{21}} \tag{1.10}$$

式中 N_2,N_1 分别为处于态$|2\rangle$和态$|1\rangle$的粒子数。处在热平衡时,依照玻耳兹曼分配律

$$\frac{N_2}{N_1} = \frac{g_2}{g_1}\mathrm{e}^{-h\nu/kT} \tag{1.11}$$

式中 g_1、g_2及 $h\nu$ 分别为态$|1\rangle$和态$|2\rangle$的简并数及其间之能级差。

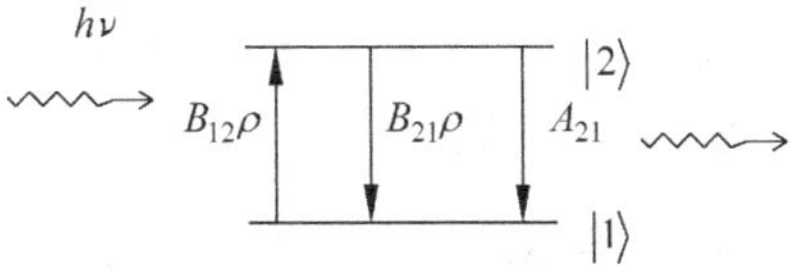

图 1.1　在光的作用下,量子系统基态$|1\rangle$|和激发态$|2\rangle$之间的吸收、发射和自发弛豫过程

求解式(1.10)和式(1.11),即得

$$\rho = \frac{A_{21}(g_2/g_1)\mathrm{e}^{-h\nu/kT}}{B_{12} - B_{21}(g_2/g_1)\mathrm{e}^{-h\nu/kT}} \tag{1.12}$$

按照黑体辐射律

$$\rho = \frac{8\pi h\nu^3}{c^3}\left(\mathrm{e}^{h\nu/kT} - 1\right)^{-1} \tag{1.13}$$

比较式(1.12)和式(1.13),可得

$$B_{12} = B_{21}(g_2/g_1)$$

$$A_{21} = (8\pi h\nu^3/c^3)B_{21}$$

激发发射和自发发射除了速率不同外,还有一点不同,就是激发发射的光的行进方向和照射光相同,而自发发射的光的方向则是随机不定的。由于自发发射机制的作用,处在激发态的粒子数目是很少的。

因为 P_{21}和$|a_{21}|^2$ 成正比,而 P_{21}和 B_{12}亦成正比,所以 B_{12}正比于$|a_{21}|^2$,或近似地

$$B_{12} \sim |\langle 1 | \boldsymbol{r} | 2 \rangle|^2$$

1.6　谱线的形状与宽度

一个与光作用的介质所显示出的吸收谱线形状 $I(\omega)$是该介质偶极矩$\boldsymbol{\mu}$ 在时间域的相关函数的傅里叶变换,即

$$I(\omega) = \int_{-\infty}^{\infty} \mathrm{e}^{-\mathrm{i}\omega t} \langle \boldsymbol{\mu}(0)\,\boldsymbol{\mu}(t) \rangle \mathrm{d}t \tag{1.14}$$

其中〈 〉是指对整个介质的平均值。

例如，由于弛豫原因，介质中的偶极矩随时间呈指数函数衰减

$$\mu(t) = \mu_0 \mathrm{e}^{\mathrm{i}\omega_0 t} \mathrm{e}^{-\gamma t/2} \tag{1.15}$$

这里 $\omega_0 \equiv (E_2 - E_1)/\hbar$，$E_2$ 和 E_1 分别为激发态和基态的能级，γ 为衰减常数。将式(1.15)代入式(1.14)，可得

$$\begin{aligned} I(\omega) &= \mu_0^2 \int_{-\infty}^{\infty} \mathrm{e}^{-\mathrm{i}(\omega-\omega_0)t} \mathrm{e}^{-\gamma t/2} \mathrm{d}t \\ &= \mu_0^2 \frac{\gamma/2 - \mathrm{i}(\omega - \omega_0)}{(\omega - \omega_0)^2 + \gamma^2/4} \end{aligned}$$

吸收系数 K_{abs} 是 $I(\omega)$ 的实数部分，所以

$$K_{\mathrm{abs}} = K_0 \frac{\gamma}{(\omega - \omega_0)^2 + \gamma^2/4}$$

K_{abs} 所呈的谱形，如图 1.2 所示。

图 1.2 称为洛伦兹曲线。通常我们取强度为 $2K_0/\gamma$（即最高谱峰的一半）时的带宽 $\Delta\omega_{\mathrm{h}}$ 来表示谱线的宽窄。可以求得

$$\Delta\omega_{\mathrm{h}} = \gamma$$

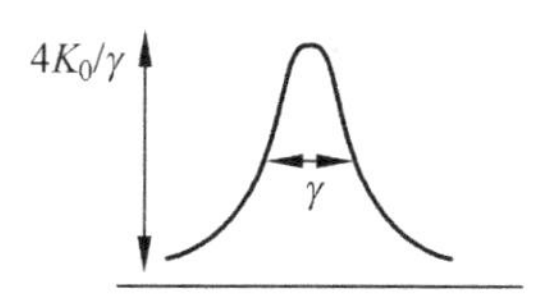

图 1.2　洛伦兹曲线

可见光谱的宽窄是由弛豫现象引起的。γ 越大，则谱带越宽。$\tau = 1/\gamma$（量纲为时间）可用来表示介质处于激态的寿命（见习题 1.7）。γ 的大小除和自然衰减 γ_{tr} 有关外，还和碰撞引起的衰减常数 γ_{coll} 有关。因此，

$$\gamma = \gamma_{\mathrm{tr}} + \gamma_{\mathrm{coll}}$$

此时，激发态的寿命 τ 应为

$$\frac{1}{\tau} = \frac{1}{\tau_{\mathrm{tr}}} + \frac{1}{\tau_{\mathrm{coll}}}$$

在常温时，碰撞的频率一般为 $10^8\,\mathrm{s}^{-1}$，所以 τ_{coll} 大体相近于 $10^{-8}\,\mathrm{s}$。

引起谱带形状变化的因素除上述外，还有多普勒效应。它来源于介质中粒子运动速度的不均匀。介质中粒子速度按统计力学的理论是呈高斯曲线分布的。因此，由多普勒效应引起的吸收系数 $K_{\mathrm{abs}}^{\mathrm{D}}$ 和谱线带宽 $\Delta\omega_{\mathrm{h}}^{\mathrm{D}}$ 分别为

$$K_{\mathrm{abs}}^{\mathrm{D}} = K_0 \exp\left[-\frac{Mc^2}{2kT}\left(\frac{\omega - \omega_0}{\omega_{\mathrm{D}}}\right)\right]^2$$

和

$$\Delta\omega_{\mathrm{h}}^{\mathrm{D}} = 2\omega_0 \left[2\ln 2 \frac{kT}{Mc^2}\right]^{1/2}$$

此处 M 为粒子的质量，c 为光速，T 是温度，ω_D是和多普勒效应有关的参数。

一般 $\Delta\omega_h^D$要比自然谱带宽两个数量级(见习题 1.7)。

总的来说，一般的谱线基本上是洛伦兹曲线，但因多普勒效应的影响，许多洛伦兹曲线叠加在一起，而呈高斯曲线，如图 1.3 所示。

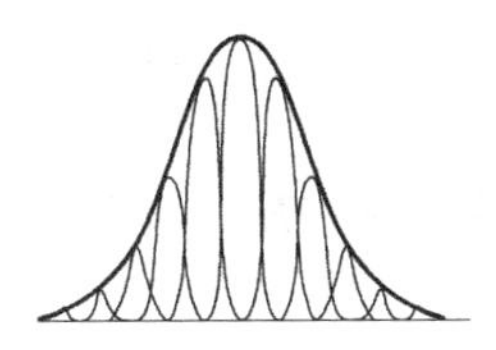

图 1.3　洛伦兹曲线叠加成高斯曲线

1.7　关于波数

在分子光谱领域中，经常用到的能量单位是波数 (cm^{-1})。其实，准确地说，波数不是能量单位，它是和能量“对应”的方便使用的单位。波数是指当将能量转换为光波的对应能量后，在一个厘米(cm)内的光波数目。具体的转换是，求得能量(以 erg 为单位)后，除以 hc(h 以 erg · s 为单位，c 为光速，以 $cm \cdot s^{-1}$ 为单位)，即为对应的 cm^{-1}。因为 h 和 c 是常数，所以能量和波数成比例。通常，在不会混淆误解的情况时，也有称呼 cm^{-1}为能量或频率的。同样，ω 严格说是角速度，但为方便计，称呼为频率，一般也不至于引起误解。

参考文献

[1.1]　周世勋. 量子力学[M]. 上海：上海科学技术出版社，1961.

[1.2]　徐光宪，等. 量子化学：基本原理和从头计算法[M]. 北京：科学出版社，1980.

习　题

1.1　已知简谐振动 x 的矩阵元为

$$\langle \upsilon \mid x \mid \upsilon' \rangle = 0$$

当 $\upsilon' \neq \upsilon \pm 1$

$$\langle \upsilon + 1 \mid x \mid \upsilon \rangle = (2\beta)^{-1/2} (\upsilon + 1)^{1/2}$$

$$\langle \upsilon - 1 \mid x \mid \upsilon \rangle = (2\beta)^{-1/2} \upsilon^{1/2}$$

此处，β 为常数，υ 为振动量子数，求

$$\langle \upsilon \mid x^n \mid \upsilon' \rangle, \quad n = 2,3,4,\cdots$$

1.2 1.4节中,若 $g(\omega)=\delta(\omega-\omega_0)$,求证 $P_m(t)$ 与 t^2 成正比(此为以激光激发时的情况)。

1.3 试讨论四极矩或磁偶极矩的跃迁比一般偶极矩的跃迁小 10^{-6}。

1.4 试考虑:

$$x\varphi_k\left[\frac{\mathrm{d}^2\varphi_m^*}{\mathrm{d}x^2}+\frac{2m}{\hbar^2}(E_m-V(x))\ \varphi_m^*\right]-$$

$$x\varphi_m^*\left[\frac{\mathrm{d}^2\varphi_k}{\mathrm{d}x^2}+\frac{2m}{\hbar^2}(E_k-V(x))\ \varphi_k\right]=0$$

并运用分部积分,证明

$$\langle m\mid\frac{\partial}{\partial x}\mid k\rangle=\frac{m}{\hbar^2}(E_m-E_k)\langle m\mid x\mid k\rangle$$

1.5 试从玻尔原子模型推论

$$\nu_{nm}\propto Z^2,\quad \mid x_{nm}\mid\propto 1/Z$$

和

$$A_{nm}\propto Z^4$$

此处 ν 为跃迁频率,Z 为原子序数。并讨论 He^+ 的激发态寿命为 H 的 1/16。

1.6 试讨论如何从 $I(\omega)$ 求 $\mu(t)$。

1.7 试估计 $\Delta\omega_{\mathrm{h}}^{\mathrm{D}}$ 比自然谱带大两个数量级。

1.8 讨论在图 1.4 的体系中

$$\gamma_{31}=1/\tau_3=A_{31}+A_{32}$$

$$\tau_{32}=1/\tau_3+1/\tau_2=A_{31}+A_{32}+A_{21}$$

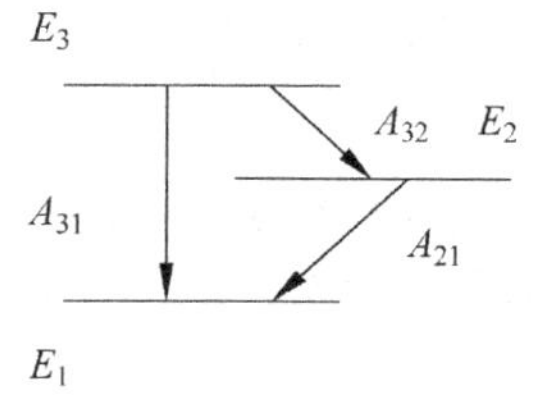

图 1.4 从能级 3 到能级 2、能级 1 的跃迁

第2章 分子的转动

2.1 概　　述

在讨论分子的转动、振动以前，先来粗略地估计分子的转动、振动和分子中电子绕核运转速率的数量级比。因为分子的运动包括分子中电子的运动、核的运动（即分子的转动和振动），是很复杂的多体运动，如果上述数量级比相差很大，则可以将电子的运动和核的转动、振动分开处理。显然，这将是很方便的。

假设分子的大小为 a，类比于势能为一维箱子的量子问题，不难推论分子中电子（质量为 m）相邻能级能差 E_{el} 为

$$\hbar^2/ma^2$$

其中$\hbar=h/2\pi$，h 为普朗克常数。

原子核质量为 M 的分子的转动惯量为 Ma^2，其能级差 E_{rot}，根据第1章中有关角动量的叙述为

$$\begin{aligned}\frac{1}{2Ma^2}[l(l+1)-(l-1)l]\hbar^2 &= \frac{\hbar^2}{2Ma^2}\cdot 2l \\ &\propto \frac{\hbar^2}{Ma^2}\end{aligned}$$

此处 $l=1,2,3,\cdots$。

考虑分子振动的能级差为$\hbar\omega$，此处 ω 为分子振动的角速度。设想原子核从它的平衡位置移动了 a 距离，则所产生的势能为 $\frac{1}{2}M\omega^2a^2$ $\left(\text{简谐势能为}\frac{1}{2}ka^2\right)$，应相当于 a 空间内电子的能级差 E_{el}，即

$$\frac{1}{2}M\omega^2a^2=\frac{\hbar^2}{ma^2}$$

所以

$$E_{vib}=\hbar\omega\approx\frac{\hbar^2}{(mM)^{1/2}a^2}$$

将以上所估计的 E_{rot}，E_{vib} 和 E_{el} 以参数 m/M 来表示，则

$$E_{rot}\approx(m/M)^{1/2}E_{vib}\approx(m/M)E_{el}$$

因为 $m/M\approx10^{-3}\sim10^{-5}$，所以分子中电子的能量、分子的振动能、转动能大约有3

个数量级的差别。用运动的速率来说，就是当分子转动 1 周时，分子大约可振动 10^2 次，而电子则可绕核转动 10^4 次。

从以上的估计看出，可以将电子的运动与分子的振动、转动分开来处理。而在粗略的处理中，还可进一步将振动与转动分开处理。以下就来讨论如何将电子的运动与原子核的运动分开。

2.2　玻恩-奥本海默近似

在本节我们介绍将分子的核的运动，即振动和电子的运动分开的玻恩-奥本海默(Born-Oppenheimer)近似。首先，考虑整个分子的哈密顿量为

$$-\frac{\hbar^2}{2m}\sum_i \nabla_i^2-\sum_A \frac{\hbar^2}{2M_A}\nabla_A^2-\sum_{Ai}\frac{Z_Ae^2}{r_{Ai}}+\sum_{A>B}\frac{Z_AZ_Be^2}{R_{AB}}+\sum_{i>j}\frac{e^2}{r_{ij}} \tag{2.1}$$

式中，i，A 和 B 分别为电子和原子核的标号，Z 表示原子核的电荷，r 和 R 表示粒子间距离。又设分子的波函数 ψ_{mol} 可分解成电子的波函数 ψ_{e} 和原子核波函数 χ_{N} 的乘积。

$$\psi_{\text{mol}}(r,R)=\psi_{\text{e}}(r,R)\,\chi_{\text{N}}(R) \tag{2.2}$$

运用式(2.2)和式(2.1)，可得分子的薛定谔方程为

$$\begin{aligned}H\psi_{\text{e}}\chi_{\text{N}}=&-\frac{\hbar^2}{2m}\sum_i \nabla_i^2\psi_{\text{e}}\chi_{\text{N}}-\sum_A \frac{\hbar^2}{2M_A}\nabla_A^2\psi_{\text{e}}\chi_{\text{N}}+\\&\left(-\sum_{Ai}\frac{Z_Ae^2}{r_{Ai}}+\sum_{A>B}\frac{Z_AZ_Be^2}{R_{AB}}+\sum_{i>j}\frac{e^2}{r_{ij}}\right)\psi_{\text{e}}\chi_{\text{N}}\\=&\,E_{\text{total}}\,\psi_{\text{e}}\chi_{\text{N}}\end{aligned}$$

其中 E_{total} 为对应于式(2.1) 算符的分子总能量。

运用下列二关系式：

$$\nabla_i^2\psi_{\text{e}}\chi_{\text{N}}=\chi_{\text{N}}\,\nabla_i^2\psi_{\text{e}}$$

$$\nabla_A^2\psi_{\text{e}}\chi_{\text{N}}=\psi_{\text{e}}\,\nabla_A^2\chi_{\text{N}}+2(\boldsymbol{\nabla}_A\psi_{\text{e}})(\boldsymbol{\nabla}_A\chi_{\text{N}})+\chi_{\text{N}}\,\nabla_A^2\psi_{\text{e}}$$

并注意到

$$\left\{-\frac{\hbar^2}{2m}\sum_i \nabla_i^2-\sum_{Ai}\frac{Z_Ae^2}{r_{Ai}}+\sum_{i>j}\frac{e^2}{r_{ij}}\right\}\psi_{\text{e}}(r,R)=E_{\text{e}}(R)\psi_{\text{e}}(r,R)$$

其中，E_{e} 为当原子核间距为 R 时电子的能量，则可得

$$\begin{aligned}&\psi_{\text{e}}\left\{-\sum_A \frac{\hbar^2}{2M_A}\nabla_A^2\chi_{\text{N}}\right\}+\chi_{\text{N}}\left\{E_{\text{e}}\psi_{\text{e}}+\sum_{A>B}\frac{Z_AZ_Be^2}{R_{AB}}\psi_{\text{e}}\right\}-\\&\sum_A \frac{\hbar^2}{2M_A}\{2(\boldsymbol{\nabla}_A\psi_{\text{e}})(\boldsymbol{\nabla}_A\chi_{\text{N}})+\chi_{\text{N}}\,\nabla_A^2\psi_{\text{e}}\}\end{aligned}$$

$$= E_{\text{total}}\psi_e \chi_N \tag{2.3}$$

可以估计到$\nabla_A\psi_e$和$\nabla_i\psi_e$在同一个数量级。因为$-i\hbar\nabla_i$为电子的动量算符，所以

$$-\frac{\hbar^2}{2M_A}\nabla_A^2\psi_e \approx \frac{P_e^2}{2M_A} = (m/M_A)\frac{P_e^2}{2m} = (m/M_A)E_e \approx 10^{-5}E_e$$

其中，P_e为电子动量。可见式(2.3)中

$$2(\nabla_A\psi_e)(\nabla_A\chi_N) + \chi_N\nabla_A^2\psi_e$$

是可以忽略的。因此式(2.3)简化为

$$H_N\chi_N = \left\{-\sum_A \frac{\hbar^2}{2M_A}\nabla_A^2 + \sum_{A>B}\frac{Z_A Z_B e^2}{R_{AB}} + E_e(R)\right\}\chi_N = E_{\text{total}}\chi_N \tag{2.4}$$

式(2.4)中

$$\sum_{A>B}\frac{Z_A Z_B e^2}{R_{AB}} + E_e(R) \equiv E(R)$$

可视为原子核运动的势能。在双原子分子中$E(R)$和R和关系大致如图2.1所示。

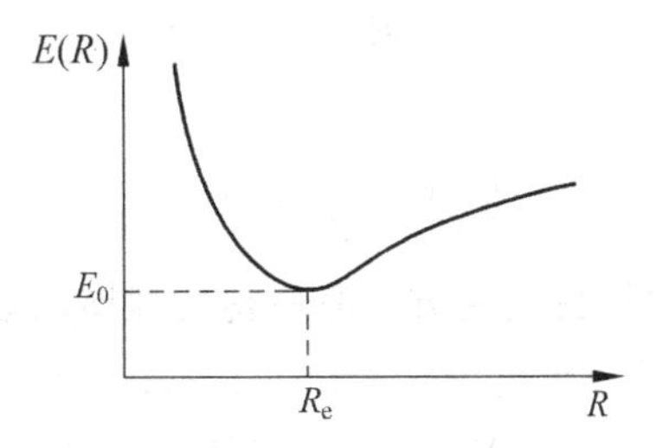

图2.1　双原子分子核运动势能E和核间距R的关系

若将$E(R)$就平衡点R_e展开

$$E(R) = E_0 + (R-R_e)\left(\frac{\partial E}{\partial R}\right)_{R_e} + \frac{1}{2}(R-R_e)^2\left(\frac{\partial^2 E}{\partial R^2}\right)_{R_e} + \cdots$$

令$E_0=0$，并略去高次项，则得与$(R-R_e)^2$成正比的简谐近似关系

$$E(R) \approx \frac{1}{2}\left(\frac{\partial^2 E}{\partial R^2}\right)_{R_e}(R-R_e)^2 \equiv \frac{1}{2}k(R-R_e)^2$$

上式中k即为力常数。可见原子核近似地是在简谐力场中运动。这里需要注意的是此力场的组成部分包括核间的排斥能、电子的动能、电子间的排斥能，及电子与核的相吸能。

2.3 刚体转子

考虑分子的转动和振动没有耦合,即原子核的波函数 χ_{N} 可以分解为振动波函数 ψ_{vib} 和转动波函数 ψ_{rot} 的乘积,

$$\chi_{\mathrm{N}} = \psi_{\mathrm{vib}}\psi_{\mathrm{rot}}$$

将上式代入式(2.4),得

$$-\sum_{A}\frac{\hbar^2}{2M_A}\nabla_A^2\psi_{\mathrm{vib}}\psi_{\mathrm{rot}} = [E_{\mathrm{total}} - E(R)]\psi_{\mathrm{vib}}\psi_{\mathrm{rot}} \tag{2.5}$$

在双原子分子中,若取质量中心为坐标原点,则可将 $-\frac{\hbar^2}{2M_A}\nabla_A^2 - \frac{\hbar^2}{2M_B}\nabla_B^2$ 简化为 $-\frac{\hbar^2}{2\mu}\nabla_R^2$。其中,

$$\frac{1}{\mu} = \frac{1}{M_A} + \frac{1}{M_B}, \quad \boldsymbol{R} = \boldsymbol{r}_A - \boldsymbol{r}_B$$

今假定分子只有转动,并且 A,B 核间距 R 固定在 R_{e},则分子的转动能量 E_{rot} 为总能量 E_{total} 和在平衡位置时能量 $E(R_{\mathrm{e}})$ 之差,即

$$E_{\mathrm{total}} - E(R_{\mathrm{e}}) = E_{\mathrm{rot}}$$

此时,式(2.5)变为

$$-\frac{\hbar^2}{2\mu}\nabla_{R_{\mathrm{e}}}^2\psi_{\mathrm{rot}} = E_{\mathrm{rot}}\psi_{\mathrm{rot}}$$

此方程的解就是在解氢原子薛定谔方程时所得的球谐函数:

$$Y_J^{M_J}(\theta,\phi) = P_J^{M_J}(\cos\theta)\mathrm{e}^{\mathrm{i}M_J\phi}$$

式中,$P_J^{M_J}(\cos\theta)$ 为勒让德函数。$Y_J^{M_J}$ 具有下列两个常见的性质:

$$\hat{J}^2 Y_J^{M_J} = \hbar^2 J(J+1) Y_J^{M_J}$$

$$\hat{J}_Z Y_J^{M_J} = M_J\,\hbar\, Y_J^{M_J}$$

其中,$M_J = -J, -J+1, \cdots, J$。$\hat{J}^2$,$\hat{J}_z$ 分别为角动量的平方及其在 z 轴方向的算符:

$$\hat{J}^2 = -\hbar^2\left[\left(\frac{1}{\sin\theta}\frac{\partial}{\partial\theta}\sin\theta\frac{\partial}{\partial\theta}\right) + \frac{1}{\sin^2\theta}\frac{\partial^2}{\partial\phi^2}\right]$$

$$\hat{J}_z = \frac{\hbar}{\mathrm{i}}\frac{\partial}{\partial\theta}$$

此外,转动能级 E_{rot} 为

$$E_{\mathrm{rot}} = \frac{\hat{J}^2}{2\mu R_{\mathrm{e}}^2} = \frac{\hbar^2}{2\mu R_{\mathrm{e}}^2}J(J+1)$$

或

$$E_{\mathrm{rot}} = BJ(J+1)$$

此处 B 定义为

$$B = \frac{\hbar^2}{2\mu R_{\mathrm{e}}^2}$$

在没有外加电磁场的情况下，E_{rot}只和量子数 J 有关，而和 M_J 无关，因此它的简并数 g_J 为 $2J+1$。

下面我们来考虑通过偶极矩跃迁机制，转动能级间的跃迁规则，或说是选择定则。

具有永久电偶极矩$\boldsymbol{\mu}_0$ 的双原子分子在光的电场 $\boldsymbol{E}$ 作用下的哈密顿量为

$$H' = -\boldsymbol{\mu}_0 \cdot \boldsymbol{E} = -(\mu_x E_x + \mu_y E_y + \mu_z E_z)$$

考虑下述矩阵元

$$\langle JM_J \mid H' \mid J'M'_J \rangle = -\mu_0 \int_0^{2\pi} \int_0^{\pi} P_J^{M_J}(\cos\theta) \mathrm{e}^{-\mathrm{i}M_J\phi} \cdot \begin{pmatrix} E\sin\theta\cos\phi \\ E\sin\theta\sin\phi \\ E\cos\theta \end{pmatrix} P_{J'}^{M'_J}(\cos\theta) \mathrm{e}^{\mathrm{i}M'_J\phi} \sin\theta \mathrm{d}\theta \mathrm{d}\phi \tag{2.6}$$

式(2.6)只有在下列情形时不为零：$\mu_0 \neq 0, J=J'\pm1, M_J = M'_J$(电场沿 z 方向时)，$M_J = M'_J \pm 1$(电场沿 x,y 方向时)。所以选择定则是

$$\Delta J = \pm 1, \quad \Delta M_J = 0, \pm 1 \tag{2.7}$$

式(2.7)的物理意义是转动的分子每次吸收(或发射)光子时，它的转动角动量量子数只能变化 1 或 −1，而在空间轴方向的量子数变化可以为 0 或 ±1，视光的电场的方向而定。我们知道光子的角动量为 $\pm\hbar$，所以上述的选择定则是满足角动量守恒这一基本物理规律的。

2.4　谱　　线

对应不同的 J，有着不同的转动能量，如图 2.2 所示。

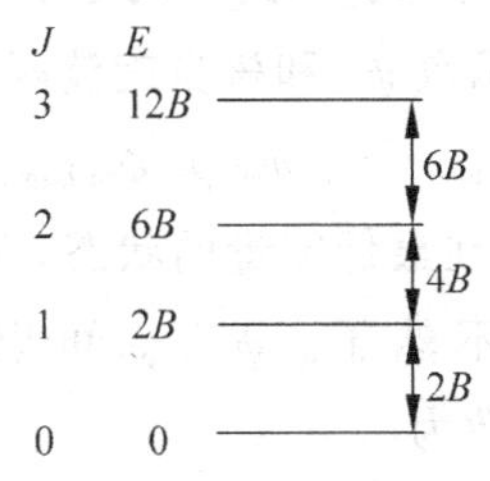

图 2.2　刚体转子的量子数 J 及其对应的转动能级

按照选择定则 $\Delta J=\pm1$，谱线应如图 2.3 所示。

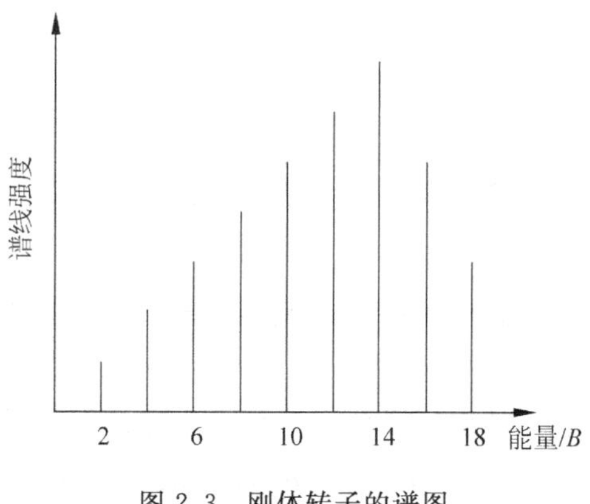

图 2.3　刚体转子的谱图

因 $\frac{B}{hc}\approx 2\text{cm}^{-1}$，所以转动光谱的范围(即 ΔE_{rot})在远红外、微波范围。谱线的强度与处在该状态的分子数目有关，依照玻耳兹曼分布规律，处于 J 量子数状态的分子数目 N_J 为

$$N_J=(2J+1)\text{e}^{-BJ(J+1)/kT}$$

可以求得在 $T=300\text{K}$，J 为 6 左右时 N_J 为最大。因此谱线强度分布如图 2.3 所示。

2.5　对　称　性

按泡利(Pauli)原理，将同核双原子分子 A_2 的两个 A 核的坐标互相交换，若 A 核的自旋量子数为 $\frac{n}{2}$(n 为奇数)，即为费米子，则分子的波函数 ψ_{total} 应变号。反之，若 A 核的自旋量子数为整数，即为玻色子，则分子波函数不变号。下面将考察这个基本性质对转动量子数 J 有何限制。

以核自旋量子数为 1/2 的费米子为例。设分子的波函数 ψ_{total} 可写为电子波函数 ψ_{e}、振动波函数 ψ_{vib}、转动波函数 ψ_{rot} 和核自旋波函数 $\psi_{\text{nucl. spin}}$ 之乘积，即

$$\psi_{\text{total}}=\psi_{\text{e}}\psi_{\text{vib}}\psi_{\text{rot}}\psi_{\text{nucl. spin}}$$

在一般情况下，ψ_{e}，ψ_{vib} 都处在最低能量的状态，它们对两个 A 核坐标交换的变换是对称的。可是 $\psi_{\text{nucl. spin}}$ 就不然了。$\psi_{\text{nucl. spin}}$ 可以是三线态(triplet)、单线态(singlet)等。如三线态之波函数为

$$\alpha(1)\alpha(2)$$

$$\frac{1}{\sqrt{2}}[\alpha(1)\beta(2)+\alpha(2)\beta(1)]$$

$$\beta(1)\beta(2)$$

单线态的波函数为

$$\frac{1}{\sqrt{2}}[\alpha(1)\beta(2)-\beta(1)\alpha(2)]$$

这里 α,β 指自旋量子数为 1/2 和 $-1/2$ 的自旋波函数,1 和 2 指核 1 和核 2。

可见对核坐标的交换而言,三线态是对称的,单线态则为反对称的(差一个负号)。

转动波函数 $Y_J^{M_J}$ 对核坐标交换的对称性怎样呢?两个 A 核坐标的交换,等于对分子转动波函数做空间反演($\theta\to\pi-\theta,\phi\to\pi+\phi$),如图 2.4。

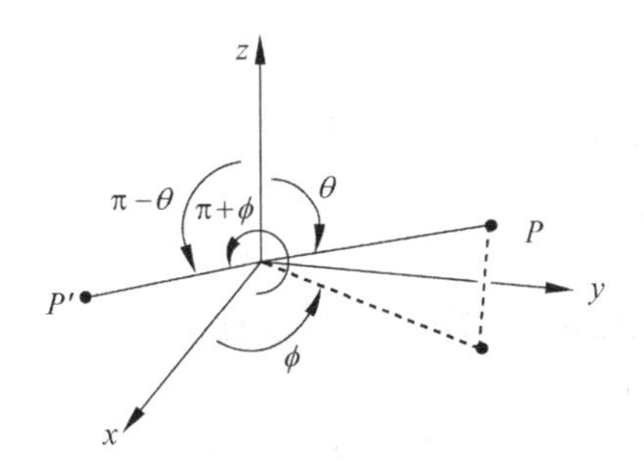

图 2.4　极坐标 θ,ϕ 在空间反演变换下变为 $\pi-\theta,\pi+\phi$

因为

$$Y_J^{M_J}(\theta,\phi)=(-1)^J Y_J^{M_J}(\pi-\theta,\pi+\phi)$$

所以,对核坐标的交换,转动波函数是否变号,视 J 为偶数,还是奇数而定。

现在来看核的自旋量子数为 1/2 的费米子对核坐标的交换,分子的总波函数应为反对称的。因此,若 $\psi_{\text{nucl. spin}}$ 为三线态,则相应地 ψ_{rot} 必须是反对称的,即转动态的量子数只能是奇数的 J,而那些 J 为偶数的转动态就不存在。反之,$\psi_{\text{nucl. spin}}$ 若为单线态,则转动态的量子数只能是偶数的 J,J 为奇数的转动态就不能存在。

对于玻色子的事例,也可以按此方法来分析。

这是一个对称性对物理态(物理量)"有限制"的典型例子。以后,我们还要接触对称性这个问题。在分子光谱学中,对称性的重要性是异常突出的。

2.6　简谐振子

从 2.2 节可知,双原子分子之简谐振动波动方程为

$$\left[-\frac{\hbar^2}{2\mu}\frac{\mathrm{d}^2}{\mathrm{d}R^2}+E(R)\right]\psi_{\text{vib}}=E_{\text{vib}}\psi_{\text{vib}}$$

其中，

$$E(R) = \frac{1}{2}k\,(R - R_e)^2$$

振动能级为(有关方程解的过程一般量子力学书均有详细论述)

$$E_{vib} = \hbar\,\omega\left(V + \frac{1}{2}\right),\quad V = 0,1,2,\cdots$$

这里

$$\omega = \sqrt{\frac{k}{\mu}}$$

现在来分析分子振动的选择定则。同 2.3 节所提及的分子转动在光作用下的微扰哈密顿量一样，

$$H' = -\mu E$$

此处 μ 也可以 $(R-R_e)$ 展开：

$$\mu = \mu_e + \left(\frac{\partial\mu}{\partial R}\right)_{R_e}(R - R_e) + \frac{1}{2}\left(\frac{\partial^2\mu}{\partial R^2}\right)_{R_e}(R - R_e)^2 + \cdots$$

这里 μ_e 是指平衡时的偶极矩。此处只取二级近似。

因为，当 $V=V'\pm1$ 时

$$\langle V\,|\,R - R_e\,|\,V'\rangle \neq 0$$

当 $V=V'\pm2$ 时

$$\langle V\,|\,(R - R_e)^2\,|\,V'\rangle \neq 0$$

可见选择定则是 $\Delta V=\pm1$ 或 ±2。自然 $\Delta V=\pm1$ 所对应的谱线强度(称作基频)比 $\Delta V=\pm2$(称作倍频)的高出许多。应当注意倍频的产生除由 μ 的非线性引起外，也可由振动势能 $E(R)$ 的非严格简谐性引起。

另外，还有一个选择定则就是 $\left(\frac{\partial\mu}{\partial R}\right)_{R_e}$ $\left(或\left(\frac{\partial^2\mu}{\partial R^2}\right)_{R_e}\right)$ 需不为零。这就是说，在平衡点，分子的振动能够引起分子偶极矩的变化。

对于选择定则 $\Delta V=\pm1$ 的谱线只有一条，就是

$$\Delta E = \hbar\,\omega$$

分子振动光谱的范围一般在红外区域($200\sim4000\text{cm}^{-1}$)。

2.7 分子振动转动谱线

当分子振动时，它同时也在转动着，所以每个振动能级伴随着一系列的转动能级。因此，振动能级间的跃迁可伴随着转动能级间的跃迁。这种情形，可从图 2.5 中看出。

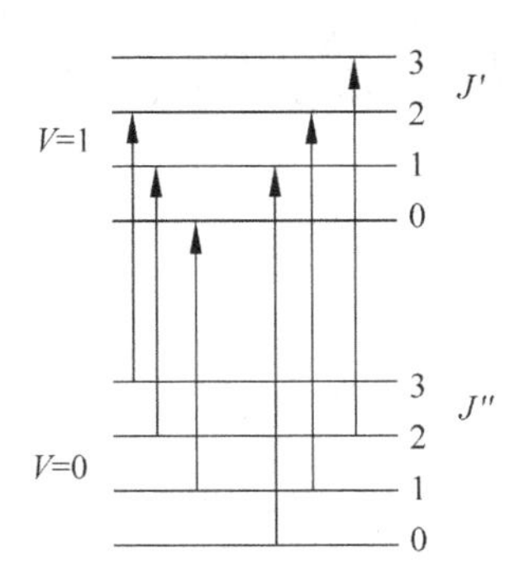

图 2.5　分子的振动转动能级

转动能级间的跃迁可以是 $J'=J''+1$ 和 $J'=J''-1$，前者叫 R 带(R branch)，后者叫 P 带(P branch)。所以 R 带和 P 带的频率 ν_R 和 ν_P 分别是

$$\begin{aligned}\nu_R &= \nu_0 + B'J'(J'+1) - B''J''(J''+1)\\ &= \nu_0 + (B'+B'')(J''+1) + (B'-B'')(J''+1)^2\end{aligned}$$

此处，$J''=0,1,2,3,\cdots$。

$$\begin{aligned}\nu_P &= \nu_0 + B'J'(J'+1) - B''J''(J''+1)\\ &= \nu_0 - (B'+B'')J'' + (B'-B'')J''^2\end{aligned}$$

此处，$J''=1,2,3,\cdots$。

因此，振动转动谱线如图 2.6 所示。图中对应着 ν_0 位置的谱线也称作 Q 带(Q branch)($J''=J'$)。经常由于对称原因，此谱线不出现。

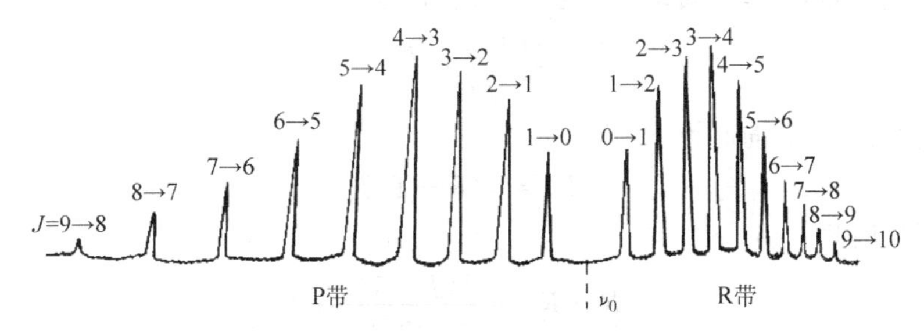

图 2.6　分子的振动转动谱图

和转动惯量有关的 B 值也和键的长度有关，因此在不同的振动量子数 V 时，它的值也是不同的。前面提过当 $R=R_e$ 时，

$$B = \frac{h}{8\pi^2 c\mu R_e^2}\ (\text{单位为 cm}^{-1})$$

所以，相应地，一般 B_V 可以写为

$$B_V = \frac{h}{8\pi^2 c\mu}\langle V \mid \frac{1}{R^2} \mid V\rangle$$

B_V 也可以按$\left(V+\frac{1}{2}\right)$展开

$$B_V = B_e - \alpha_e\left(V+\frac{1}{2}\right)+\gamma_e\left(V+\frac{1}{2}\right)^2+\delta_e\left(V+\frac{1}{2}\right)^3+\cdots$$

可以证明[2.1]

$$-\frac{\alpha_e}{B_e} = \frac{6B_e}{\omega_e}$$

因为 $B_e \approx 1\mathrm{cm}^{-1}$，$\omega_e \approx 10^3\mathrm{cm}^{-1}$，所以

$$-\frac{\alpha_e}{B_e} \approx -0.6\%$$

即分子振动引起 B 值的变化约为千分之六左右，而且振动量子数越大，B 值越小，因为对应的 R 值也越大。

2.8 离心力效应

当分子旋转时，会产生离心力 F_c，

$$F_c = \frac{\hat{J}^2}{\mu R^3}$$

这里 $\hat{J}$ 为角动量，所以当转动量子数为 J 时，F_c 为

$$\frac{J(J+1)\hbar^2}{\mu R^3}$$

同时，离心力 F_c 和向心力 F_r

$$F_r = k(R-R_e)$$

应该相等，因此

$$R-R_e = \frac{J(J+1)\hbar^2}{\mu R^3 k}$$

在这种情况下，分子转动的能量除了作为刚体的转动能之外，还包含着由于转动而引起的键长变化所产生的势能 $\frac{1}{2}k(R-R_e)^2$，亦即

$$\begin{aligned} E_{\mathrm{rot}} &= \frac{J(J+1)\hbar^2}{2\mu R^2}+\frac{1}{2}k(R-R_e)^2 \\ &= \frac{J(J+1)\hbar^2}{2\mu R^2}+\frac{J^2(J+1)^2\hbar^4}{2\mu^2 R^6 k} \end{aligned}$$

此式可写为

$$BJ(J+1)+D[J(J+1)]^2$$

此处 $D[J(J+1)]^2$ 可看作是离心力效应对 E_{rot} 的修正。

2.9　非简谐效应

前面所提简谐振子的模型只是一个粗略的近似。非简谐效应对分子的振动能级 E_V 是有影响的。习惯上将 E_V 表示为 $V+\frac{1}{2}$ 的级数，并附以参数 x_e, y_e, z_e 等来表示对非简谐性的修正，即

$$E_V=\omega_e\left(V+\frac{1}{2}\right)-\omega_e x_e\left(V+\frac{1}{2}\right)^2+\omega_e y_e\left(V+\frac{1}{2}\right)^3+\omega_e z_e\left(V+\frac{1}{2}\right)^4$$

因此

$$\Delta E_V=E_{V+1}-E_V=\omega_e-2(V+1)\omega_e x_e+\cdots$$

当键接近解离时，$V+1$ 和 V 能级是近乎相等的，即 $\Delta E_V=0$。从上式可以求得

$$V_{max}=\frac{1}{2x_e}-1$$

通常可用外插法求得 V_{max}。一般 V_{max} 在 60 和 100 之间，如图 2.7 所示。

求出了 V_{max}，振动的解离能 D_e（通俗地说是指将键拉断所需的能量）也就可以求得了，即

$$D_e=\sum_{V=0}^{V_{max}}\Delta E_V$$

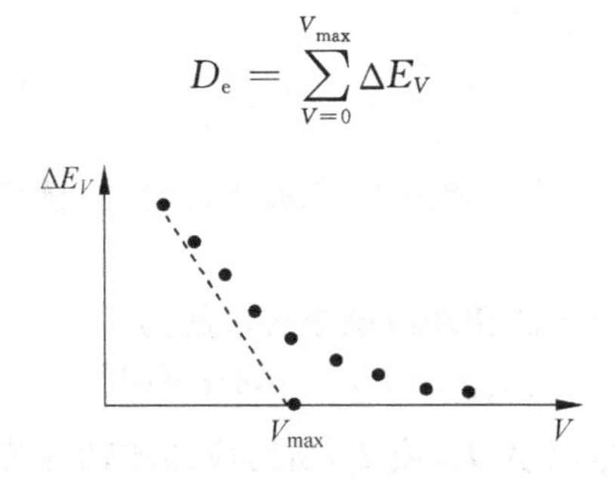

图 2.7　非简谐振子的能级间隔 ΔE_V 和振动量子数 V 的关系

2.10　多原子分子的转动光谱

对于非线形多原子分子，数学定理表明，总可找到一组主轴坐标（principal axes），在这种坐标下，转动能量可简单地写为

$$E_{rot}=\frac{1}{2}(I_a\omega_a^2+I_b\omega_b^2+I_c\omega_c^2)=\frac{J_a^2}{2I_a}+\frac{J_b^2}{2I_b}+\frac{J_c^2}{2I_c}$$

式中 I_a,I_b,I_c 为沿主轴坐标的转动惯量。因为 $J^2=J_a^2+J_b^2+J_c^2$，故上式可写为

$$E_{\mathrm{rot}}=\frac{1}{2}\left(\frac{J^2}{I_b}-\frac{J_a^2}{I_b}-\frac{J_c^2}{I_b}+\frac{J_a^2}{I_a}+\frac{J_c^2}{I_c}\right)$$

其中 J_a,J_b,J_c,J 分别为沿主轴坐标 a,b,c 轴和总的角动量量子数。

习惯上取 $I_a<I_b<I_c$。依据 I_a,I_b,I_c 的大小，分子可以分为下列 4 类：

(1) 扁长陀螺(prolate top)，$I_a<I_b=I_c$；

(2) 扁圆陀螺(oblate top)，$I_a=I_b<I_c$；

(3) 球形陀螺(spherical top)，$I_a=I_b=I_c$；

(4) 不对称陀螺(asymmetric top)，$I_a<I_b<I_c$。

对扁长陀螺的转动能量

$$E_{\mathrm{rot}}=\frac{1}{2}\left(\frac{J^2}{I_b}-\frac{J_a^2}{I_b}+\frac{J_a^2}{I_a}\right)$$

在量子化条件下，

$$J^2\rightarrow\hat{J}^2$$

$$J_a^2\rightarrow\hat{J}_a^2$$

算符 $\hat{J}^2,\hat{J}_a^2$ 的本征值分别为 $J(J+1)\hbar^2$ 和 $K^2\hbar^2$，$K=-J,-J+1,\cdots,J$。因此，

$$E_{\mathrm{rot}}=\frac{J(J+1)\hbar^2}{2I_b}+\frac{K^2\hbar^2}{2}\left(\frac{1}{I_a}-\frac{1}{I_b}\right)$$

同样地，扁圆陀螺的转动能量为

$$E_{\mathrm{rot}}=\frac{J(J+1)\hbar^2}{2I_b}+\frac{K^2\hbar^2}{2}\left(\frac{1}{I_c}-\frac{1}{I_b}\right)$$

关于不对称陀螺，情况就复杂多了，在此不加论述，读者可参阅第 15 章相关内容和参考文献[2.2]。

扁长和扁圆对称的分子的转动波函数可求解为

$$\psi_{JKM}\propto P_J^{M_J}(\cos\theta)\mathrm{e}^{\mathrm{i}K\chi}\mathrm{e}^{\mathrm{i}M\phi}$$

这里 θ,ϕ 为实验室球坐标，χ 为 I_a(或 I_c)所对应的转轴的旋转角度。因为 K,M 具有相同的波函数形式，故它们的选择定则是相同的，即

$$\Delta K=0,\pm1$$

我们可以形象地来理解 J,M,K 三个量子数：J 为总量子数，M 为对实验室 z 坐标投影的量子数，K 为 J 对分子短轴(或长轴)"投影"的量子数。

参考文献

[2.1] HUBER K P, HERZBERG G. Molecular spectroscopy and molecular structure: spectra of diatomic molecules[M]. New York: Springer, 1953.

[2.2] ALLEN H C, CROSS P C. Molecular vib-rotors: the theory and interpretation of high resolution infrared spectra[M]. New York: Wiley, 1963.

[2.3] BEUTER H. The heat of dissociation of the hydrogen molecule, determined from a new ultra-violet resonance band branch[J]. Z. Physik. Chem., 1934, 27B: 287.

[2.4] HERZBERG G, HOWE L L. The Lyman bands of molecular hydrogen[J]. Can. J. Phys., 1959, 37(5): 636.

习　　题

2.1　假设双原子分子之振动势能为

$$E(R) = D_e\left[1 - e^{-\beta(R-R_e)}\right]^2$$

又已知在 R 时，平均动能 E_k，平均势能 E_p 为

$$E_k = -E - R\frac{dE}{dR}$$

$$E_p = 2E + R\frac{dE}{dR}$$

(1) 在图上画出 $E(R)$，E_k，E_p 和 R 的关系；

(2) 当 $\frac{d^2E}{dR^2}=0$ 时，求证 $R=R_e+\frac{1}{\beta}\ln 2$；

(3) 讨论 $R_e<R<R_e+\frac{1}{\beta}\ln 2$ 和 $R>R_e+\frac{1}{\beta}\ln 2$ 时，E_k，E_p 的增减现象。

2.2　求当 $T\approx 300$K 时，2.4 节中，N_J 最大值时 $J\approx 6$。

2.3　并不是所有双原子分子的电子基态波函数对两个核坐标的交换都是对称的，如氧分子就是反对称的。^{16}O，^{17}O 的核自旋量子数分别为 0 和 5/2。推论在 $^{16}O_2$，$^{17}O_2$ 分子中哪些量子数 J 是存在的。

2.4　P 带和 R 带里谱线之间的间距不是相等的。考虑为什么 P 带里 J'' 愈大，谱线间距愈大，而在 R 带里刚好相反。

2.5　H_2 基态的振动能级谱（$0\to V$）见表 2.1。

表 2.1　H_2 基态的振动能级谱（$0\to V$）

V	$\Delta E/\text{cm}^{-1}$	V	$\Delta E/\text{cm}^{-1}$
1	4161.14	8	26830.97
2	8087.11	9	29123.93
3	11782.35	10	31150.19
4	15250.36	11	32886.85
5	18491.92	12	34301.83
6	20505.65	13	35351.01
7	24287.83	14	35972.97

求 x_e，ω_e 及 V_{max}[2.3,2.4]。

第3章 分子的振动

3.1 简正振动模

N 个原子分子的总位移自由度为 $3N$，其中 3 个自由度为分子的平移自由度，其余 3 个（分子为非线形）或 2 个（分子为线形）自由度为转动自由度，所以分子为 N 个原子的振动自由度为 $3N-6$ 或 $3N-5$（视分子为线形与否）。

分子振动的动能可以写为

$$T=\frac{1}{2}\sum_{\alpha=1}^{N}m_\alpha\left[\left(\frac{\mathrm{d}\Delta x_\alpha}{\mathrm{d}t}\right)^2+\left(\frac{\mathrm{d}\Delta y_\alpha}{\mathrm{d}t}\right)^2+\left(\frac{\mathrm{d}\Delta z_\alpha}{\mathrm{d}t}\right)^2\right] \tag{3.1}$$

式中，Δx_α，Δy_α，Δz_α 定义为

$$\Delta x_\alpha = x_\alpha-(x_\alpha)_\mathrm{e}$$

$$\Delta y_\alpha = y_\alpha-(y_\alpha)_\mathrm{e}$$

$$\Delta z_\alpha = z_\alpha-(z_\alpha)_\mathrm{e}$$

$(x_\alpha)_\mathrm{e}$，$(y_\alpha)_\mathrm{e}$，$(z_\alpha)_\mathrm{e}$ 为原子 α 在平衡时的坐标；x_α，y_α，z_α 为其在某瞬时的坐标；m_α 为原子 α 的质量。

为了方便，定义一组新的坐标 q_i：

$$q_1=\sqrt{m_1}\,\Delta x_1,\quad q_2=\sqrt{m_1}\,\Delta y_1,\quad q_3=\sqrt{m_1}\,\Delta z_1,\quad q_4=\sqrt{m_2}\,\Delta x_2,\quad \cdots$$

于是式(3.1)变为

$$T=\frac{1}{2}\sum_{i}^{3N}q_i^2 \tag{3.2}$$

振动的势能 V 可以考虑写为 q_i 的函数，

$$V=V(q_1,q_2,\cdots,q_{3N})$$

并依 q_i 次幂展开，得

$$V=V_0(0,\cdots,0)+\sum_{i=1}^{3N}\left(\frac{\partial V}{\partial q_i}\right)_0 q_i+\frac{1}{2}\sum_{i=1}^{3N}\sum_{j=1}^{3N}\left(\frac{\partial^2 V}{\partial q_i\partial q_j}\right)_0 q_iq_j+\cdots \tag{3.3}$$

在平衡时，势能是最低的，并处于势能曲线的谷底，所以

$$\left(\frac{\partial V}{\partial q_i}\right)_0=0$$

同时，可选择

$$V_0 = 0$$

并略去高次项(即简谐近似),则式(3.3)变为

$$V = \frac{1}{2}\sum_i \sum_j f_{ij} q_i q_j \tag{3.4}$$

式中,

$$f_{ij} \equiv \left(\frac{\partial^2 V}{\partial q_i \partial q_j}\right)_0$$

为力常数。

动能 T 和势能 V 既已写为 $\dot{q}$ 和 q 的函数,则从拉格朗日(Lagrangian)$L=T-V$ 的运动方程

$$\frac{\mathrm{d}}{\mathrm{d}t}\left(\frac{\partial L}{\partial \dot{q}_i}\right) - \frac{\partial L}{\partial q_i} = 0, \quad i = 1,2,\cdots,3N$$

可得下式

$$\ddot{q}_i + \sum_{j=1}^{3N} f_{ij} q_j = 0, \quad i = 1,2,\cdots,3N \tag{3.5}$$

现在设

$$q_i = q_i^0 \cos(\omega t + \varepsilon)$$

代入式(3.5),可得

$$\sum_{j=1}^{3N} (f_{ij} - \delta_{ij}\omega^2) q_j^0 = 0, \quad i = 1,2,\cdots,3N \tag{3.6}$$

为了 q_j 有不全为零之解,下面的行列式需为零,

$$\begin{vmatrix} f_{11} - \omega^2, & f_{12}, & \cdots, & f_{1,3N} \\ f_{21}, & f_{22} - \omega^2, & \cdots, & f_{2,3N} \\ \vdots & & & \\ f_{3N,1}, & \cdots, & \cdots, & f_{3N,3N} - \omega^2 \end{vmatrix} = 0$$

或简写为

$$\det | f_{ij} - \delta_{ij}\omega^2 | = 0 \tag{3.7}$$

这个行列式有 $3N$ 个解。设其中一个解为 ω_k^2,将 ω_k^2 代入式(3.6),则可求得 $q_{i,k}^0$ 间的比值。经常可加一归一化条件,从而将 $q_{i,k}^0$ 确定下来:

$$\sum_i {q_{i,k}^0}^2 = 1 \tag{3.8}$$

现将归一化了的 $q_{i,k}^0$ 以 L_{ik} 表示。

可见对应每个 ω_k,有一组 L_{ik},这就是说每个原子都以相同的频率 ω_k,并以不同的振幅 L_{ik} 在振动。这样的振动称为简正振动模(normal mode)或简称为振动模。式(3.7)会有 6 个(或 5 个)解为 0,它们对应着平移和转动的运动。

考虑 $\omega_k \neq 0$,方程(3.5)的一般解为

$$q_i = \sum_{k=1}^{3N-6} C_k L_{ik} \cos(\omega_k t + \varepsilon) \tag{3.9}$$

式中，

$$i = 1, 2, \cdots, 3N-6$$

自然对于线形分子，上式 $3N-6$ 应相应地改为 $3N-5$。C_k为任意常数。

3.2 简 正 坐 标

除了 q_{ik} 坐标外，今定义称作简正坐标(normal coordinate)Q_k的新坐标。在此坐标下，振动的动能和势能将会表示为

$$T = \frac{1}{2}\sum_{k=1}^{3N-6} \dot{Q}_k^2, \quad V = \frac{1}{2}\sum_{k=1}^{3N-6} \lambda_k^2 Q_k^2 \tag{3.10}$$

或以矩阵表示为

$$T = \frac{1}{2}\boldsymbol{P}_Q^{\mathrm{T}}\boldsymbol{P}_Q$$

$$V = \frac{1}{2}\boldsymbol{Q}^{\mathrm{T}}\Lambda\boldsymbol{Q}$$

式中，

$$\Lambda_{ki} = \lambda_k^2 \delta_{ki}$$

$$\boldsymbol{P}_Q = \begin{bmatrix} \dot{Q}_1 \\ \dot{Q}_2 \\ \vdots \\ \dot{Q}_{3N-6} \end{bmatrix}$$

$$\boldsymbol{P}_Q^{\mathrm{T}} = [\dot{Q}_1, \dot{Q}_2, \cdots, \dot{Q}_{3N-6}]$$

$$\boldsymbol{Q} = \begin{bmatrix} Q_1 \\ Q_2 \\ \vdots \\ Q_{3N-6} \end{bmatrix}$$

$$\boldsymbol{Q}^{\mathrm{T}} = [Q_1, Q_2, \cdots, Q_{3N-6}]$$

q_i和 Q_k之间可以有一个线性变换关系：

$$q_i = \sum_{k=1}^{3N-6} l_{ik} Q_k \tag{3.11}$$

从式(3.10),并运用拉格朗日运动方程式,如上节所述,可得 Q_k 的运动方程:

$$\ddot{Q}_k + \lambda_k^2 Q_k = 0 \tag{3.12}$$

设其解为

$$Q_k = Q_k^0 \cos(\lambda_k t + \varepsilon)$$

代入式(3.11),得

$$q_i = \sum_k^{3N-6} l_{ik} Q_k^0 \cos(\lambda_k t + \varepsilon)$$

与式(3.9)比较,可取 $l_{ik} = L_{ik}$,$\lambda_k = \omega_k$。这表示以 Q_k 为坐标的振动具有简正振动的频率 ω_k。Q_k 和 q_i 的关系则为

$$q_i = \sum_{k=1}^{3N-6} L_{ik} Q_k$$

或以矩阵表示为

$$\boldsymbol{q} = \boldsymbol{L}\boldsymbol{Q}$$

$$\boldsymbol{Q} = \boldsymbol{L}^{-1}\boldsymbol{q}$$

由式(3.10),可得分子振动的薛定谔方程为

$$\sum_{k=1}^{3N-6}\left[-\frac{\hbar^2}{2}\frac{\partial^2}{\partial Q_k^2} + \frac{1}{2}\omega_k^2 Q_k^2\right]\psi_{\text{vib}} = E_{\text{vib}}\psi_{\text{vib}} \tag{3.13}$$

以下采用分离变量方法来解此微分方程。设

$$\psi_{\text{vib}} = \phi_{V_1}(Q_1)\phi_{V_2}(Q_2)\cdots\phi_{V_{3N-6}}(Q_{3N-6}) \equiv | V_1 V_2 \cdots V_{3N-6}\rangle$$

代入式(3.13),得

$$\left(-\frac{\hbar^2}{2}\frac{\partial^2}{\partial Q_k^2} + \frac{1}{2}\omega_k^2 Q_k^2\right)\phi_{V_k}(Q_k) = E_{V_k}\phi_{V_k}(Q_k)$$

式中,

$$k = 1, 2, \cdots, 3N-6$$

这里简谐振动方程的解为

$$E_{V_k} = \hbar\omega_k\left(V_k + \frac{1}{2}\right)$$

$$\phi_{V_k}(Q_k) = N_{V_k} \mathrm{e}^{-\alpha_k Q_k^2/2} H_{V_k}(\sqrt{\alpha_k} Q_k)$$

式中,$\alpha_k = \omega_k/\hbar^2$,$H_{V_k}(\sqrt{\alpha_k} Q_k)$ 为厄米(Hermite)多项式,V_k 为简正振动模 k 的振动量子数。因此,振动体系的总能量 E_{vib} 为

$$\sum_k E_{V_k} = \sum_k \hbar\omega_k\left(V_k + \frac{1}{2}\right)$$

综上所述,对分子的振动可以有下述的重要概念:尽管多原子分子的振动是很复杂的,但在力场的简谐近似下,可以将其分解为一些简正振动模。这些振动模的运动方式是每个原子在其平衡位置作简谐振动,其振幅虽然不同,但是它们频

率、相位都是一样的或相差 π。这些振动模彼此互相独立。当用简正坐标表示时，这些振动模就简化为一维简谐振子。

每一组量子数($V_1, \cdots, V_{3N-6}$)对应着一个能级，能级之间的跃迁可以有多种组合。例如一个三原子的分子具有 3 个振动模。设 $\omega_1 < \omega_2 < \omega_3$，则能级之间的跃迁可以有：

(000)→(100)，称作基频跃迁；

(100)→(010)，称作差频跃迁；

(100)→(200)，称作热频跃迁；

(000)→(200)，称作倍频跃迁；

(000)→(110)，称作组频跃迁；

此外，还有其他多种组合。

因为，我们会有(见习题 3.1，在一定的条件下，$L^{-1} = L^{\mathrm{T}}$)

$$Q_k = \sum_i L_{ik} q_i$$

因此，若以箭头来表示分子中原子在简正振动模中位移的方向与大小(为 L_{ik})，则可用同样的图来表示上式这一变换关系。例如 H_2O 有 3 个振动模，其频率分别为 $\omega_1 = 3657\text{cm}^{-1}$，$\omega_2 = 1595\text{cm}^{-1}$，$\omega_3 = 3756\text{cm}^{-1}$，此 3 个振动模可以图 3.1 来表示。自然，求得图 3.1 的先决条件，需 L_{ik} 为已知。求 L_{ik} 的方法即称为简正模式分析(normal mode analysis)或简正振动分析。

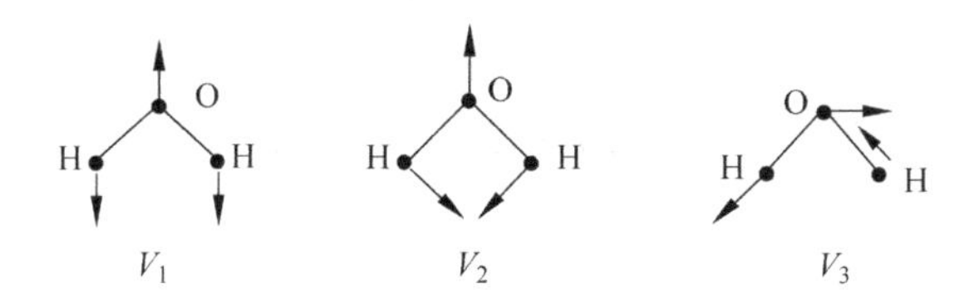

图 3.1　水分子的 3 个振动模

3.3　选择定则

从始态：

$$|\psi_{\mathrm{I}}\rangle = |V_1 V_2 \cdots V_{3N-6}\rangle$$

至终态：

$$|\psi_{\mathrm{F}}\rangle = |V_1' V_2' \cdots V_{3N-6}'\rangle$$

的跃迁规律视跃迁积分(transition moment integral)

$$\mu_{\mathrm{FI}} = \langle \psi_{\mathrm{F}} | \mu | \psi_{\mathrm{I}} \rangle$$

为零与否。上式中μ为电矩(electric moment),大小随着分子振动而变化,因此,μ为Q的函数,即$\mu=\mu(Q)$。将$\mu(Q)$按Q_k展开为

$$\mu(Q)=\mu(0)+\sum_{k=1}^{3N-6}(\partial\mu/\partial Q_k)_0 Q_k+\cdots$$

略去Q_k^2及其他高次项,并假定$\mu(0)=0$,则

$$\mu(Q)=\sum_{k=1}^{3N-6}(\partial\mu/\partial Q_k)_0 Q_k$$

$$\mu_{\text{FI}}=\sum_{k=1}^{3N-6}(\partial\mu/\partial Q_k)_0\langle V_k'\mid Q_k\mid V_k\rangle\prod_{j\neq k}\langle V_j'\mid V_j\rangle$$

为使$\mu_{\text{FI}}\neq 0$,则需对某个m模式有

$$(\partial\mu/\partial Q_m)_0\neq 0$$

并且$\Delta V_m=\pm 1$和$j\neq m$时,$\Delta V_j=0$。

这就是说在简谐近似下,当分子吸收光子而引起振动跃迁时,每次只允许1个振动模跃迁1个量子数,而其余的振动模的量子数都保持不变。

3.4 一般坐标

在3.1节中提及两种坐标,q_i和Q_i。q_i的方便处在于它很直观,但对振动的分析却显繁琐。Q_i的方便处是它对振动的分析很方便,缺点是不直观,需通过简正振动分析才能了解其振动方式。在实际的简正振动分析过程中,从q_i求得Q_i不是很方便,经常采用别的坐标来着手简正振动分析。为此,需对一般的坐标进行了解。

首先,定义一般的坐标为S_i(当然S_i也可以是q_i或Q_i)。

设坐标ξ_i为

$$\xi_1=\Delta x_1,\quad \xi_2=\Delta y_1,\quad \xi_3=\Delta z_1,\quad \xi_4=\Delta x_2,\quad \cdots$$

并设ξ_i至S_t的变换为

$$S_t=\sum_{i=1}^{3N-6}B_{ti}\xi_i$$

动能T为

$$T=\frac{1}{2}\sum_{i=1}^{3N-6}m_i\dot{\xi}_i^{\,2}$$

与ξ_i对应的动量P_i,为

$$P_i=\frac{\partial T}{\partial\dot{\xi}_i}=\sum_i\frac{\partial T}{\partial\dot{S}_t}\frac{\partial\dot{S}_t}{\partial\xi_i}=\sum_t P_t B_{ti}$$

式中P_t为与S_t对应的动量。

动能 T 可以写为

$$T=\frac{1}{2}\sum_{i}\frac{P_i^2}{m_i}=\frac{1}{2}\sum_{i}\frac{1}{m_i}\left(\sum_{t}P_tB_{ti}\right)^2=\frac{1}{2}\sum_{tt'}\left(\sum_{i}\frac{1}{m_i}B_{ti}B_{t'i}\right)P_tP_{t'}$$

若定义

$$G_{tt'}=\sum_{i}\frac{1}{m_i}B_{ti}B_{t'i}$$

则

$$T=\frac{1}{2}\sum_{tt'}G_{tt'}P_tP_{t'}$$

同样，势能 V 可以依 S_t 展开

$$V=\frac{1}{2}\sum_{tt'}F_{tt'}S_tS_{t'}$$

上述两个方程可以矩阵符号表示为

$$T=\frac{1}{2}\boldsymbol{P}^{\mathrm{T}}\boldsymbol{GP}$$

$$V=\frac{1}{2}\boldsymbol{S}^{\mathrm{T}}\boldsymbol{FS}$$

3.2 节中曾说明以 Q 和其所对应的动量 $P_Q(=\dot{Q})$ 为坐标时，动能 T 和势能 V 具有很简单的形式，即

$$T=\frac{1}{2}\boldsymbol{P}_Q^{\mathrm{T}}\boldsymbol{P}_Q$$

$$V=\frac{1}{2}\boldsymbol{Q}^{\mathrm{T}}\boldsymbol{\Lambda Q}$$

从 Q 到 S 坐标的变换若为

$$\boldsymbol{S}=\boldsymbol{LQ}$$

则

$$V=\frac{1}{2}\boldsymbol{S}^{\mathrm{T}}\boldsymbol{FS}=\frac{1}{2}\boldsymbol{Q}^{\mathrm{T}}\boldsymbol{L}^{\mathrm{T}}\boldsymbol{FLQ}=\frac{1}{2}\boldsymbol{Q}^{\mathrm{T}}\boldsymbol{\Lambda Q}$$

所以

$$\boldsymbol{\Lambda}=\boldsymbol{L}^{\mathrm{T}}\boldsymbol{FL}$$

另一方面，

$$P_{Q_k}=\frac{\partial T}{\partial\dot{Q}_k}=\sum_{t}\frac{\partial T}{\partial\dot{S}_t}\frac{\partial\dot{S}_t}{\partial\dot{Q}_k}=\sum_{t}P_tL_{tk}$$

或以矩阵表示为

$$\boldsymbol{P}_Q=\boldsymbol{L}^{\mathrm{T}}\boldsymbol{P}$$

将此式代入下式

$$T = \frac{1}{2}\boldsymbol{P}_Q^{\mathrm{T}}\boldsymbol{P}_Q$$

即得

$$T = \frac{1}{2}\boldsymbol{P}^{\mathrm{T}}\boldsymbol{L}\boldsymbol{L}^{\mathrm{T}}\boldsymbol{P}$$

但是因为

$$T = \frac{1}{2}\boldsymbol{P}^{\mathrm{T}}\boldsymbol{G}\boldsymbol{P}$$

所以

$$\boldsymbol{G} = \boldsymbol{L}\boldsymbol{L}^{\mathrm{T}}$$

或

$$\boldsymbol{L}^{\mathrm{T}} = \boldsymbol{L}^{-1}\boldsymbol{G}$$

将上式代入下式

$$\boldsymbol{\Lambda} = \boldsymbol{L}^{\mathrm{T}}\boldsymbol{F}\boldsymbol{L}$$

便得

$$\boldsymbol{\Lambda} = \boldsymbol{L}^{-1}\boldsymbol{G}\boldsymbol{F}\boldsymbol{L}$$

可见 $\boldsymbol{L}$ 将 $\boldsymbol{GF}$ 经相似变换(similarity transformation)对角线化了。上式可写为

$$\boldsymbol{G}\boldsymbol{F}\boldsymbol{L} = \boldsymbol{L}\boldsymbol{\Lambda}$$

或

$$\sum_{t'} (GF)_{tt'} L_{t'k} = L_{tk}\Lambda_{kk}$$

或

$$\sum_{t'} [(GF)_{tt'} - \delta_{tt'}\omega_k^2] L_{t'k} = 0$$

可见简正振动分析的过程是，首先按定义求得 $\boldsymbol{G}$，然后再求 $\boldsymbol{F}$ 矩阵(有关 $\boldsymbol{F}$ 矩阵元的详细说明见后)，最后将 $\boldsymbol{GF}$ 对角线化，所得对角线元即为 ω_k^2，而其本征向量 $\boldsymbol{L}$ 就包含了简正坐标 $\boldsymbol{Q}$ 的内容(因为 $\boldsymbol{L}^{-1}\boldsymbol{S}=\boldsymbol{Q}$)。

S_t 可方便地取为键角、键长，此即称为内坐标(internal coordinates)，习惯上以 R 表示。

例如 H_2O 的内坐标可能有多种取法，如图 3.2 所示。应当注意这里 α 或 r_1，r_2，r_3 均指的键角或键长的变化量。

若以 $\{r_1 r_2 \alpha\}$ 为坐标，则势能 V 在二次近似下可以写为

$$V = \frac{1}{2}(F_{11}r_1^2 + F_{22}r_2^2 + F_{33}\alpha^2 + 2F_{12}r_1r_2 + 2F_{13}r_1\alpha + 2F_{23}r_2\alpha)$$

此处

$$F_{tt'} = \left(\frac{\partial^2 V}{\partial S_t \partial S_{t'}}\right)_0$$

图 3.2　水分子的内坐标

如略去 F_{12}，F_{13}，F_{23} 等交叉项，并注意到

$$F_{11} = F_{22} \equiv F_r$$

则势能可以简单地表示为

$$V = \frac{1}{2}(F_r r_1^2 + F_r r_2^2 + F_\alpha \alpha^2)$$

这种近似法称为共价键力场(valence bond force field) 近似。

至于求 $\boldsymbol{G}$，可以从定义

$$G_{tt'} = \sum_i \frac{1}{m_i} B_{ti} B_{t'i}$$

求得，但这种方法较繁琐，可用其他较快和较方便的方法求得，见参考文献[3.1]的4.1节，4.2节和附录Ⅵ。

习题3.1总结了两个坐标间各种变量的关系。熟悉它们之间的关系是很方便的。

对于一个 N 原子分子，可选定一组键伸缩、键角弯曲、键面外弯曲和键扭转坐标作为内坐标 $\boldsymbol{R}$。在这些内坐标中，经常存在若干冗余的内坐标，即内坐标总数大于分子简正模的数目 $3N-6$。为了去除其中的冗余内坐标，可以根据分子的结构和对称性，从这些内坐标构建出一组 $3N-6$ 个相互独立而无冗余的坐标。此坐标一般满足一定的对称性，称为对称坐标(5.14节)。

设内坐标 $\boldsymbol{R}$(维数为 m，大于 $3N-6$)和对称坐标 $\boldsymbol{S}$ 之间的变换关系为：$\boldsymbol{S}=\boldsymbol{B}_S\boldsymbol{R}$，并且两坐标系中力常数 $\boldsymbol{F}_R$ 和 $\boldsymbol{F}_S$ 之间的变换关系为：$\boldsymbol{F}_R=\boldsymbol{B}_S^{\mathrm{T}}\boldsymbol{F}_S\boldsymbol{B}_S$。由于 $\boldsymbol{B}_S$ 矩阵的维数是 $3N-6\times m$，无法直接求逆矩阵，所以要想由 $\boldsymbol{F}_R$ 求出 $\boldsymbol{F}_S$，必须进行以下变换。

由

$$\boldsymbol{F}_R = \boldsymbol{B}_S^{\mathrm{T}}\boldsymbol{F}_S\boldsymbol{B}_S$$

得

$$\boldsymbol{B}_S\boldsymbol{F}_R\boldsymbol{B}_S^{\mathrm{T}} = (\boldsymbol{B}_S\boldsymbol{B}_S^{\mathrm{T}})\boldsymbol{F}_S(\boldsymbol{B}_S\boldsymbol{B}_S^{\mathrm{T}})$$

由于 $\boldsymbol{B}_S\boldsymbol{B}_S^{\mathrm{T}}$ 是一个 $3N-6$ 维的对称方阵，其逆也是对称方阵，因此有

$$\boldsymbol{F}_S = (\boldsymbol{B}_S\boldsymbol{B}_S^{\mathrm{T}})^{-1}\boldsymbol{B}_S\boldsymbol{F}_R\boldsymbol{B}_S^{\mathrm{T}}(\boldsymbol{B}_S\boldsymbol{B}_S^{\mathrm{T}})^{-1}$$

或

$$\boldsymbol{F}_S = [\boldsymbol{B}_S^{\mathrm{T}}(\boldsymbol{B}_S\boldsymbol{B}_S^{\mathrm{T}})^{-1}]^{\mathrm{T}}\boldsymbol{F}_R[\boldsymbol{B}_S^{\mathrm{T}}(\boldsymbol{B}_S\boldsymbol{B}_S^{\mathrm{T}})^{-1}]$$

经常用到的势能分布(potential energy distribution,PED)是指坐标 i 对于振动模式 k 的能量贡献：$L_{ik}^2 F_{ii}/\omega_k^2$。

3.5 共振现象

当两个振动能级 $|i\rangle$ 和 $|j\rangle$ 具有相近的能量 E_i^0 和 E_j^0，波函数分别为 ψ_i^0，ψ_j^0，并且可经由某种微扰哈密顿量 H' 引起相互作用时，这两个振动态将重新组成两个新的能态。如

$$H' = \left(\frac{\partial^3 V}{\partial Q_i \partial Q_j^2}\right)_0 Q_i Q_j^2$$

两个新态的振动能量可写为(习题 3.2)

$$E_+ = \frac{E_i^0 + E_j^0}{2} + \left[H'^2_{ij} + \left(\frac{E_i^0 - E_j^0}{2}\right)^2\right]^{1/2}$$

$$E_- = \frac{E_i^0 + E_j^0}{2} - \left[H'^2_{ij} + \left(\frac{E_i^0 - E_j^0}{2}\right)^2\right]^{1/2}$$

而其对应的波函数为

$$\psi_+ = a\psi_i^0 + b\psi_j^0$$

$$\psi_- = b\psi_i^0 - a\psi_j^0$$

这种共振 (resonance) 现象之一就是费米(Fermi)共振。例如 NCO^- 中 ν_1^0 和 $2\nu_2^0$ 的振动能级相近，二者可经由费米共振组成两个新的能级 $\nu_+ = 1298\mathrm{cm}^{-1}$，$\nu_- = 1211\mathrm{cm}^{-1}$，同时这两个能级的吸收谱线具有近乎相同的强度。这里要注意的是 ν_1^0，$2\nu_2^0$ 振动模事实上已无意义！不然 ν_1^0 是基频，而 $2\nu_2^0$ 是倍频，前者谱线强度要比后者强得多。现在二者“相混”在一起，结果具有相近的强度，如图 3.3 所示[3.2]。

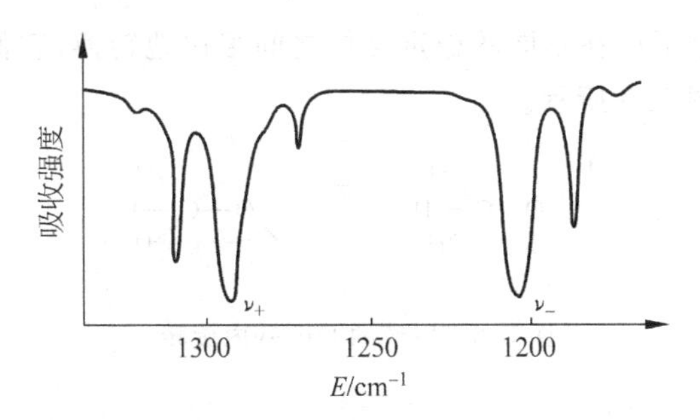

图 3.3　NCO^- 的 ν_1^0 和 $2\nu_2^0$ 经由费米共振，组成两个新振动模 ν_+ 和 ν_-

3.6　具有若干旋转稳定点的分子

一些分子内部旋转的势能经常具有几个稳定点。它们的势能 V 和旋转参数(角度)α 的关系如图 3.4 所示。

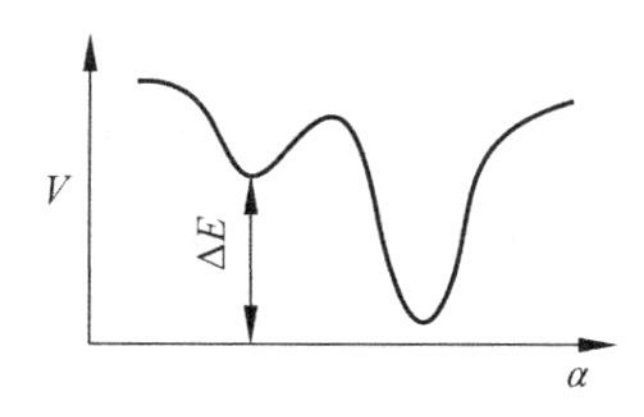

图 3.4　分子的势能 V 和内旋转参数 α 的关系

具有这类性质的分子的物理或化学性质,很大程度上取决于势垒高度和热动能 kT 的大小关系。

1. 势垒高度≫kT

在此情况下,分子在稳定点之间的转动是很难的,因此分子可在稳定点长期存在,对应地便有几个稳定的异构物,如图 3.5 所示。

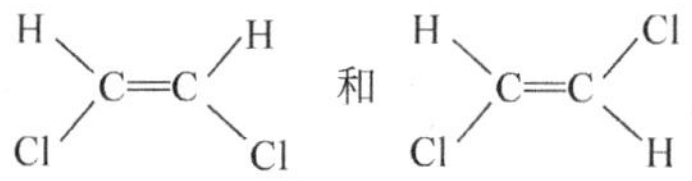

H　　H　　　　H　　Cl
C=C　　和　　C=C
Cl　　Cl　　　　Cl　　H

图 3.5　二氯乙炔的 2 个异构物

2. 势垒高度≈kT

在此情况下,分子可在不同的稳定结构之间很快地转换,它们之间数目的分配和 $e^{-\Delta E/kT}$有关,如图 3.6 所示。

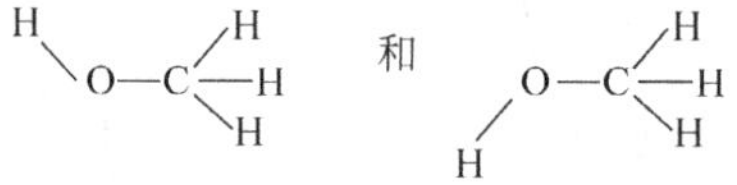

H　　H　　　　　　H
O—C—H　　和　　O—C—H
　　H　　　　H　　H

图 3.6　甲醇的 OH 基内旋转

3. 势垒高度≪kT

在此情况下,分子基本上可以自由旋转,如图 3.7 中 2 个 CH_3基团可绕分子轴自由旋转。

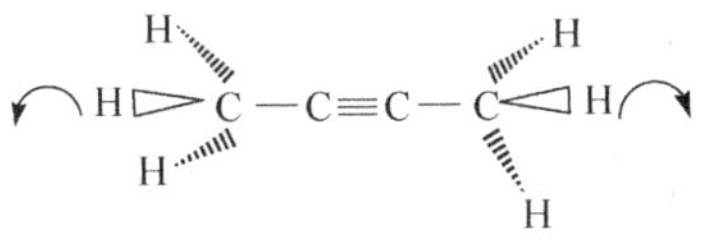

图 3.7　丁烯的 2 个甲基可以自由绕分子轴转动

3.7　分子内旋转运动

势能曲线 $V(\alpha)$可以按旋转角度 α 傅里叶级数展开，设稳定点的数目为 n，

$$V(\alpha) = a_0 + \sum_{j=1}^{\infty} a_j \cos jn\alpha$$

取在 $\alpha=0$ 时为稳定点，

$$V(0) = 0 = a_0 + \sum_{j=1}^{\infty} a_j$$

或

$$a_0 = -\sum_{j=1}^{\infty} a_j$$

所以

$$V(\alpha) = -\sum_{j=1}^{\infty} a_j (1 - \cos jn\alpha)$$

若取一级近似：

$$V(\alpha) = -a_1(1 - \cos n\alpha)$$

当 $\alpha = \pm\pi/n$ 时，V 达到最大值 V_0，即

$$V_0 = -a_1 \cdot 2$$

或

$$a_1 = -V_0/2$$

因此得

$$V(\alpha) = \frac{1}{2} V_0 (1 - \cos n\alpha)$$

对应地，旋转的薛定谔方程为

$$-\frac{\hbar^2}{2I_r}\frac{\mathrm{d}^2\psi(\alpha)}{\mathrm{d}\alpha^2} + V(\alpha)\psi(\alpha) = E\psi(\alpha)$$

1. $V_0 \gg kT$

当 $V_0 \gg kT$ 时，α 值只能在很小范围内变化，$\alpha \approx 0$，因此可将 $V(\alpha)$ 按 $n\alpha$ 展开，

并略去高次项得

$$
\begin{aligned}
V(\alpha) &= \frac{1}{2}V_0(1-\cos n\alpha) \\
&= \frac{1}{2}V_0\left[1-\left(1-\frac{n^2\alpha^2}{2!}+\frac{n^4\alpha^4}{4!}-\cdots+\cdots\right)\right] \\
&\approx \frac{1}{2}\left(\frac{V_0 n^2}{2}\right)\alpha^2
\end{aligned}
$$

此项类似简谐振动的$\frac{1}{2}kq^2$，所以能级应为

$$
E_V = \hbar\omega_r\left(V+\frac{1}{2}\right) = \hbar\sqrt{\frac{V_0 n^2}{2I_r}}\left(V+\frac{1}{2}\right),\quad V = 0,1,2,\cdots
$$

2. $V_0 \ll kT$

当$V_0 \ll kT$时，分子基本上是自由旋转的，所以$E \gg V_0$，$V(\alpha)$此时可以其平均值来近似，

$$
V(\alpha) = \frac{1}{2}V_0
$$

这时薛定谔方程为

$$
\frac{\mathrm{d}^2}{\mathrm{d}\alpha^2}\psi + \frac{2I_r}{\hbar^2}\left(E-\frac{V_0}{2}\right)\psi = 0
$$

令

$$
\beta^2 = \frac{2I_r}{\hbar^2}\left(E-\frac{V_0}{2}\right)
$$

则

$$
\psi = \mathrm{e}^{\pm\mathrm{i}\beta\alpha}
$$

因为ψ具有周期性质

$$
\psi\left(\alpha+\frac{2\pi}{n}\right) = \psi(\alpha)
$$

即要求

$$
\mathrm{e}^{\pm\mathrm{i}\beta\frac{2\pi}{n}} = 1
$$

或

$$
\beta = nJ
$$

式中，

$$
J = 0,1,2,\cdots
$$

因此能量为

$$E_J=\frac{1}{2}V_0+\frac{\hbar^2}{2I_r}\beta^2=\frac{1}{2}V_0+\frac{\hbar^2n^2}{2I_r}J^2$$

此处应注意到旋转沿转动轴的角动量为 $Jn\hbar$，同时 $E_J\gg V_0$ 的条件限制了 J 不可为 0,1,…的量子数值。

3. 势垒≈kT

在此情况下，低能级的状态可以按第一类的情况处理，高能级的状态可以按第二类的情况来处理。一般的情况应从薛定谔方程来求解。详见参考文献[3.3]。

具有若干旋转稳定点的分子能级，很大的一个特点就是有着与稳定点数目相同的简并数。这些简并能级经常由于其他微扰而分裂。例如 NH_3 分子对 N 原子的反演有 2 个稳定态，如图 3.8 所示。

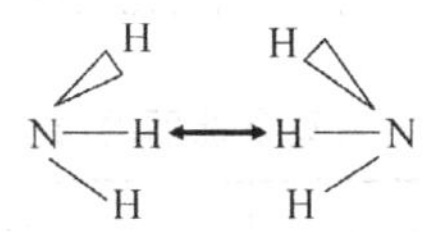

图 3.8　氨分子对 N 原子的反演有 2 个稳定态

所对应的势能与能级如图 3.9 所示。此处我们应注意简并态的分裂这一特点。

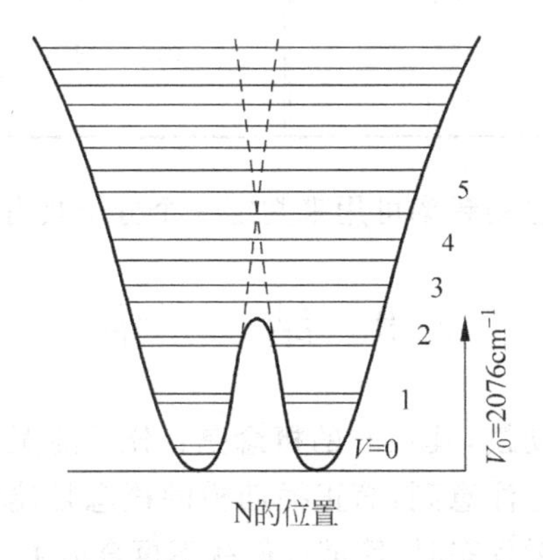

图 3.9　氨分子反演后具有的振动能级及其和 N 原子位置的关系

3.8　官能团频率

分子振动是分子整体的振动，经常一些振动模的振动集中在一个或几个原子的运动上。例如甲醇的 12 个振动模中，有一个如图 3.10 所示(其中和氧原子相邻的氢原子的振动幅度比别的氢原子的幅度大很多)。这个振动模主要集中在

O—H 键的振动。它的频率为 3600 cm^{-1}。可以预想得到，别的具有 OH 官能团的分子也会有频率大约为 3600cm^{-1}的振动模。因此，我们就说 OH 官能团的特征振动频率为 3600cm^{-1}。

其他官能团振动的特征频率见表 3.1。

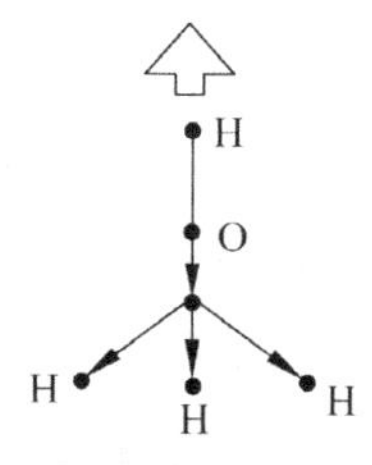

图 3.10　甲醇的一个振动模，其中和氧原子相邻的氢原子的振动幅度比别的氢原子大很多

表 3.1　几种常见官能团的特征振动波数

官能团	键伸缩的波数/cm^{-1}	官能团	键伸缩的波数/cm^{-1}
—C≡N	2100	>N—H	3350
—C≡C—	2050	⋗ C—H	2960
>C=C<	1650	⋗ C—H	3020
>C=O	1700	≡C—H	3300
—O—H	3650		

通常官能团的特征振动频率可用来判定一个分子具有哪些类别的官能团。

3.9　结　　语

此章叙述了简正振动模，其核心的概念是：分子的振动是分子中所有组成原子的集体运动。我们也应注意到，简正振动模的概念是建立在势能简谐近似的基础上的。当分子处在高激发态时，简谐近似就不再合适了，简正振动模的概念也就无意义了。而这时运动接近经典的状态，以致经典的非线性效应，包括混沌的现象也会产生，固然，这时体系还是量子化的。另外，在非线性效应下，振动能量往往集中在分子中的某个键上，特别是 C—H 键，类似于物理中的孤子现象。此种模式称为局域模，但它和之前所述的官能团振动具有本质上的不同。我们对于分子高激发振动现象的了解还很有限，是一个新的研究领域。第 16 章中我们将简述这个领域的一点概貌。

参考文献

[3.1]　WILSON E B, DECIUS J C, CROSS P C. Molecular vibrations[M]. New York: McGraw-Hill, 1955.

[3.2]　DECIUS J C, GORDON D J. Fermi doublet ν_1, $2\nu_2$ in the cyanate ion[J]. J. Chem. Phys., 1967, 47: 1286.

[3.3]　WILSON E B. The present status of the statical method of calculating thermodynamic functions[J]. Chem. Revs., 1940, 27: 17.

习　　题

3.1　设分子上的 2 个坐标 S_1 和 S_2，其间的关系为

$$\boldsymbol{A}\boldsymbol{S}_1 = \boldsymbol{S}_2$$

(1) 证明对应的动量坐标 $\boldsymbol{P}_{S_1}$ 和 $\boldsymbol{P}_{S_2}$ 间的关系为

$$\boldsymbol{A}^{\mathrm{T}}\boldsymbol{P}_{S_2} = \boldsymbol{P}_{S_1}$$

(2) 在 S_1 和 S_2 坐标上，T 和 V 为

$$T_{S_1} = \frac{1}{2}\boldsymbol{P}_{S_1}^{\mathrm{T}}\boldsymbol{G}_{S_1}\boldsymbol{P}_{S_1}, \quad T_{S_2} = \frac{1}{2}\boldsymbol{P}_{S_2}^{\mathrm{T}}\boldsymbol{G}_{S_2}\boldsymbol{P}_{S_2}$$

$$V_{S_1} = \frac{1}{2}\boldsymbol{S}_1^{\mathrm{T}}\boldsymbol{F}_{S_1}\boldsymbol{S}_{S_1}, \quad V_{S_2} = \frac{1}{2}\boldsymbol{S}_2^{\mathrm{T}}\boldsymbol{F}_{S_2}\boldsymbol{S}_2$$

并且

$$\boldsymbol{G}_{S_2} = \boldsymbol{A}\boldsymbol{G}_{S_1}\boldsymbol{A}^{\mathrm{T}}$$

$$\boldsymbol{F}_{S_2} = (\boldsymbol{A}^{\mathrm{T}})^{-1}\boldsymbol{F}_{S_1}\boldsymbol{A}^{-1}$$

$$\boldsymbol{G}_{S_2}\boldsymbol{F}_{S_2} = \boldsymbol{A}\boldsymbol{G}_{S_1}\boldsymbol{F}_{S_1}\boldsymbol{A}^{-1}$$

以及

$$\boldsymbol{L}_{S_2} = \boldsymbol{A}\boldsymbol{L}_{S_1}$$

(3) 何时 $\boldsymbol{A}^{\mathrm{T}} = \boldsymbol{A}^{-1}$？并且证明 3.2 节中的 $\boldsymbol{L}^{-1}$ 具有下面的性质：

$$(\boldsymbol{L}^{-1})_{ki} = L_{ik}$$

3.2　试推导 3.5 节中 E_+，E_- 的公式。

3.3　设在下述体系中，取内坐标 r_1，r_2，β，如图 3.11 所示。并定义新坐标 S_1，S_4，S_5 为

$$S_4 = \frac{1}{\sqrt{2}}(r_1 + r_2)$$

$$S_5 = \rho\beta/2$$

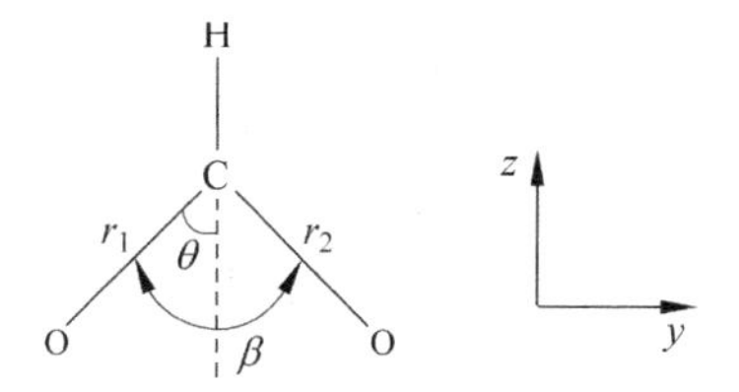

图 3.11　习题 3.3 图

$$S_1 = \frac{1}{\sqrt{2}}(r_1 - r_2)$$

此处 ρ 为 C—O 平衡时的距离，μ_1，μ_y，μ_z 各为 C—O 键的偶极矩及其在 y，z 方向的分量。

试推论：

(1) $\frac{\partial \mu_1}{\partial r_1} = \frac{\mu_1}{\rho} = \frac{1}{\cos\theta}\frac{1}{\sqrt{2}}\frac{\partial \mu_z}{\partial S_4}$；

(2) $\frac{\partial \mu_y}{\partial S_1} = \frac{\partial \mu_z}{\partial S_4}\tan\theta$；

(3) $\frac{\partial \mu_z}{\partial S_5} \approx \frac{-\mu_1}{\rho}\sin\left(\theta + \frac{\beta}{2}\right)$；

(4) $\frac{\partial S_5}{\partial S_4} = -\frac{\cos\theta\sqrt{2}}{\sin(\theta + \beta/2)}$；

(5) $\frac{\partial \mu_z}{\partial S_4} = \frac{\partial \mu_z}{\partial S_5}\frac{-\cos\theta\sqrt{2}}{\sin(\theta + \beta/2)}$。

第 4 章　键力常数的计算与 SCN^- 在电极表面的吸附

4.1 引　　言

第 3 章中，有关简正振动分析的过程与结果应令人满意，因为它告诉我们分子振动的一个图像，即简正振动模的组成。然而，问题并没有解决。我们知道实验中可以测得的只是简正振动频率 ω_i。分子结构如果了解了，从键长、键角以及原子的质量可以计算出 $\boldsymbol{G}$ 矩阵。问题是，无法从实验中测得力常数，而且它的数目较振动模多，这就使得从 ω_i 直接求出力常数变得不可能。

然而，问题亦不如此悲观，人们可以依照物理或化学的常识，预先推测（猜测）出力常数的值，然后去计算振动频率，看看与实验的结果差多少。依据这个差别，再试着调换所猜测的力常数值，使得下一轮的计算频率值与实验的结果进一步地接近。初始的力常数值可以根据前人工作的结果，因为同一种化学键，在不同的分子中固然有不同的力常数，但亦不会相去甚远。另外一种方法是经由量子化学的计算，先求出理论的值，此值固然不一定十分准确，但亦应不会与真实的值相去太远。此外，在众多的力常数中，我们可固定其中一部分力常数，而只试调其中一小部分力常数，如此亦经常可使问题简化，并得到好的结果。

经过 20 世纪六七十年代光谱工作者的辛勤努力，简正振动的分析工作已经很成熟（但不等于已到尽头），特别是有关的计算机程序已很完备方便。微型计算机的发展更使得在实验室中能方便地处理有关的简正振动分析。前人积累下来的大量数据，包括力常数值的结果与对具体分子周全深入的计算、分析使得现在人们能很方便地解决这个问题。

本章中，我们试图通过一个具体计算力常数的例子说明从力常数值的计算结果中，人们可以得到很有意义的结果。

4.2　SCN^-吸附在银电极表面的振动分析

SCN^-吸附在银电极表面后，其拉曼散射截面会有增加上百万倍的称为表面增强拉曼的效应。我们将在第10章中详述这个效应。

吸附的SCN^-的振动频率随电极电位的变化而变化。此外，因出现了一个吸附点S原子与电极表面结合的新的化学键，体系有3个伸缩振动峰。它们的频率随电位的变化见表4.1。从中，我们可以看出当电极电位（相对于标准SCE电极）从－0.2V至－0.8V时υ_1，υ_3（指振动模的标号，经常与振动模的频率互相通用，单位为cm^{-1}）减小，而υ_2逐渐增加。当电极电位为－0.8V时，υ_2，υ_3与溶液中的值相近。

表4.1　SCN^-吸附在银电极表面，其随电极电位变化之振动峰波数与其在溶液中的值

V/V_{SCE}	υ_1/cm^{-1}	υ_2/cm^{-1}	υ_3/cm^{-1}
溶液	—	745	2072
－0.8	190	740	2085
－0.7	196	738	2092
－0.6	203	736	2096
－0.5	210	733	2100
－0.4	216	727	2107
－0.3	220	716	2112
－0.2	225	712	2117

在进行简正振动分析时，首先建立体系的吸附模型，如图4.1所示。其中M的质量可以是变数。如SCN^-是直接吸附在无穷大的电极板上，则M的质量应为无穷大。如SCN^-是与一个电极表面上的银原子相吸附，且此银原子与电极本体脱离，没有相互作用，则M的质量当为银原子的质量。而如果此银原子与电极表面并不完全脱离，有一定的相互作用，则M的质量应小于银原子的质量。为方便计，我们设M的质量为cM_{Ag}，M_{Ag}为银原子的质量，对应于上述三种状态，c为∞，1，<1。

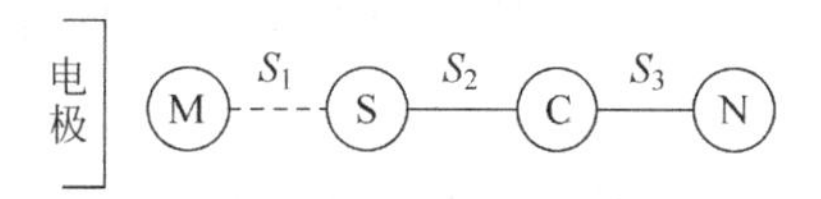

图4.1　SCN^-吸附在电极表面的构型

S_1，S_2，S_3为键伸缩坐标

简正振动分析计算的结果表明 $c=\infty$ 或 1，均不能得到良好一致的结果，即计算的频率与实验所得的结果不能一致。但当 $c=0.1$ 时，即能得到相当一致的结果。此结果列于表 4.2 中。从中，我们可以看到 K_{CN}（C—N 的力常数）约为 K_{SC}（S—C 的力常数）的 3 倍，此正和 C≡N 键为三键，而 S—C 键为单键一致。对比于溶液中的情形 K_{SC} 较大，而此处 K_{SC} 较小。K_{MS}（M—S 的力常数）相当小，只是 K_{SC} 的二十分之一。因此，M—S 是个很弱的键，表明 SCN 的吸附是个物理吸附。表中，还显示了随电极电位的变化，键力常数随之而变的细微情形。电位从 −0.2V 至 −0.8V 时，K_{MS} 逐渐变小，吸附变弱了。这时 K_{SC} 逐渐变大，而 K_{CN} 则变小，并且 K_{CN}/K_{SC} 值从 3.34 降至 2.98，对比于溶液中的 2.76，这显示 C≡N 键较易受电极电位变化的影响。这可能和其电子较多且较远离电极表面有关。

表 4.2　当校正因子 $c=0.1$ 时，计算所得的 M-SCN 键力常数　10^{-3} dyn/Å

V/V_{SCE}	K_{MS}	K_{SC}	K_{CN}
溶液	—	5.28	14.57
−0.8	0.195	5.13	14.84
−0.7	0.208	5.09	14.96
−0.6	0.224	5.05	15.04
−0.5	0.239	4.99	15.13
−0.4	0.253	4.89	15.29
−0.3	0.263	4.72	15.43
−0.2	0.275	4.65	15.54

1dyn=10^{-5}N

由上述例子可了解到分子振动的分析工作是相当直截的。可能的困难还在如何适当地运用这个方法，去获得有意义的结果。

参考文献

[4.1] HUANG Y, WU G. Force constants and bond polarizabilities of thiocyanate ion adsorbed on the silver electrode as inter pretated from the surface enhanced Raman scattering[J]. Spectrochimica Acta., 1989, 45A: 123.

第 5 章　点群的表示及其应用

5.1　分子的对称性与群的定义

许多分子都具有高的对称性。本章中所谓的对称性是指分子的几何构型在经过某种空间位置的变换后保持不变。这时，我们就称分子对该变换是对称的。这种变换也称作对称操作(symmetry operation)。在对称操作下保持不变的点、轴、平面(或说是对称操作所依据的几何点、轴、平面)就称作对称元素。每个对称操作伴随一个对称元素，见表 5.1。图 5.1 说明了这些对称操作的具体动作。

表 5.1　对称操作及伴随的对称元素

对称元素	符号	对 称 操 作	符号
幺元素	E	使分子保持原状	E
对称面	σ	对对称面作镜面反映	σ
对称中心	i	对中心点做反演	i
旋转轴	C_n	沿轴转 $2\pi k/n, k=1,2,3,\cdots$	C_n^k
假旋转轴	S_n	$k(=1,2,3,\cdots)$次沿轴转 $2\pi/n$ 后对一垂直于该轴的平面做镜面反映	S_n^k

由图 5.1 可以了解到：

(1) 一个分子若具有对称操作 A 和 B，则合并起来的操作(以 $A \cdot B$ 表示)，即操作 B 变换后，接着操作 A 变换，亦必是该分子的对称操作。这种性质称作封闭性。

(2) 对应着一个对称操作 A，必有另一个对称操作 B，使得 $A \cdot B = B \cdot A = E$，此时 B 称为 A 的反操作。

(3) 对称操作 A,B,C 的操作秩序先后不同，结果也不一样，但是 $A \cdot (B \cdot C) = (A \cdot B) \cdot C$，称作结合律。

(4) 每个分子的对称操作有多有少，但必含 E。

任何分子必具有对称操作(至少有 E)，而且必然具有上述四个性质，用数学的语言来说，就是分子的对称操作构成了群。构成群的集合是很多的，譬如整数对加法而言，就是一个群，因为它们满足：

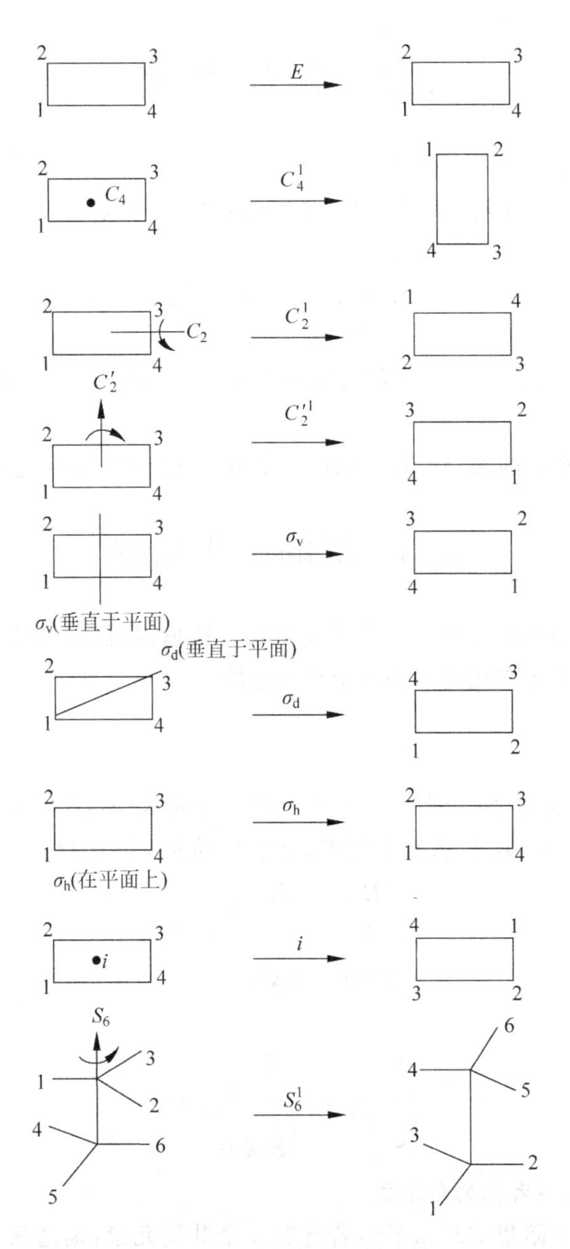

图 5.1　对称操作的具体动作

(1) $n_1+n_2=n_3$；

(2) $n_1+(-n_1)=0$；

(3) $n_1+(n_2+n_3)=(n_1+n_2)+n_3$；

(4) $n_1+0=0+n_1=n_1$（0 的作用为 E）。

5.2 群的分类

群依其性质可以有下列几类：

(1) 有限群：群的元素数目(也称为群的阶数)为有限者；

(2) 无限群：群的阶数为无限者；

(3) 阿贝尔(Abelian)群：群的元素 A,B 满足互易关系

$$A \cdot B = B \cdot A$$

(4) 循环群：群的任一元素都可以用群之某个元素 X,以 $X^n(n=0,1,2,\cdots)$来表示；

(5) 子群：群 G 的部分元素亦构成一个群 F,则称 F 为 G 之子群。

5.3 群的一些性质

探讨群的性质是数学里的一个重要课题。这里,我们只简略述说与以后讨论群在分子光谱学上的应用有关的几个重要性质。

1. 陪集

设群 G 含有元素$\{S_1 \equiv E, S_2, \cdots, S_g\}$,其部分元素$\{S_1, S_2, \cdots, S_s\}$构成子群 F,则可以选 G 中任一不在 F 里的元素 X,对 F 里的元素作乘积

$$X\begin{bmatrix} E \\ \vdots \\ S_s \end{bmatrix} = \begin{bmatrix} X \\ \vdots \\ XS_s \end{bmatrix} \equiv XF$$

或

$$\begin{bmatrix} E \\ \vdots \\ S_s \end{bmatrix} X = \begin{bmatrix} X \\ \vdots \\ S_s X \end{bmatrix} \equiv FX$$

前者称为左陪集,后者称为右陪集。

不难证明两个陪集 XF 和 YF,若含有一个共同元素,则这两个陪集是完全相同的。因此群 G 的元素可分散在几个陪集里,即

$$\{E, S_2, \cdots, S_g\} = \{E, S_2, \cdots, S_s\} + \{S_{s+1}, \cdots, S_{2s}\} + \{\cdots\} + \cdots$$

共有 l 个陪集。每个陪集不含相同的元素,而所含元素的数目相同。因此

$$g = s \cdot l$$

即有限群 G 的阶数为其子群 F 阶数的整倍数。

2. 类

群的元素 A 和 B，如果存在另一元素 X，使得

$$B = XAX^{-1}$$

则称 A 和 B 互为共轭（自然也可以写为 $B=X^{-1}AX$）。群中所有互为共轭的元素的集合称为类。

3. 不变子群与商群

设群 G 含有一子群 F，且对所有 G 之元素 X 有下述性质：

$$XFX^{-1} = F$$

或

$$XF = FX$$

即 F 在右陪集和左陪集相同，则称 F 为不变子群。

我们可以将 G 的元素分解为 F 的陪集之和：

$$\{E,S_2,\cdots,S_g\} = \{E,S_2,\cdots,S_s\} + \{S_{s+1},\cdots,S_{2s}\} + \{\cdots\} + \cdots$$

现将每一陪集都视为一个元素 $K_i(\equiv FK_i)$，则

$$K_iK_j \equiv (FK_i)(FK_j) = (K_iF)(FK_j) = K_iFK_j = FK_iK_j = FK_k = K_k$$

同时

$$F \cdot K_i = K_i(F\text{为单位元素})$$

$$K_iK_i^{-1} = F$$

$$(K_iK_j)K_k = K_i(K_jK_k)$$

因此 $\{F,K_1,\cdots,K_{f-1}\}$ 构成一个群，这群称作群 G 对不变子群 F 的商群。

4. 同态群与同构群

两个群 H,K 称作同态的，如果其元素间存在对应关系：

$$\{h_{i1},h_{i2},\cdots,h_{ir}\} \leftrightarrow K_i$$

使得若在 H 中

$$h_{im} \cdot h_{jn} = h_{kp}$$

成立，则

$$K_iK_j = K_k$$

在 K 中亦成立。如果对应关系是一一对应的，则称 H,K 为同构的。

同时，还应注意到群和其商群是同态的。

5.4 点　　群

一般分子的对称操作所构成的群，主要有 32 个。这些群都具有一个不为对称操作移动的点，因此这些群也被称作点群。

它们可分类如下：

(1) 只具有 E 对称操作的群，以 C_1 表示。

(2) 由 E 和 σ_h 对称操作构成的群，以 C_s 表示。

(3) 由 E 和 i 对称操作构成的群，以 C_i 表示。

(4) 由 $E, C_n^i (i=1,\cdots,n-1)$ 对称操作构成的群，以 C_n 表示。

(5) 由 C_n 群的对称操作和 σ_h 对称操作构成的群，以 C_{nh} 表示。

(6) 由 C_n 群的对称操作和 σ_v 对称操作构成的群，以 C_{nv} 表示。

(7) 由 C_n 群的对称操作和垂直于 C_n 轴的 C_2 对称操作所构成的群，以 D_n 表示。

(8) 由 D_n 群的对称操作和 σ_d 对称操作所构成的群，以 D_{nd} 表示。

(9) 由 D_n 群的对称操作和 σ_h 对称操作所构成的群，以 D_{nh} 表示。

(10) 由 $E, S_n^i (i=1,\cdots,n-1)$ 对称操作所构成的群，以 S_n 表示（如 n 为奇数，则 $S_n=C_{nh}$）。

(11) 另外尚有具有立方体对称的 T, T_d, O 和 O_h 等群。

5.5 群的表示

设群 G 的元素 A 和由 $n\times n$ 方矩阵乘法所构成的群的元素 $\boldsymbol{\Gamma}$ 间有对应关系，

$$A \rightarrow \boldsymbol{\Gamma}(A)$$

并且这关系满足下列条件：

若 $AB=C$，则

$$\boldsymbol{\Gamma}(A)\boldsymbol{\Gamma}(B) = \boldsymbol{\Gamma}(C)$$

此时就说矩阵 $\boldsymbol{\Gamma}$ 为群 G 的表示。

一个群的表示自然不是唯一的。设 $\boldsymbol{S}$ 为一矩阵，使得

$$\boldsymbol{\Gamma}'(A) = \boldsymbol{S\Gamma}(A)\boldsymbol{S}^{-1}$$

若

$$AB = C$$

则

$$\boldsymbol{\Gamma}'(A)\boldsymbol{\Gamma}'(B) = \boldsymbol{S\Gamma}(A)\boldsymbol{S}^{-1}\boldsymbol{S\Gamma}(B)\boldsymbol{S}^{-1} = \boldsymbol{S\Gamma}(A)\boldsymbol{\Gamma}(B)\boldsymbol{S}^{-1} = \boldsymbol{S\Gamma}(C)\boldsymbol{S}^{-1} = \boldsymbol{\Gamma}'(C)$$

所以 $\boldsymbol{\Gamma}'$ 矩阵亦为群 G 的表示。$\boldsymbol{\Gamma}(A)$ 和 $\boldsymbol{\Gamma}'(A)$ 矩阵称为等同的(equivalent)表示，

其间的变换

$$\boldsymbol{\Gamma}'(A) = \boldsymbol{S}\boldsymbol{\Gamma}(A)\boldsymbol{S}^{-1}$$

称为相似变换。

一个群的表示$\boldsymbol{\Gamma}^{(r)}(A)$若可以经由相似变换变成

$$\boldsymbol{\Gamma}^{(r)}(A) = \begin{bmatrix} \boldsymbol{\Gamma}^{(1)}(A) & 0 \\ 0 & \boldsymbol{\Gamma}^{(2)}(A) \end{bmatrix}$$

则称表示$\boldsymbol{\Gamma}^{(r)}$为可约的。自然,此时$\boldsymbol{\Gamma}^{(1)}$,$\boldsymbol{\Gamma}^{(2)}$也都为群的表示。如果$\boldsymbol{\Gamma}^{(r)}(A)$不能经由相似变换变成上述的形式,则称$\boldsymbol{\Gamma}^{(r)}$为不可约表示。

两个不等同的、不可约的、幺正的(即矩阵的转置及复共轭等于其逆)表示$\boldsymbol{\Gamma}^{(i)}(R)$和$\boldsymbol{\Gamma}^{(j)}(R)$,具有下述重要关系:

$$\sum_{R\in G}[\boldsymbol{\Gamma}^{(i)}(R)]_{u\nu}^{*}[\boldsymbol{\Gamma}^{(j)}(R)]_{\alpha\beta} = \frac{g}{d_i}\delta_{ij}\delta_{\mu\alpha}\delta_{\nu\beta}$$

这里,R 指所有群的元素,d_i为不可约表示矩阵的维数,g 为群的阶数。α,β,μ,ν 表示矩阵元素的位置。

5.6　特　征　值

表示矩阵$\boldsymbol{\Gamma}^{(i)}(R)$对角线元素之和称为表示矩阵的特征值,以 $\chi^{(i)}(R)$表示,即

$$\chi^{(i)}(R) = \sum_{\mu}[\boldsymbol{\Gamma}^{(i)}(R)]_{\mu\mu}$$

等同表示矩阵的特征值是相同的,因为它们之间由相似变换联系,而由相似变换联系的矩阵具有相同的特征值。群中同类元素表示的特征值也是相同的,因为它们的表示矩阵也是经由相似变换联系在一起的。幺元素所对应表示的特征值等于该表示的维数,即,$\chi^{(i)}(E)=d_i$。

5.7　特　征　表

将不可约表示和其特征值排成表 5.2 所示的表格,称为群的特征表。

表 5.2　群的特征表

G	E	R_1	R_2	…
$\Gamma^{(1)}$	$\chi^{(1)}(E)$	$\chi^{(1)}(R_1)$	$\chi^{(1)}(R_2)$	⋮
$\Gamma^{(2)}$	$\chi^{(2)}(E)$	⋮	⋮	⋮
⋮	⋮	⋮		⋮

表 5.2 中 R_i 为群 G 的元素，χ 为特征值，Γ 为不可约表示的标记。特征表具有下列几个重要性质：

(1) 群的不可约表示的数目和其类的数目是相同的；

(2) $\sum_k \chi^{(i)}(C_k)^* \chi^{(j)}(C_k) N_k = g\delta_{ij}$

式中，N_k 表示属于类 k 元素的数目，$\chi(C_k)$ 为类 k 的表示矩阵的特征值。这是因为，

$$\begin{aligned}
&\sum_k \chi^{(i)}(C_k)^* \chi^{(j)}(C_k) N_k \\
&= \sum_R \chi^{(i)}(R)^* \chi^{(j)}(R) \\
&= \sum_R \left[\sum_\mu \Gamma^{(i)}(R)_{\mu\mu}\right]^* \left[\sum_\alpha \Gamma^{(j)}(R)_{\alpha\alpha}\right] \\
&= \sum_{\mu\alpha} \sum_R [\Gamma^{(i)}(R)]^*_{\mu\mu} [\Gamma^{(j)}(R)]_{\alpha\alpha} \\
&= \sum_{\mu\alpha} \frac{g}{d_i} \delta_{ij} \delta_{\mu\alpha} \delta_{\mu\alpha} \\
&= \frac{g}{d_i} \delta_{ij} d_i \\
&= g\delta_{ij}
\end{aligned}$$

(3) $\sum_i \chi^{(i)}(C_k)^* \chi^{(i)}(C_l) = \frac{g}{N_k}\delta_{kl}$　　(5.1)

(4) 不可约表示的维数平方和等于群的阶数，即

$$\sum_i d_i^2 = g \tag{5.2}$$

因为 $\chi^{(i)}(E) = d_i$，由式(5.1)，取 $C_l = C_k = E$，即可推得式(5.2)。

不可约表示通常以下列符号表示：

(1) 一维的不可约表示以 A，B 符号表示，对 $\chi(C_n) = +1$ 者，以 A 表示；对 $\chi(C_n) = -1$ 者，以 B 表示。C_n 为沿主轴旋转变换；

(2) 二维、三维的表示以 E 和 T(或 F)表示；

(3) 足码 1，2 表示 $\chi(\sigma_V)$ 或 $\chi(C_2)$(C_2 垂直于旋转主轴)为＋或－；

足码′，″表示 $\chi(\sigma_h)$ 为＋或－；

足码 g，u 表示 $\chi(i)$ 为＋或－。

5.8　可约表示的约化

设表示矩阵$\boldsymbol{\Gamma}(R)$经相似变换后变成

$$\begin{bmatrix} \boldsymbol{\Gamma}^{(1)}(R) & 0 & 0 \\ 0 & \boldsymbol{\Gamma}^{(2)}(R) & 0 \\ 0 & 0 & \ddots \end{bmatrix}$$

其中$\boldsymbol{\Gamma}^{(i)}(R)$均为不可约表示，则$\boldsymbol{\Gamma}(R)$的对角线元之和$\chi(R)$为

$$\chi(R) = \sum_j a_j \chi^{(j)}(R)$$

式中 a_j 为$\boldsymbol{\Gamma}^{(j)}(R)$出现的次数。

因为，

$$\begin{aligned} & \sum_R \chi(R)\chi^{(i)}(R)^* \\ = & \sum_R \sum_j a_j \chi^{(j)}(R)\chi^{(i)}(R)^* \\ = & \sum_j a_j \sum_R \chi^{(j)}(R)\chi^{(i)}(R)^* \\ = & \sum_j a_j g \delta_{ij} \\ = & a_i g \end{aligned}$$

所以

$$a_i = \frac{1}{g}\sum_R \chi(R)\chi^{(i)}(R)^* \tag{5.3}$$

或

$$a_i = \frac{1}{g}\sum_k \chi(C_k)\chi^{(i)}(C_k)^* N_k \tag{5.4}$$

此式给出了求可约表示中所含某个不可约表示$\boldsymbol{\Gamma}^{(i)}$的次数的方法。

5.9　基

群元素 R 作用在一组坐标ξ(或函数)上后，便得一组新的坐标 ξ'，以矩阵形式表示为

$$\begin{bmatrix} \xi_1' \\ \xi_2' \\ \vdots \end{bmatrix} = \begin{bmatrix} R_{11} & R_{12} & \cdots \\ \vdots & \cdots & \cdots \\ \vdots & \cdots & \cdots \end{bmatrix} \begin{bmatrix} \xi_1 \\ \xi_2 \\ \vdots \end{bmatrix}$$

或简写作

$$\xi' = \boldsymbol{R}\xi$$

因此 $\boldsymbol{R}$ 为 R 的表示。此时 ξ 就说是 $\boldsymbol{R}$ 表示之基。例如以

$$\begin{bmatrix} x \\ y \\ z \end{bmatrix}$$

作为基时，i 的表示为

$$\begin{bmatrix} -1 & 0 & 0 \\ 0 & -1 & 0 \\ 0 & 0 & -1 \end{bmatrix}$$

而 $C_z(\theta)$ 的表示为

$$\begin{bmatrix} \cos\theta & -\sin\theta & 0 \\ \sin\theta & \cos\theta & 0 \\ 0 & 0 & 1 \end{bmatrix}$$

设 $\boldsymbol{R}$ 矩阵经 $\boldsymbol{S}$ 矩阵的相似变换后变为

$$\boldsymbol{SRS}^{-1} = \begin{bmatrix} D_1 & & & & \\ & D_2 & & & \\ & & D_3 & & \\ & & & \ddots & \\ & & & & D_i \end{bmatrix}_R$$

同时

$$\boldsymbol{S\xi} = \begin{bmatrix} \xi''_1 \\ \xi''_2 \\ \vdots \\ \xi''_i \end{bmatrix}$$

此处，(ξ''_k) 为 D_k 表示的基。

对于不可约表示之基，习惯上有时也称为“某坐标（或函数）是属于某不可约表示”或“某坐标（或函数）属于某不可约表示对称”。这是因为特征值表示了基在对称操作下的变换性质，或说是对称性。即如 D_2 群，z 在 $C_2(x)$，$C_2(y)$，$C_2(z)$ 作用下变为 $-z$，$-z$，z。可见特征值（-1，-1，1）表示了 z 在 D_2 中的对称性质。

在本书的附录中有 32 个点群的特征表。在阅读某群的特征表时，除了注意到有哪些操作元素和不可约表示外，还要特别注意到 x，y，z，xx，xy，xz，yy，yz，zz，R_x，R_y，R_z（各为绕 x，y，z 轴的旋转）等各属于哪些不可约表示。

5.10　以简正坐标为基的表示

分子振动的势能 $V(Q)$ 可以写为

$$V(Q) = \frac{1}{2}\sum_{k}\omega_k^2\sum_{\alpha}Q_{k\alpha}^2$$

这里 α 为 k 振动模简并态的编号。

设在分子的对称操作 $\boldsymbol{S}$ 的作用下($\boldsymbol{Q}=\boldsymbol{S}^{-1}\boldsymbol{Q}'$)

$$Q_{k\alpha} = \sum_{l}\sum_{\beta}S_{k\alpha,l\beta}^{-1}Q'_{l\beta}$$

因此

$$\begin{aligned}V(Q') &= \frac{1}{2}\sum_{k}\omega_k^2\sum_{\alpha}\Big[\sum_{l,\beta}S_{k\alpha,l\beta}^{-1}Q'_{l\beta}\Big]\Big[\sum_{m,\gamma}S_{k\alpha,m\gamma}^{-1}Q'_{m\gamma}\Big]\\ &= \frac{1}{2}\sum_{l\beta}\sum_{m\gamma}\Big[\sum_{k\alpha}\omega_k^2S_{k\alpha,l\beta}^{-1}S_{k\alpha,m\gamma}^{-1}\Big]Q'_{l\beta}Q'_{m\gamma}\end{aligned}$$

因为

$$V(Q') = \frac{1}{2}\sum_{l\beta}\omega_l^2Q'^2_{l\beta}$$

所以

$$\sum_{k\alpha}\omega_k^2\,S_{k\alpha,l\beta}^{-1}S_{k\alpha,mr}^{-1} = \omega_l^2\delta_{ml}\delta_{\beta\gamma}$$

上式两边同乘以 $S_{n\delta,m\gamma}^{-1}$，并对 m,γ 求和，

$$\sum_{m\gamma}\sum_{k\alpha}\omega_k^2S_{k\alpha,l\beta}^{-1}S_{k\alpha,m\gamma}^{-1}S_{n\delta,m\gamma}^{-1} = \sum_{m\gamma}\omega_l^2S_{n\delta,m\gamma}^{-1}\delta_{ml}\delta_{\beta\gamma}$$

$$\sum_{k\alpha}\omega_k^2S_{k\alpha,l\beta}^{-1}\sum_{m\gamma}S_{k\alpha,m\gamma}^{-1}S_{n\delta,m\gamma}^{-1} = \omega_l^2S_{n\delta,l\beta}^{-1}$$

我们注意到对称操作的表示矩阵是正交矩阵，即

$$\sum_{m\gamma}S_{k\alpha,m\gamma}^{-1}S_{n\delta,m\gamma}^{-1} = \delta_{kn}\delta_{\alpha\delta}$$

因此

$$\omega_l^2S_{n\delta,l\beta}^{-1} = \sum_{k\alpha}\omega_k^2S_{k\alpha,l\beta}^{-1}\delta_{kn}\delta_{\alpha\delta} = \omega_n^2S_{n\delta,l\beta}^{-1}$$

因为

$$\omega_l^2 \neq \omega_n^2$$

因此

$$S_{n\delta,l\beta}^{-1} = 0$$

这表示 $\boldsymbol{S}$ 具有如下形式：

$$\begin{bmatrix} \boldsymbol{\Gamma}^{(1)} & & & \\ & \boldsymbol{\Gamma}^{(2)} & & O \\ & & \boldsymbol{\Gamma}^{(3)} & \\ & O & & \ddots \end{bmatrix}$$

每一不为零的子方块$\boldsymbol{\Gamma}^{(i)}$都只对应着一个振动模，亦即，若 Q_a不是简并的，则

$$\Gamma^{(a)} = \pm 1$$

若 Q_a，Q_b是双重简并的，则其所对应的$\boldsymbol{\Gamma}$为

$$\begin{bmatrix} c_1 & c_2 \\ c_3 & c_4 \end{bmatrix}$$

其中 c_1，c_2，c_3，c_4来源于

$$SQ_a = c_1 Q_a + c_2 Q_b, \quad SQ_b = c_3 Q_a + c_4 Q_b$$

因为 Q_a，Q_b为简并态的坐标，c_2，c_3不一定为零(除非 $S=E$)。

可见**简正坐标为分子点群不可约表示之基**，因此上述$\boldsymbol{\Gamma}^{(i)}$为不可约表示矩阵。这是一个非常重要的性质。它表示简正坐标可以很准确地反映分子对称性的性质。这也说明为什么简正坐标可以如第 3 章所叙述的，很简练地来描述分子相当复杂的振动。

5.11 以原子位移为基的表示的约化

设 ξ 为分子中原子位移 Δx，Δy，Δz 的坐标。并设其和简正坐标的关系为

$$\boldsymbol{Q} = \boldsymbol{M}\boldsymbol{\xi}$$

在对称操作 $\boldsymbol{R}$ 的作用下

$$\boldsymbol{\xi}' = \boldsymbol{R}\boldsymbol{\xi}$$

因此

$$\boldsymbol{M}\boldsymbol{\xi}' = \boldsymbol{M}\boldsymbol{R}\boldsymbol{\xi} = \boldsymbol{M}\boldsymbol{R}\boldsymbol{M}^{-1}\boldsymbol{M}\boldsymbol{\xi} = \boldsymbol{M}\boldsymbol{R}\boldsymbol{M}^{-1}\boldsymbol{Q} = \boldsymbol{Q}'$$

上式说明以$\boldsymbol{\xi}$为基之表示和以$\boldsymbol{Q}$ 为基之表示是等同的。换言之，$\boldsymbol{R}$ 可以经由 $\boldsymbol{M}$ 约化为 5.10 节所述的 $\boldsymbol{S}$ 矩阵。

这就说明了采用群论不可约表示的方法，可以从很直观的坐标出发，迅速得到有关简正振动模对称性的信息，即便是一时对简正坐标的内涵还不很清楚，也无大妨碍。5.12 节将说明这个过程。

5.12　分子振动的分析

以水分子为例。H_2O 分子的点为 C_{2v}，现以 ξ 坐标为基，

$$\xi = \begin{bmatrix} \Delta x_{H_1} \\ \Delta y_{H_1} \\ \Delta z_{H_1} \\ \Delta x_{H_2} \\ \Delta y_{H_2} \\ \Delta z_{H_2} \\ \Delta x_{O} \\ \Delta y_{O} \\ \Delta z_{O} \end{bmatrix}$$

在求其表示矩阵的特征值时，不必先将表示矩阵完全写出，因为我们只需知道对角线元素就够了(只需求特征值)。对角线元素是 1，−1 还是 0，视对称操作 R 作用于 Δx_i 以后是仍为 Δx_i，还是 $-\Delta x_i$，还是变为其他了。运用这一规则，很快求出

$$\chi_\xi(E) = 9, \quad \chi_\xi(C_2) = -1$$

$$\chi_\xi(\sigma_v(zx)) = 1, \quad \chi_\xi(\sigma_v(yz)) = 3$$

以 ξ 为基之表示 Γ_ξ，可以按式(5.3)或式(5.4)约化为(参阅附录中 C_{2v} 的特征表)

$$a_{A_1} = \frac{1}{4}[9\cdot 1+(-1)\cdot 1+1\cdot 1+3\cdot 1] = 3$$

$$a_{A_2} = \frac{1}{4}[9\cdot 1+(-1)\cdot 1+1\cdot(-1)+3(-1)] = 1$$

$$a_{B_1} = \frac{1}{4}[9\cdot 1+(-1)\cdot(-1)+1\cdot 1+3\cdot(-1)] = 2$$

$$a_{B_2} = \frac{1}{4}[9\cdot 1+(-1)\cdot(-1)+1\cdot(-1)+3\cdot(1)] = 3$$

或写为

$$\Gamma_\xi = 3A_1 + A_2 + 2B_1 + 3B_2$$

从特征表可以看出水分子的平移运动和转动运动分别对应着不可约表示 B_1，B_2，A_1(以 x，y 和 z 为基)和 B_2，B_1，A_2(以 R_x，R_y，R_z 为基)，因此余下的不可约表示就是分子振动的了，即

$$\Gamma_{vib} = 2A_1 + B_2$$

或说是振动的简正坐标有三个，分别属于 A_1 和 B_2 不可约表示。

若以水分子的内坐标 r_1，r_2 和 α 为基（r_1 和 r_2 分别为两个 O—H 键的伸缩，α 为 H—O—H 夹角的张合），则其表示 Γ_r 和 Γ_α 可分别约化为

$$\Gamma_r = A_1 + B_2$$

$$\Gamma_\alpha = A_1$$

可见 B_2 振动是单纯的键的伸缩，而 A_1 振动除含有键之伸缩外，还含有 H—O—H 键角变化。这里的分析说明运用群论的方法，可以很快地找出分子有哪些个简正坐标及其对称性。同时也很容易了解到每个简正坐标含有哪些组成内容，如键的伸缩、键角的变化等。只是定量的关系（即 L_{ik}）无从知道。要求得 L_{ik} 还得作简正振动分析。事实上，水分子的振动可用几何图形来表示，如图 5.2 所示。

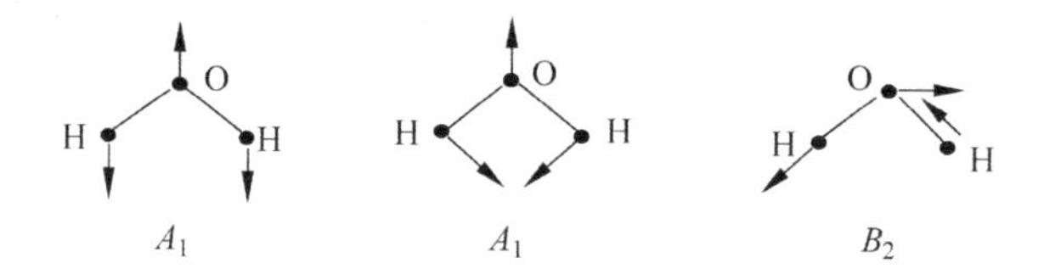

图 5.2　水分子的 3 个振动模及其对称性

5.13　不可约表示基的寻找

如何由一变数 υ（可为任意坐标或函数）出发，以求出函数 $f^{(i)}(\upsilon)$，使得 $f^{(i)}(\upsilon)$ 为某个不可约表示 $\Gamma^{(i)}$ 之基？维格纳（Wigner）投影算子指出 $f^{(i)}(\upsilon)$ 可表达为下式：

$$f^{(i)}(\upsilon) = N\frac{d_i}{g}\sum_R \chi^{(i)}(R)\hat{R}\upsilon$$

此处 $\hat{R}\upsilon$ 是对称操作 $\hat{R}$ 作用在 υ 后的新变数。d_i 为不可约表示的维数，g 为群的阶数，$\chi^{(i)}(R)$ 为 R 元素在不可约表示 $\Gamma^{(i)}$ 中的特征值，N 为归一化系数。

5.14　对 称 坐 标

以内坐标 S_t 为变数，运用维格纳投影算子所得不可约表示之基 S_i，称为对称坐标。

以点群为 D_{3h} 的 CO_3^{2-} 为例。CO_3^{2-} 振动模的不可约表示可以求得为

$$\Gamma_{\text{vib}} = A'_1 + A''_2 + 2E'$$

今取内坐标如图 5.3 所示。

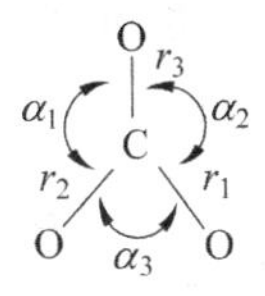

图 5.3　CO_3^{2-} 的振动内坐标

运用维格纳投影算子可以求得对称坐标为

$$S_{A_1'}^{r}=\frac{1}{\sqrt{3}}(r_1+r_2+r_3)$$

$$S_{E'}^{r_a}=\frac{1}{\sqrt{6}}(2r_1-r_2-r_3)$$

$$S_{E'}^{r_b}=\frac{1}{\sqrt{2}}(r_2-r_3)$$

$$S_{A_1'}^{\alpha}=\frac{1}{\sqrt{3}}(\alpha_1+\alpha_2+\alpha_3)$$

$$S_{E'}^{\alpha_a}=\frac{1}{\sqrt{6}}(2\alpha_1-\alpha_2-\alpha_3)$$

$$S_{E'}^{\alpha_b}=\frac{1}{\sqrt{2}}(\alpha_2-\alpha_3)$$

$$S_{A_2''}^{r}=0,\quad S_{A''_2}^{\alpha}=0$$

$S_{A''_2}^{r}$，$S_{A''_2}^{\alpha}$ 为零，这是因为 A_2'' 的振动是 C 在 CO_3^{2-} 平面上下的振动。因为 $\alpha_1+\alpha_2+\alpha_3=2\pi$，所以 $S_{A_1'}^{\alpha}$ 还是相当于零。

在作简正振动分析时，$\boldsymbol{F}$ 和 $\boldsymbol{G}$ 矩阵会以 $S_{A_1'}^{r}$，$\{S_{E'}^{r_a},S_{E'}^{\alpha_a}\}$ 和 $\{S_{E'}^{r_b}\ S_{E'}^{\alpha_b}\}$ 坐标分解为 1×1，2×2 和 2×2 的矩阵。

上面的叙述说明用对称坐标来进行简正振动分析是很方便的，它使得在对角线化 $\boldsymbol{GF}$ 矩阵时，只需对几个较小的子矩阵进行对角线化，从而大大减少了数值的运算量。即便在计算机的使用已很方便的今天，这种简化的手续也还是很必要的。简化运算量是一个原因，另一个原因是运用群论的分析可以帮助我们了解分子振动的对称性。

5.15　直　积　群

设有两个群 $A=\{A_1,A_2,\cdots,A_f\}$，$B=\{B_1,B_2,\cdots,B_g\}$，可以证明 $\{A_1\times B_1,A_1\times B_2,\cdots,A_1\times B_g,A_2\times B_1,\cdots,A_f\times B_g\}$ 也构成一个群，此群称为 A，B 群的直积群，并以 $A\times B$ 表示。直积群有下列几个重要性质。

(1) 设$[A_{ij}]_n$,$[B_{kl}]_m$ 分别为 A,B 群元素 A_n,B_m 的表示矩阵,则$[A_{ij}B_{kl}]_{nm}$ 为直积群元素 $A_n \times B_m$的表示矩阵。例如:

$$[A_{ij}]_n = \begin{bmatrix} A_{11} & A_{12} \\ A_{21} & A_{22} \end{bmatrix},\quad [B_{kl}]_m = \begin{bmatrix} B_{11} & B_{12} \\ B_{21} & B_{22} \end{bmatrix}$$

则

$$[A_{ij}B_{kl}]_{nm} = \begin{bmatrix} A_{11}B_{11} & A_{11}B_{12} & A_{12}B_{11} & A_{12}B_{12} \\ A_{11}B_{21} & A_{11}B_{22} & A_{12}B_{21} & A_{12}B_{22} \\ A_{21}B_{11} & A_{21}B_{12} & A_{22}B_{11} & A_{22}B_{12} \\ A_{21}B_{21} & A_{21}B_{22} & A_{22}B_{21} & A_{22}B_{22} \end{bmatrix}$$

(2) 直积群 $A \times B$ 的类的数目等于群 A,B 类数目之乘积。

(3) 直积群 $A \times B$ 的不可约表示数目等于群 A,B 不可约表示数目之乘积。

(4) 直积群表示矩阵的特征值等于群 A,B 表示矩阵特征值之积。这是因为

$$\chi_{nm} = \sum_{il}[A_{ii}B_{ll}]_{nm} = \sum_{i}[A_{ii}]_n \sum_{l}[B_{ll}]_m = \chi_n \chi_m$$

因此,从已知群的特征表容易求得其直积群的特征表。例如:

$$D_{3h} = C_s \times D_3$$

并已知表 5.3 和表 5.4。

表 5.3　C_s 群特征表

C_s	E	σ_h
A'	1	1
A''	1	−1

表 5.4　D_3 群特征表

D_3	E	$2C_3$	$3C_2$
A_1	1	1	1
A_2	1	1	−1
E	2	−1	0

所以可以得到表 5.5 的结果。

表 5.5　D_{3h}群特征表

D_{3h}	E	$2C_3$	$3C_2$	σ_h	$2S_3$	$3\sigma_v$
A_1'	1	1	1	1	1	1
A_2'	1	1	−1	1	1	−1
E'	2	−1	0	2	−1	0
A''_1	1	1	1	−1	−1	−1
A''_2	1	1	−1	−1	−1	1
E''	2	−1	0	−2	1	0

5.16　简正振动波函数的对称性

分子简谐振动的波函数以简正坐标来表示，可写为

$$\varphi\{V_1V_2\cdots V_{3N-6}\} = \prod_{k=1}^{3N-6}\phi_{V_k}(Q_k) = \prod_{k=1}^{3N-6}N_{V_k}\mathrm{e}^{-\alpha_kQ_k^2/2}H_{V_k}(\sqrt{\alpha_k}Q_k)$$

这里 H_{V_k} 为厄米多项式。$\alpha_k=\omega_k/\hbar^2$。

基态的波函数可写为

$$\varphi\{0,0,\cdots,0\} = N\exp\left[-\frac{1}{2}\sum_k\alpha_kQ_k^2\right]$$

若 Q_k 为非简并，则在分子对称群元的操作 R 的作用下

$$RQ_k = \pm Q'_k$$

因此

$$Q_k^2 = Q'^2_k$$

对于多重简并的简正坐标，有

$$R[Q_{k,1},Q_{k,2},\cdots,Q_{k,n}] = [Q'_{k,1},Q'_{k,2},\cdots,Q'_{k,n}]$$

或写为矩阵的形式

$$\boldsymbol{R}_k\boldsymbol{Q}_k = \boldsymbol{Q}'_k \tag{5.5}$$

注意到，对于多重简并，因为 ω_k 都相同，所以 α_k 均相同。因此，

$$\begin{aligned}\alpha_k\sum_iQ_{k,i}^2 &= \alpha_k\boldsymbol{Q}_k^{\mathrm{T}}\boldsymbol{Q}_k\\ &= \alpha_k\boldsymbol{Q}_k^{\mathrm{T}}\boldsymbol{R}_k^{-1}\boldsymbol{R}_k\boldsymbol{Q}_k\\ &= \alpha_k\boldsymbol{Q}_k^{\mathrm{T}}\boldsymbol{R}_k^{\mathrm{T}}\boldsymbol{R}_k\boldsymbol{Q}_k\\ &= \alpha_k\boldsymbol{Q}'^{\mathrm{T}}_k\boldsymbol{Q}'_k\\ &= \alpha_k\sum_iQ'^2_{k,i}\end{aligned} \tag{5.6}$$

因此，分子振动基态的波函数是属于全对称不可约表示的(特征值都为1的不可约表示)。

对于激发态波函数的对称性可分下述几种情形讨论。

(1) 有一个振动模，量子数为1，其余均为零

$$\varphi\left\{\begin{matrix}V_k=1\\V_{1\neq k}=0\end{matrix}\right\} = NQ_k\exp\left[-\frac{1}{2}\sum_l\alpha_lQ_l^2\right]$$

因为

$$\exp\left[-\frac{1}{2}\sum_l\alpha_lQ_l^2\right]$$

属于完全对称性，所以 φ 的对称性视 Q_k 属于哪个不可约表示而定。

(2) 有两个振动模,量子数为 1,其余均为零

$$\varphi\begin{Bmatrix}V_k=1\\V_l=1\\V_{m\neq k,l}=0\end{Bmatrix}=NQ_kQ_l\exp\left[-\frac{1}{2}\sum_m\alpha_mQ_m^2\right]$$

和(1)的情形相似,此时 φ 的对称性视 Q_k,Q_l 属于哪个不可约表示而定。例如 CO_3^{2-}(属点群 D_{3h})中,由 A_1' 和 A''_2 振动模复合的波函数

$$\varphi\begin{bmatrix}V_{A'_1}=1\\V_{A''_2}=1\\V_m=0\end{bmatrix}$$

应具有

$$A_1'\times A''_2=A''_2$$

的对称性。而由 E' 和 E'' 振动模复合的波函数

$$\varphi\begin{bmatrix}V_{E'}=1\\V_{E''}=1\\V_m=0\end{bmatrix}$$

应具有

$$E'\times E''=A''_1+A''_2+E''$$

的对称性。

(3) 某个振动模的量子数大于 2

对于非简并的振动,其波函数为

$$\varphi\begin{Bmatrix}V_k=n_k\\V_{1\neq k}=0\end{Bmatrix}=NH_{nk}(\sqrt{\alpha_k}Q_k)\exp\left[-\frac{1}{2}\sum_l\alpha_lQ_l^2\right]$$

当 n_k 为偶数时,厄米多项式为 Q_k 之偶函数;当 n_k 为奇数时,厄米多项式为 Q_k 之奇函数。因此,n_k 为偶数时,φ 属于全对称不可约表示;而当 n_k 为奇数时,φ 和 Q_k 属于同样的不可约表示。

简并模的情况要复杂些。现在讨论 $n_k=3$ 的双重简并态。$n_k=3$ 时,量子数的分配和其所对应的波函数见表 5.6。

表 5.6　量子数的分配及其所对应的波函数

V_{ka}	V_{kb}	$\varphi\begin{Bmatrix}V_{ka}V_{kb}\\V_1=0\end{Bmatrix}$
3	0	$H_3(Q_{ka})\sim Q_{ka}^3$
2	1	$H_2(Q_{ka})H_1(Q_{kb})\sim aQ_{ka}^2Q_{kb}+bQ_{kb}$
1	2	$H_1(Q_{ka})H_2(Q_{kb})\sim a_1Q_{ka}Q_{kb}^2+b_1Q_{ka}$
0	3	$H_3(Q_{kb})\sim Q_{kb}^3$

可以选择 Q_{ka},Q_{kb},使得在对称操作 R 的作用下

$$Q_{ka} \xrightarrow{R} R_a Q_{ka}$$

$$Q_{kb} \xrightarrow{R} R_b Q_{kb}$$

上述 R_a,R_b为常数。

因此以

$$\begin{bmatrix} Q_{ka}^3 & \\ Q_{ka}^2 & Q_{kb} \\ Q_{ka} & Q_{kb}^2 \\ Q_{kb}^3 & \end{bmatrix}$$

为基时,R 的特征值$\chi_3(R)$为

$$\chi_3(R) = R_a^3 + R_a^2 R_b + R_a R_b^2 + R_b^3$$

同理,对于 $n_k=2$,$n_k=1$ 时$\chi_2(R)$,$\chi_1(R)$分别为

$$\chi_2(R) = R_a^2 + R_a R_b + R_b^2$$

$$\chi_1(R) = R_a + R_b$$

另外

$$Q_{ka} \xrightarrow{R^v} R_a^v Q_{ka}$$

$$Q_{kb} \xrightarrow{R^v} R_b^v Q_{kb}$$

所以

$$\chi_1(R^v) = R_a^v + R_b^v$$

从上述$\chi_3(R)$,$\chi_2(R)$,$\chi_1(R)$和$\chi_1(R^3)$可以推得其间具有下列关系:

$$\chi_3(R) = \frac{1}{2}[\chi_2(R)\,\chi_1(R) + \chi_1(R^3)]$$

此式可以推广为

$$\chi_v(R) = \frac{1}{2}[\chi_{v-1}(R)\,\chi_1(R) + \chi_1(R^v)]$$

以上的讨论只是对二重简并态的情形,对于三重简并态的情形,可以有

$$\chi_v(R) = \frac{1}{3}\left(2\,\chi_1(R)\,\chi_{v-1}(R) + \frac{1}{2}\{\chi_1(R^2) - \chi_1^2(R)\}\,\chi_{v-2}(R) + \chi(R^v)\right)$$

上述两个式子说明高量子态的特征值可以从低量子态的特征值求得,而不需从定义出发。这就为计算提供了很多方便。

当求得 $\chi_v(R)$后,即可将之约化为不可约表示,从而得知所对应振动态的对称性。

例如对于 D_{3h}点群中,考虑属于 E'不可约表示的振动模,当 $n_k=3$ 时,对称性

为 $A_1'+A_2'+E'$；$n_k=2$ 时，对称性为 $A_1'+E'$。

读者应按本节所述的方法仔细验证这个结果。

（4）一般的情况

设一分子具有振动模 $\nu_1,\nu_2,\cdots$，所对应的量子数分别为 $V_1,V_2,\cdots,V_k,\cdots$，则分子振动的波函数的对称性为

$$\Gamma=(\Gamma_1)^{V_1}\times(\Gamma_2)^{V_2}\times(\Gamma_3)^{V_3}\times\cdots$$

其中 Γ_k 为 Q_k 所属的不可约表示。

例如 CO_3^{2-} 的 4 个振动模，ν_1,ν_2,ν_3,ν_4 分别属于 A_1'，A''_2，E' 和 E'。对于 $V_1=0,V_2=2,V_3=2,V_4=3$ 状态的波函数的对称性可求得为

$$\begin{aligned}\Gamma&=(A_1')^0\times(A''_2)^2\times(E')^2\times(E')^3\\&=A_1'\times A_1'\times(A_1'+E')\times(A_1'+A_2'+E')\\&=2A_1'+2A_2'+4E'\end{aligned}$$

此处需要注意的是$(E')^2$（对$(E')^3$ 亦然）不能简单地从特征表中 E' 的本征值取平方，然后直接将其约化，如此计算所得的维数将为 4。原因就如本节所述，其实际的维数为 3。当然对于 2 个对称性均为 E'，量子数也均为 1 的不同振动模，其总的对称性的维数为 4。此时可以将 E' 表示的特征值取平方后约化。

5.17　选择定则

从第 1 章的讨论已知分子从始态 $|I\rangle$ 经过电偶极矩 μ 跃迁到终态 $|F\rangle$ 是否可能（称作红外允许与否）视跃迁矩阵 $\langle F|\mu|I\rangle$ 是否为零而定。

为使 $\langle F|\mu|I\rangle$ 不为零，这就要求 $\langle F|\mu|I\rangle$ 所属的表示含有全对称不可约表示。换言之，就是求 $|F\rangle$，$|I\rangle$ 和 μ 所属表示的积

$$\Gamma^F\times\Gamma^\mu\times\Gamma^I$$

是否含有全对称不可约表示。这是因为如果 $\langle F|\mu|I\rangle$ 不属于全对称不可约表示，则可以找到一个操作 R，使得

$$R\langle F\mid\mu\mid I\rangle=-\langle F\mid\mu\mid I\rangle$$

即 $\langle F|\mu|I\rangle$ 为零。

例如 CO_3^{2-} 中 Q_{ν_1} 属于 A_1' 表示，Q_{ν_3} 属于 E' 表示。对 ν_1 振动模，从 $n_{\nu_1}=0$ 至 1 的跃迁是红外不允许的，因为

$$\Gamma^F\times\Gamma^\mu\times\Gamma^I=A_1'\times\begin{pmatrix}E'(x,y)\\A''_2(z)\end{pmatrix}\times A_1'=\begin{pmatrix}E'\\A''_2\end{pmatrix}$$

不含 A_1' 表示。

而从 $n_{\nu_3}=1$ 到 $n_{\nu_1}=1, n_{\nu_3}=1$ 的跃迁则是偏振 x, y 方向红外允许的，而 z 方向则红外跃迁不允许。因为

$$\Gamma^F \times \Gamma^\mu \times \Gamma^I = (A'_1 \times E')\begin{pmatrix} E'(x,y) \\ A''_2(z) \end{pmatrix} \times E' = \begin{pmatrix} 3E' + A'_1 + A'_2 \\ A''_1 + A''_2 + E'' \end{pmatrix}$$

5.18　相　　关

群及其子群的不可约表示间有一定的关联，即如 C_s 群的两个不可约表示 A' 和 A'' 与 C_{2h} 群的不可约表示 A_g, A_u, B_g, B_u 的关联，如图 5.4 所示。

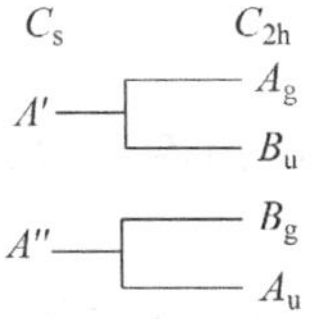

C_s　　C_{2h}

A' —— A_g, B_u

A'' —— B_g, A_u

图 5.4　C_s 群 A' 和 A'' 与 C_{2h} 群 A_g, A_u, B_g, B_u 的关联

这种不可约表示间的对应关系，称为相关。

ClO_3^- 在自由状态时属于点群 C_{3v} 对称，它的 4 个振动模 ν_1, ν_2 和 ν_3, ν_4 分别属于 A_1 和 E 不可约表示。

当 ClO_3^- 在一定的环境中，如在 $KClO_3$ 晶体中时，由于周围环境的对称性变化，ClO_3^- 所处的情况不再是 C_{3v} 对称，而是 C_s。自然，此时它的振动模的对称性也改变了。已知 C_{3v} 和 C_s 不可约表示的相关如图 5.5 所示。

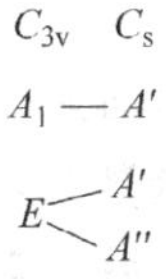

C_{3v}　C_s

A_1 — A'

E — A', A''

图 5.5　C_{3v} 和 C_s 不可约表示的相关

可见，原为简并的 ν_3, ν_4 振动模，在 $KClO_3$ 晶体中分裂为 A' 和 A'' 两个振动模，不再是简并的了。

对于分子振动模的了解，经常不需要知道它的详细振动方式(几何的构型变化)，更关注的往往是它的对称性。从这节我们看到单从对称性的分析就可以了解到振动模的分裂情形了。

有关群间相关的关系可从参考文献[5.1]和文献[5.2]查得。

5.19 关于点群的几点说明

1. 点群中的循环群 C_n，其每个元素自成一类，因此，此群有 n 个类，n 个不可约表示。根据定理(式(5.2))：不可约表示的维数平方和等于群的阶数，对 C_n 我们有

$$\sum_{i=1}^{n} d_i^2 = n$$

所以

$$d_i = 1$$

即其不可约表示均为一维。

然而，C_n 群特征表中均有标为 E 的不可约表示，此处的 E 表示应指二维简并态。这岂不与上述的矛盾？

正确的理解是：C_n 群的所有不可约表示确为一维。一般地，不同的一维不可约表示没有简并的关系。然而例外的却是 C_n 群。此类群具有互为共轭的不可约表示，它们的特征值为复数，且互为共轭。设 ψ_i 为其一不可约表示之基(可以证明其必为复函数)，则 ψ_i^* 为共轭不可约表示之基。若 ψ_i 为 C_n 群所描述体系的本征态，其对体系哈密顿量 H 之本征值为 E_i，即

$$H\psi_i = E_i\psi_i$$

对此式取共轭，并考虑到 E_i 为实数，则我们有

$$H\psi_i^* = E_i\psi_i^*$$

即 ψ_i，ψ_i^* 为简并态。

所以说，循环群共轭的不可约表示均为一维，若有波函数(或简正振动坐标)为其一不可约表示之复基，则其共轭波函数(或共轭简正振动坐标)为共轭不可约表示之基。若选取之基为实变数，则必有另一实变数，二者共为这两个互为共轭不可约表示之基。或说是此二实变数形成一个二维可约表示，而此二维可约表示可约化为此二共轭不可约表示之和。

这就是为什么 C_n 群的特征表中，总有以 E，E_1，E_2 标记的互为共轭的两个一维不可约表示，且其基为 (x,y)，(R_x,R_y) 等二维变数的原因了。

2. 点群中的二维不可约表示可以有如 (x,y)，(R_x,R_y) 的基。然而对于 C_1，C_s，C_2，C_i，C_{2h} 等点群却具有基为 (x,y)，(R_x,R_y) 的一维不可约表示。显然，此处 (x,y)，(R_x,R_y) 不是二维变量，而是介乎 x，y 坐标(R_x，R_y 坐标)间的某一维变量。如以偶极矩为基，即表示偶极矩在 x-y 平面内某一方向处。

5.20　关于量子数

在求解薛定谔方程时,要求波函数在边界的值为零,这就使得波函数和一些非负的整数相联系。这些非负的整数,就称为量子数(一般地说,量子数可以是非整数)。我们了解到,量子数和薛定谔方程的表达式,或说是所在的空间坐标(如用正交的坐标或球坐标)有关。不同的空间坐标,不同的方程表达式,会导致不同的量子数形式。

事实上,量子数是经典的力学量——作用量整数化的结果。在哈密顿-雅可比(Hamilton-Jacobi)力学中,作用量和其对应的坐标共同组成一对力学量,称为作用量-相角(action-angle)。量子数是守恒作用量的标示。因此,量子数的本质是个守恒量。我们知道守恒量是和对称性相联系的。所以,可以了解到量子数也和对称性以及由对称性所组成的对称群紧密联系。

以不连续的平移对称群来说明量子数和对称群的关系。我们拟说明的是:量子数可以是不可约表示的标志。

我们知道对称群中,相互等同的对称元素称作类,即类中的对称元素之间,可以由群中的一个元素,经由相似变换而联系在一起。

对称群的不可约表示体现着体系对称性的种类。一个重要的性质是:群的不可约表示的数目和类的数目一样多。这意味着类和不可约表示是一种相互、互补(reciprocal)的关系。

对于平移群,由于对称元素的可对易性,每个类只含有一个平移操作。对于一个含有 N 个单胞,N 个平移对称元素的体系,我们便有 N 个类:$\boldsymbol{T}_0(=E)$(幺元素),$\boldsymbol{T}_1,\boldsymbol{T}_2,\cdots,\boldsymbol{T}_{N-1}$等类,相应地,我们有 N 个不可约表示。平移群不可约表示的特征值为 $\exp(\mathrm{i}\boldsymbol{k}_j\boldsymbol{T}_n)$,$\boldsymbol{k}_j$ 为波矢。所以,可以用波矢 $\boldsymbol{k}_0$(全对称表示),$\boldsymbol{k}_1,\boldsymbol{k}_2,\cdots,\boldsymbol{k}_{N-1}$来标示不可约表示。这些波矢是量子化的。$\boldsymbol{T}_n$ 可视为坐标,$\boldsymbol{k}_j$ 一如量子化的作用量($\hbar\,\boldsymbol{k}_j$)。它们体现着作用量和坐标的关系。这意味着量子数是对称群不可约表示的标示,作用量和坐标的关系一如不可约表示和类的关系。这是一个具有普遍意义的结果。

如前所言,不同的微分运动方程源自不同的动力学(对称)空间。采用不同的动力学空间、不同的动力学对称性,我们就会得到不同的量子数表示,而这些不同的量子数表示都在标示、描述相同的量子态。这就是说,对于一个量子体系,我们可以采用不同的空间、不同的对称群或不同的量子数来描述它的能态、它的对称性。如此不同的空间、不同的对称群或不同的量子数表示,对应于不同的物理视野,它可以从不同的角度来帮助我们分类量子态,来揭示量子态的性质。因为,寻找不同的空间、不同的对称群往往不是很容易的，因此，从经验的角度而言，人们往往从现有的量子数做组合，形成新的量子数，并用其来归类量子态，来揭示量子态的性质。这样的工作，颇有知其然(能态的性质)，而不知其所以然(对应的动力学、空间对称群)的意味。

本书第 14 章将体现上述的物理视角。

参 考 文 献

[5.1] 科顿 F A. 群论及其在化学中的应用[M]. 刘春万，等译. 北京：科学出版社，1975.

[5.2] WILSON E B, DECIUS J C, CROSS P C. Molecular vibrations[M]. New York：McGraw-Hill，1955.

习　　题

5.1　试讨论 S_n(n 为奇数)轴的存在，一定保证 C_n 轴和 σ_h 的存在。

5.2　证明同阶数有限循环群是同构的。

5.3　证明阶数为 5 的群是循环群。

5.4　证明阿贝尔群的每个元素构成一类。

5.5　群 C_{3v} 的一子群为 $\{E, C_3, C_3^2\}$，试写出该子群的左右陪集，试写出群 C_{3v} 的类。

5.6　证明两个陪集若有一元素相同，则这两个陪集完全相同。

5.7　证明 5.3 节 3 中

$$FK_i = K_i, \quad K_iK_i^{-1} = F$$

$$(K_iK_j)K_k = K_i(K_jK_k)$$

5.8　证明一群和其商群是同态的。

5.9　试考虑 $C_3 \times C_i$，$C_{3v} \times C_i$，$C_{5v} \times C_s$，$T_d \times C_i$ 为哪些群。

5.10　考虑图 5.6 中的分子属哪些点群。

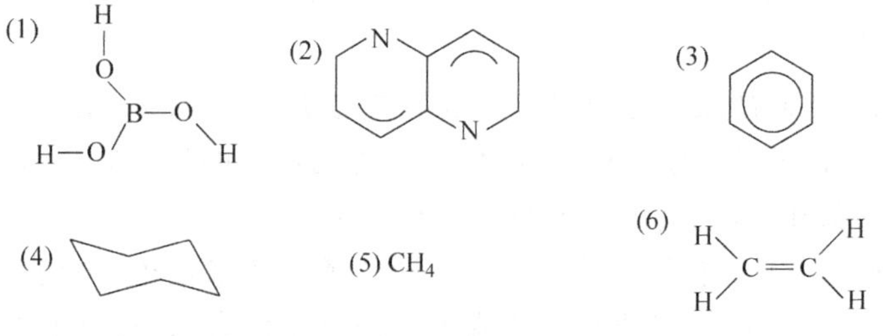

(1)　(2)　(3)

(4)　(5) CH_4　(6)

图 5.6　习题 5.10 图

5.11　证明等同表示矩阵的特征值是相同的。

5.12　推证 5.7 节中

$$\sum_i d_i^2 = g$$

5.13　证明图 5.7 体系中，势能对沿 x 轴转 $\pi/2$ 和 π 是不变的。此处 A，B 为原子核，e^- 为电子。

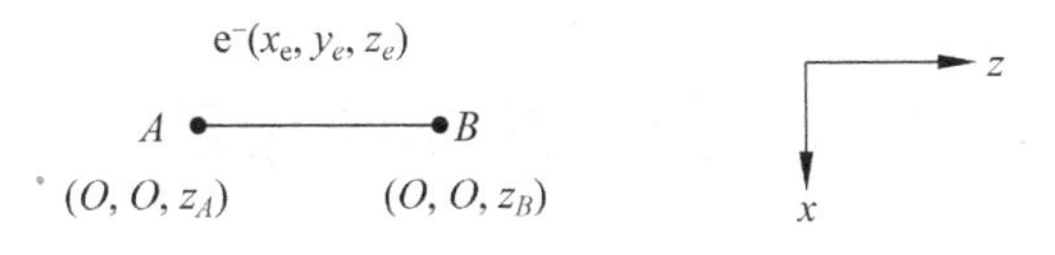

图 5.7　习题 5.13 图

5.14　试分析

H　　Cl
C=C
Cl　　H

的振动。并指出哪些振动模是红外、拉曼允许的(第 8 章)。哪些振动模是在分子平面内振动，哪些不是在分子平面内振动？如果对称性减为 C_2，则振动模的对称性如何？

5.15　同上题，写出对称坐标。

5.16　试以内坐标和对称坐标表示分子

C—C
X　　Y

的势能矩阵 **F**。

第 6 章　分子晶体的振动与群的相关

6.1　分子晶体的振动

分子晶体的特点是具有周期性。整个晶体的结构是由一个最小的结构单元，称作单胞的，经过平移的重复累积而成的。每个单胞里通常有一个或数个分子(包括正、负离子)，而且单胞里具有一定的对称性，这些对称性构成群，称作单胞群。三维空间的平移对称操作亦构成一个群，称作平移群。而单胞群加上(直积)平移群就构成了晶体整体的对称描述，称作空间群。

如将晶体视作一个大分子，则它还具有简正振动模。设晶体有 N 个单胞，每个单胞有 P 个分子，每个分子有 n 个原子，则晶体的振动模数为 $3nPN$。因为 N 的数量级为 10^{23}，所以振动模的数量级为 10^{23}。如此多的振动模，情况岂不很混乱，很复杂？其实不然。晶体振动模频率的分布是相当有规律的。这从下面的说明便可了然。

首先，我们注意到分子的每个简正振动模中，各个键的伸缩或弯曲振动都具有相同的频率，且其振动的相关系是固定的，一般是 0 或 π，对应于对称和不对称模式。晶体中，不同单胞间等同分子的振动模亦应有固定的相关系。由于分子晶体中，分子与分子间的作用力比分子内原子间的作用力小很多，所以这个相关系不必只为 0 或 π，而可以是其他的值。具体地说，任意两个相邻单胞中等同分子的振动模相差可以从 0 至 π，所对应的波长 λ 为 ∞ 至 $2d$(d 为单胞的大小)，或说是波矢 k(定义为 $2\pi/\lambda$)的范围为

$$0 \leqslant k \leqslant \frac{\pi}{d}$$

因为波矢可以有方向，所以如考虑一维情形，则

$$-\frac{\pi}{d} \leqslant k \leqslant \frac{\pi}{d}$$

对于三维情形，我们将之记为 $\boldsymbol{k}$。此处，我们应明确地了解到 $\boldsymbol{k}$ 的来源，是由于不同单胞中等同分子振动模之相关系。此外，我们应注意到由于晶体中的介质不是连续的，所以其波长，或说是波矢亦不可能连续，并且其总数应是有限的。可以证明 k 的总数正好是单胞的数目 N。

这里，我们只提及不同单胞中等同分子振动模之相关系，这是因为平移对称性使然。对于不等同分子振动模的相关系则尚需视是否有其他对称操作将这些不等同分子联系在一起。否则，谈其相关系是无意义的。

至此，我们应可设想得到，对应每个分子之振动模，将有 N 个从其导出的晶体振动模，这些晶体振动模可以用波矢 $\boldsymbol{k}$ 来标记。由于不同单胞间等同分子可能具有的长程作用，即如振动引起的电偶极矩作用，使得这些来自同一个分子振动模的晶体振动模的频率随 $\boldsymbol{k}$ 而不同，尽管由于相互作用不可能很大，此频率的变化亦不可能很大。这种频率依附于 $\boldsymbol{k}$ 的现象就称为色散关系。

上述表明，对应于每一个分子振动模，我们在色散关系图上，将有一条带状分布的晶体振动模，如图 6.1 所示。显然，共有 $3nP$ 带。

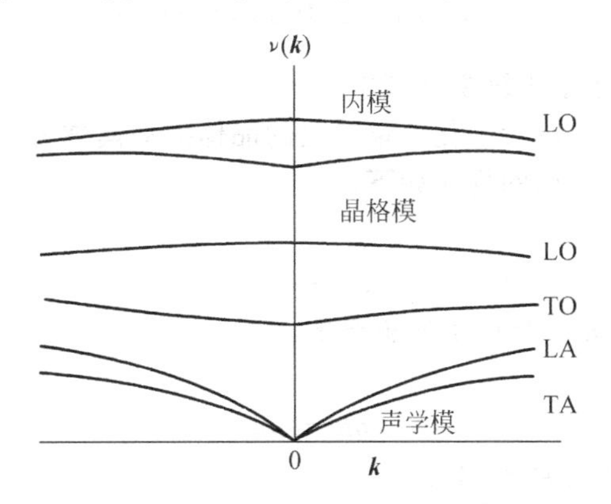

图 6.1　晶体振动模的色散关系

L，T，O，A 分别表示纵模、横模、光学模和声学模

这些带状分布的晶体振动模可以分为：

(1) 内模(internal modes)，即那些源于分子的振动模(简正)者。

(2) 外模(external modes)，即那些源于正负离子的相对振动者，如晶格振动模。

上述两种振动模又称为光学模，这是因为它们可与光子相互作用。相互作用的根源在于振动模产生的偶极矩与光之电场的相互耦合。

此外，尚有：

(3) 声学模(acoustic modes)，即晶体中正负离子同方向位移产生的振动模。这类振动模不产生偶极矩，故不能与光作用。

光学模与声学模的示意图如图 6.2 所示。二者的特点是当 $\boldsymbol{k}\to 0$ 时，声学模的频率$\to 0$，而光学模的频率趋于某一定值。

前面述及每个晶体振动模可以用 $\boldsymbol{k}$ 来标记。如果对应于此模的粒子的位移(或是产生的偶极矩)与 $\boldsymbol{k}$ 平行，则称此模为纵模(longitudinal modes)；反之如与 $\boldsymbol{k}$ 垂直，则称为横模(transverse modes)。横模必然是简并的(因垂直于 $\boldsymbol{k}$ 的方向为

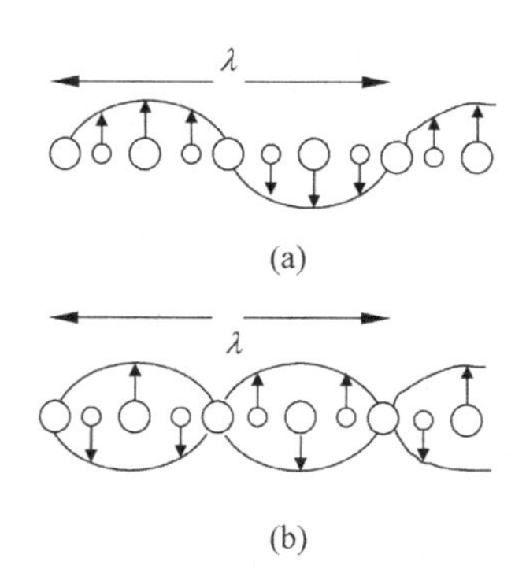

图 6.2　(a) 声学模；(b) 光学模

○,○分别表示正、负离子，↑表示位移

二维平面)。且其频率小于纵模之频率。

晶体的振动模亦可以量子化。量子化的晶体振动模称为声子(phonon)。

光子与声子相互作用的规律如下。

(1) 能量守恒

$$\hbar\omega = \hbar\omega_q$$

此处，ω 和 ω_q 分别为光子与声子的角速率。

(2) 动量守恒

$$\hbar\boldsymbol{k} = \hbar\boldsymbol{q}$$

此处，$\boldsymbol{k}$，$\boldsymbol{q}$ 分别为光子与声子的波矢。

由于光子的动量趋于零，所以只有那些波矢近于零的晶体振动模才能与光相互作用。

(3) 其他对称性的要求。关于此点，下面还将讨论。

另外，纵模显然是不能与光起作用的。

上述规律，特别是动量守恒，使得 $3nPN \approx 10^{23}$ 的晶体振动模中，只有少数 $\approx 3nP$ 个模能与光起作用。换而言之，晶体的红外与拉曼的谱图与单个分子的(如气态、液态)振动频谱很相像。可能的差别是晶体的谱图会多一些外模，以及简并的谱峰可能会分裂。自然二者的谱峰位置，由于相互作用的不同(不同的结构)，将有所不同。这些有可能经由对称性的考虑而得到解释。至于定量的分析则需依赖于理论模型，特别是关于晶体中分子(粒子)间相互作用模型的建立。这些都是晶体振动动力学的范畴。

6.2　单胞群、位群、平移群

晶体中，单胞内存在一定的对称性，其对称操作构成所谓的单胞群。单胞群与点群不同，前者没有不动点，而后者有一个不动点。然而几何对称性的要求却是单胞群必与某个点群同构。这个重要的性质使得我们可以在点群的基础上讨论晶体的振动。

我们且举 $LiKSO_4$ 晶体为例。此晶体的单胞为六角晶系(hexagonal)结构。单胞的两个轴大小相同,$a_0=b_0=5.1457$Å,夹角为 120°。第三轴与此二轴相垂直,大小为 $c_0=8.6298$Å。单胞群的对称操作如图 6.3 所示。它包括:

(1) C_3 操作,以符号▲表示;

(2) C_2 操作后沿单胞 c 轴移动,$c_0/2$,以$(C_2,c/2)$表示;

(3) C_6 操作后沿单胞 c 轴移动,$c_0/2$,以$(C_6,c/2)$表示。

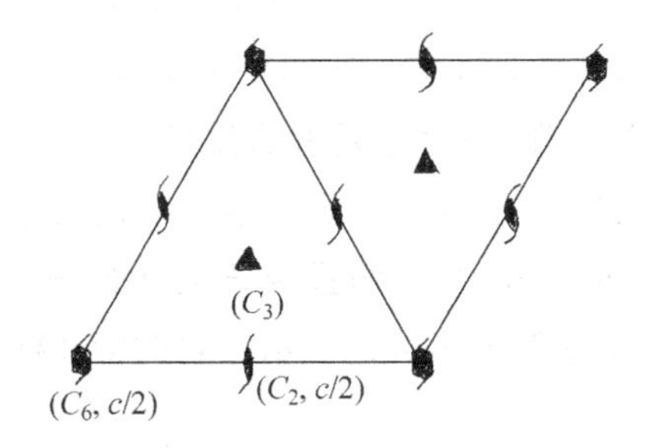

图 6.3　$LiKSO_4$ 晶体的单胞对称操作

此单胞群的元素为 $E,(C_2,c/2),C_3,(C_6,c/2),C_3^2,(C_6^5,c/2)$。不难看出这些对称操作构成一个群。此处我们需留意的是平移对称性的使用。如

$$(C_6,c/2)\cdot(C_6,c/2)=(C_6^2,c)=(C_3)$$

单胞群的对称操作和点群的差别很大,它的对称操作有各自的操作轴。除此处介绍的平移 $c/2$ 操作外,尚有其他多种沿单胞轴平移和平滑的操作,这些均为点群操作所没有的。为了节省篇幅,详细的说明在此就不细谈了。有兴趣的读者可从介绍晶体结构的书,如关于 X 射线晶体衍射方面的书籍中了解。

也不难验证单胞群可同构于点群。如此处我们可以有表 6.1 的对应关系。

表 6.1　单胞群和点群的同构关系

单胞群		点群
E	⟶	E
$(C_6,c/2)$	⟶	C_6
C_3	⟶	C_3
$(C_2,c/2)$	⟶	C_2
C_3^2	⟶	C_3^2
$(C_6^5,c/2)$	⟶	C_6^5

因为单胞群与点群同构,所以我们可用点群的符号来表示单胞群。如对 $LiKSO_4$ 的单胞群可以写为 C_6。

6.1 节中,我们已提及空间群是由单胞群与平移群直积而成的。因此,我们可

以有不同的空间群，它们却具有同构的单胞群。对于这类具有同构单胞群的空间群，我们可在其点群表示符号上加上标足码加以分类、区别。如 $LiKSO_4$ 的空间群可表示为 C_6^6。一般上标足码不可随意写，它有国际上约定的统一标号。

所以，空间群的数目可以很多，但其单胞群却是相当有限的。事实上，我们有230 个空间群，32 个单胞群。

单胞群有时也被称作商群。这是因为平移群是空间群的不变子群，它所对应产生的商群就是单胞群。读者可由单胞群加上平移群从而产生整体晶体的对称性，即空间群，这个形象的概念去理解上述的数学定理。

顺便提及的是平移群的阶，即对称元素的数目应为单胞的数目 N。根据有限群的性质(见 5.7 节)平移群应有 N 个不可约表示。同时平移群还是可对易群，它的不可约表示均为一维。6.1 节中，我们提及波矢 $\boldsymbol{k}$ 的数目正好为 N。这不是巧合，事实上 $\boldsymbol{k}$ 可用来标示平移群的不可约表示。它的特征标为

$$e^{i\boldsymbol{k}\cdot\boldsymbol{R}_n}$$

$\boldsymbol{R}_n$ 为对应于晶体原点之某个单胞的位向量。不同的 $\boldsymbol{k}$ 表示不同的不可约表示，而不同的 $\boldsymbol{R}_n$ 表示不同的平移操作元素。

我们再回过来看看 $LiKSO_4$ 晶体中 Li，K，S，O 等原子均处于单胞中的什么位置？单胞中的位置一般以(x,y,z)表示。x,y 或 z 的最大值不超过 1，它对应于单胞的 a 轴，b 轴和 c 轴的距离。大于 1 的 x,y 或 z 值的点(即超出本单胞外的空间)可以根据平移对称性，平移回本单胞中。这对应于将 x,y 或 z 值减去适当的整数(或加上适当的整数，对应负的 x,y,z 值时)使得其值小于 1，且大于 0。

文献报道 $LiKSO_4$ 晶体的每个单胞含有两个分子，其中 Li，K，S 原子位于：

K$(2a)$：(0　0　0)；(0　0　1/2)

S$(2b)$：(1/3，2/3，0.17)；(2/3，1/3，0.67)

Li$(2b)$：(1/3，2/3，～1/2)；(2/3，1/3，～0)

此处，我们不列出 O 原子的坐标，是因为从振动的角度看，我们可以 S 原子所在的位置及所处的环境来近似整个 SO_4 基团。

上表列中，需要说明$(2a)$和$(2b)$的意思，其中 2 表示原子数目，a,b 为所述位置的对称性的标号。这个对称性是指如你站在所述位置上时，所见到周围环境的对称性。显然，此对称性构成一个群，这群称为位群(site group)。对应于某个单胞群，标号 $a,b,\cdots$，所表述的位群可从文献[6.1]中查出。自然，细心的读者也很容易从单胞群的结构中看出。位群为点群，所在的位置是对称操作下的不动点。

6.3　分子点群、位群及单胞群的相关及其物理意义

分子的点群是分子在自由空间中由于分子本身的几何形状所具有的对称性。当分子从自由空间进入晶体结构中，晶体中其他分子(包括正、负离子)便会与之相互作用。此相互作用的势场与晶体中其他分子的空间分布有关。此作用势场的对称性即该分子所处位置的位群。自由空间中分子的简正振动模可以由点群的不可约表示来区分、标记。当分子处在晶体中时，周遭环境的变化，会使得这些振动模的简并度，乃至对称性起变化。易言之，这时分子的振动模应由位群的不可约表示来区分、标记。振动模本身在自由空间或晶体中固然由于势场的不同会有所变化，但由于晶体势场比分子键的力场弱很多，振动模本身的组成是基本不变的。因此，点群和位群这两组标记振动模的不可约表示会有一定的联系，此种联系即称为相关。此相关性的物理背景为晶体的势场对分子的振动模的作用。

单胞中，不同位置上的分子(包括离子)的振动不一定截然无关。一则这些分子之间会有相互作用，二则单胞中，所有分子振动的整体必须为单胞群的不可约表示。这就是说，以单胞中某个分子的变量(可以是其振动模、坐标、偶极矩等)为基，按照维格纳(Wigner)投影算子去求单胞群的不可约表示的基时，由单胞群的对称操作所联系的分子的变量将有线性的组合。对于变量为振动模的情形，此即单胞中的振动模是由单胞中具有对称联系的不同分子的振动模的线性组合所构成。类比于上述点群至位群的相关，从位群至单胞群的相关，表示单胞中个别分子的振动模(也可以是其他变量，如坐标、偶极矩等)，它们是位群的不可约表示的基，是经过如何的线性组合以形成单胞的振动模，或说是单胞群的不可约表示的基。

或许可由此类推：晶体的振动模是由单胞振动模经过平移群的投影算子的运算所形成，即如 Q_n 为第 n 个单胞的某个振动模坐标，则对应的晶体振动模为

$$\sum_n Q_n \mathrm{e}^{\mathrm{i}\boldsymbol{k}\cdot\boldsymbol{R}_n}$$

式中，$\boldsymbol{R}_n$ 为第 n 个单胞的位向量。

因为，如前所述的，只有 $\boldsymbol{k}\approx 0$ 的晶体振动模才能与光相互作用。这时，上式退化为 Q_n。即我们只需了解单胞振动模就够了。

从动力学的角度来讲，若 $\boldsymbol{k}\neq 0$ 时，单胞群不足以准确地体现晶体的振动力学性质。此时，每个单胞的力学量均不等同，其间有相差。这时情况要复杂得多。$\boldsymbol{k}\neq 0$ 的情况对于晶体的相变至关重要，因为相变前后，晶体的结构有所不同。

点群、位群、单胞群间不可约表示的相关，在很多书中均有列表可查，例如参考文献[6.2]。

下面，我们且举 $LiKSO_4$ 晶体为例。

SO_4 基团有四个振动模 ν_1，ν_2，ν_3 和 ν_4，在点群 T_d 的归属下，分属 A_1，E，T_2 和 T_2 不可约表示，其中 E，T_2 分别为二维，三维不可约表示，即 ν_2，ν_3，ν_4 分别为二重，三重简并。

晶体中 Li，K，S 原子所在位置标号为 a，b。经查参考文献[6.1]，其位群均为 C_3，晶体之单胞群为 C_6。此三者之不可约表示的相关如图 6.4 中所示。

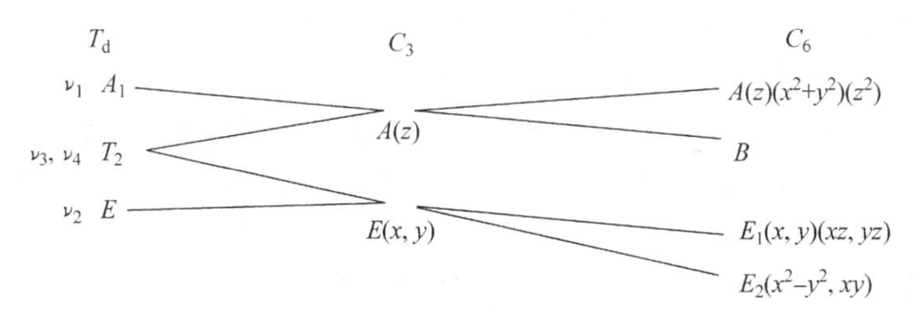

图 6.4　T_d，C_3，C_6 群的相关

现在我们来求单胞群中的不可约表示的基是如何由单胞中各个分子的变量所组成。以 Li(1)，Li(2)，K(1)，K(2)，S(1)，S(2)分别表示 Li，K，S 所在位置上的变量。运用维格纳投影算子可求得单胞群 C_6 不可约表示 A，B，E_1 和 E_2 的组成为

$$A,E_1:\ 1/\sqrt{2}[\mathrm{Li}(1)+\mathrm{Li}(2)]$$
$$1/\sqrt{2}[\mathrm{K}(1)+\mathrm{K}(2)]$$
$$1/\sqrt{2}[\mathrm{S}(1)+\mathrm{S}(2)]$$

$$B,E_2:\ 1/\sqrt{2}[\mathrm{Li}(1)-\mathrm{Li}(2)]$$
$$1/\sqrt{2}[\mathrm{K}(1)-\mathrm{K}(2)]$$
$$1/\sqrt{2}[\mathrm{S}(1)-\mathrm{S}(2)]$$

上式的物理意义的理解为：从群之相关可知，在位群 C_3 下，原先三维简并的 ν_3，ν_4 模分裂为一维及二维简并的振动模；单胞中，两个 SO_4 的振动模再以 0，π 的相差组成单胞的振动模，其对称性分别为 A，E_1 和 B，E_2。其中 A，E_1 分别与 z，(x,y)的对称性相同，为红外活性。我们如将 S(1)，S(2)视为振动偶极矩，则上面的线性组合表达式可以几何图形表示，如图 6.5 所示。图中表明，对于 A，E_1 对称性，晶胞有总的偶极矩，而对于 B，E_2 模，固然在(1)，(2)位置上有偶极矩，但单胞的总的偶极矩为零。红外光的波长远比单胞大很多，因之它的电场只能与 A，E_1 模相耦合。能与 B，E_2 模相耦合的光的波长将只有单胞的尺寸，这时相位固然匹配了，但光的频率将为 X 射线范围，其能量远大于振动模的能量，因之二者还是不能耦合。

下面介绍晶格振动模。

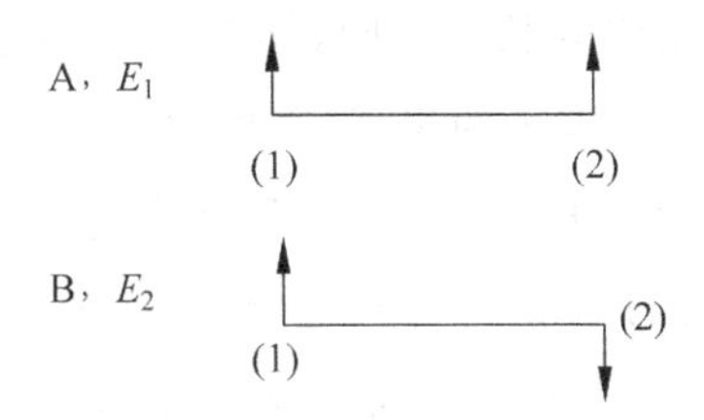

图 6.5　A,E_1,B,E_2 单胞群不可约表示的几何表示
(1),(2)为单胞中的两个由对称性联系的位置

SO_4 沿晶轴 z 和 x,y 方向的位移分属 A,E 表示。如上所述,此二位移模可以组成 A,B,E_1,E_2 晶格振动模。同理,Li,K 的晶格振动模亦如上所述。严格地讲,Li,K 或 SO_4 的晶格振动模只要对称性相同,由于高阶的相互作用量,它们总会有一定程度的"互相混合",所以很难说是完全的 Li,K 或 SO_4 的晶格模。此互相混合的现象在晶格模与前述的来源于 SO_4 简正振动的单胞模之间也会发生,只要它们对称性、能量二者能匹配,且作用程度足够大。

从上述例子中,我们应可了解到单胞群的阶(即其对称操作之数目),正好是位群的阶的整数倍,P,即位群为单胞群的子群。在位群、单胞群不可约表示的相关中,位群的一个维数为 d 的不可约表示正好对应于总维数为 $P \cdot d$ 的单胞群的不可约表示。此性质对于检查位群、单胞群及其相关很是方便。

下面再举 K_2SO_4 为例。

K_2SO_4 晶体的空间群为 D_{2h}^{16},K,S 原子所在的位群为 C_s。SO_4 的点群、位群、单胞群的相关如图 6.6 所示。

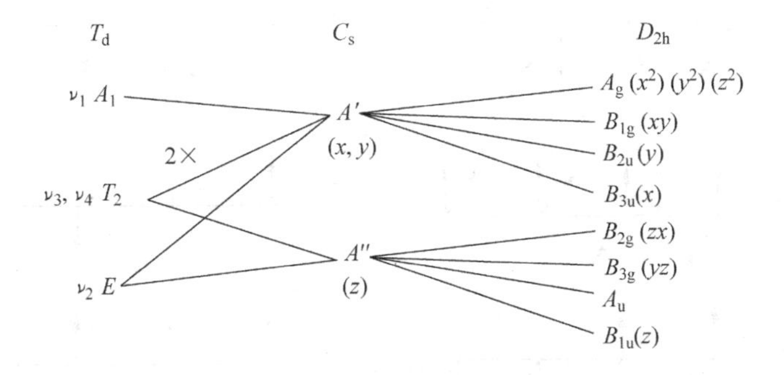

图 6.6　T_d,C_s,D_{2h} 群的相关

位群 C_s 的不可约表示 A',A'' 分属 (x,y) 与 z 不可约表示。因为 A' 为一维的不可约表示,所以此处 (x,y) 表示一个一维变量。如将其视为向量(或偶极矩),则此

向量(偶极矩)指向 x-y 平面内的某个方向,其在 x,y 轴上均有分量。

图 6.7 表示单胞群不可约表示的组成,其中(1),(2),(3),(4)表示四个 SO_4 所在之位置。从中可见 A_g,B_{1g},B_{2g},B_{3g},A_u 均无总的向量和,或说是单胞中四个 SO_4 在其位置上虽然有振动偶极矩,但因其间相位的关系,使得上述这些单胞模均无总的偶极矩,因而它们是红外不活性的。这些模中,除 A_u 模外,均为拉曼活性。B_{1u}模具有 z 方向的偶极矩,它是单胞中,四个 z 方向偶极矩的线性组合,其间相位均同,因而 B_{1u}为红外活性。B_{2u},B_{3u}不可约表示具有 y 和 x 的对称性。它们各在 y,x 方向有总的向量和,因而它们分别为 y 方向和 x 方向红外活性。此二振动模,虽然其对称性分属 y 和 x,然而它们却各具有另一方向的偶极矩分量(即 B_{2u}在 x 方向,B_{3u}在 y 方向),只是这些方向的偶极矩由于相位的相反,使得其总和为零。所以说,单从 D_{2h}群的特征表中所见 B_{2u},B_{3u}模具有 y,x 的性质只是单胞作为一个整体的对称性质。从单胞的内部结构来看,B_{2u},B_{3u}各有"隐含"的 x 和 y 性质。这是由于位群 C_s 不可约表示 A'为一维,且其在 x 和 y 方向均有分量所致。对于 B_{1u}模,A''的对称性为 z,且为一维,所以 B_{1u}只具有 z 方向的偶极矩。它和 B_{2u},B_{3u}模不同,除了 z 方向,没有其他的分量。

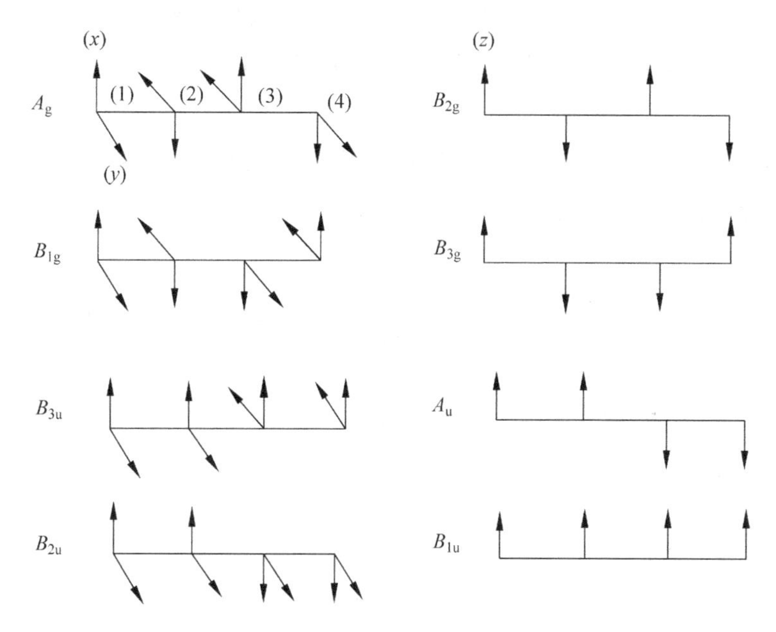

图 6.7　K_2SO_4 单胞群 D_{2h}不可约表示的几何表示

(1),(2),(3),(4)分别表示单胞中的四个由对称性联系的位置

参考文献

[6.1] DECIUS J C, HEXTER R M. Molecular vibratons in crystals[M]. New York: McGraw-Hill,1977.

[6.2] WILSON E B, DECIUS J C, CROSS P C. Molecular vibrations[M]. New York: McGraw-Hill,1955.

[6.3] WU G J, FRECH R. Normal vibrational modes resulting from the lifting of degeneracies in anisotropic crystals: the internal optic modes of K_2SO_4[J]. J. Chem. Phys., 1976, 64: 4897.

[6.4] WU G J,FRECH R. The optical and spectroscopic properties of the sulfate ion in various crystalline environments[J]. J. Chem. Phys., 1977, 66: 1352.

第 7 章　电子波函数

在第 8 章中，我们会介绍到拉曼效应。这个效应是分子的振动和电子的激发互相耦合的现象，因此，我们有必要对分子中电子的行为，即电子波函数也做些了解。

7.1　电子波函数

分子中电子的行为是用波函数来描述的，这样的描述和对核运动——分子的转动、振动是不完全一样的，当中的原因在于电子的运动速度比核的运动快得多（详见 2.2 节玻恩-奥本海默近似）。电子的波函数描述称作分子轨道理论（molecular orbital theory，MO theory），意指用轨道的概念来看待电子的运动行为。这样的理论方法课题也被称作量子化学（quantum chemistry）。

7.2　原子轨道线性组合的概念

分子中的电子运行在分子中诸多原子核所形成的势场中，不仅如此，诸多电子之间还存在着互相排斥的力场。因此，严格的电子行为或电子的波函数是很难求得的，只能求助于近似的方法。这个方法就是原子轨道（波函数）的线性组合（linear combination of atomic orbitals，LCAO）。

关于线性组合的概念，我们先复习一下光经过两个狭缝所产生的干涉作用。如图 7.1 所示，从左边发出的光波，经过两个狭缝，在抵达银幕后，由于相位的不同，产生明暗的干涉线条。图中，ϕ_1 和 ϕ_2 分别表示经过两个狭缝光波的状态（波函数），而在银幕上产生的明暗的干涉线条，则是这两束光波函数（线性）组合后的状态（绝对值的平方），$|\phi_1+\phi_2|^2$。我们注意到（* 号表示复共轭）：

$$
\begin{aligned}
|\phi_1+\phi_2|^2 &= (\phi_1+\phi_2)(\phi_1^*+\phi_2^*) \\
&= |\phi_1|^2+|\phi_2|^2+\phi_1\phi_2^*+\phi_1^*\phi_2
\end{aligned}
$$

可见，银幕上的光强除了来自原先两个狭缝处的光波强度的叠加——$|\phi_1|^2+|\phi_2|^2$ 外，还有来自二者的互相干涉——$\phi_1\phi_2^*+\phi_1^*\phi_2$。干涉的结果产生了共振（有加强，也有降低的效应）。

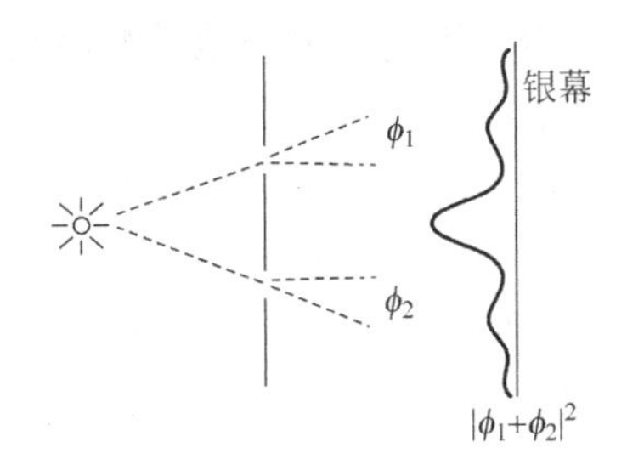

图 7.1　光经过两个狭缝所产生的干涉作用

到此，我们了解到，**干涉**或**共振**的产生是由于**线性组合**，而线性组合的缘由则来自两个狭缝对于光波来说的**不可区分性**。第 5 章中，我们详细讨论了群和对称性的概念。什么是对称性？对称性意味着**不可区分性**。

总结起来即**线性组合**、**不可区分性**(**对称性**)和**共振**，三者有着密切的联系。

了解了上述概念后，我们就可以来探讨电子的波函数。①固然分子中有许多的电子，它们之间会互相排斥，但是，作为最初步的图像，我们可以设想每一个电子就如同运动在其他的电子所造成的势场中。这就是单电子模型。②随着分子的形成，原先只在每个原子上的电子，可以在原子间活动，即化学键的形成。化学键的形成就类比于图 7.1 中，在银幕上，对应于两个狭缝中间处最亮的条纹。因此，电子的波函数可以取为原子波函数的线性组合。③作为最简单的近似，原子的波函数可以取为类氢原子的电子波函数。

这样，分子中的电子波函数可以写为

$$\psi = \sum c_i \phi_i$$

式中，ψ 为分子的电子波函数，ϕ_i 为分子中原子电子的波函数，即类氢原子的电子波函数，c_i 为线性组合系数。可以了解到线性组合系数大的原子，电子在那里停留(布居)的时间会久一些，对于等同的原子，它们的线性组合系数必然是相同的。线性组合系数的不同反映着电子在不同原子上的波函数固然都是相近的类氢原子的波函数，但是其间还是有所区别的。例如分子中的 C 和 N 原子所对应的组合系数会不同。形象地说，电子对它们二者还是有区别的能力。

类氢原子的电子波函数，可以选取为 ns，$np(p_x, p_y, p_z)$ 和 $nd(d_{xy}, d_{xz}, d_{yz}, d_{x^2-y^2}, d_{z^2})$ 轨道，因为这些轨道是我们经常遇到的能级。

7.3　杂化轨道系数的确定

在一个原子中，原子轨道线性组合成具有一定构型的分子轨道，也称作原子轨道的杂化(hybridization)。给定了杂化轨道的构型，轨道的系数往往不难确定。例如对于图 7.2 的构型，我们可以写下它的分子轨道波函数：

$$\psi_1 = a_1 s + b_1 p_x$$
$$\psi_2 = a_2 s + b_2 p_x + c_2 p_y$$
$$\psi_3 = a_3 s + b_3 p_x + c_3 p_y$$

再运用每个分子轨道的归一化和其间的正交性要求，并考虑到：

$$\langle s \mid s\rangle = 1,\quad \langle s \mid p_i\rangle = 0,\quad \langle p_i \mid p_j\rangle = \delta_{ij}$$

以及如下的对称性：

$$\sigma_{xz}\psi_2 = \psi_3$$
$$\begin{bmatrix} 1 & 0 & 0 \\ 0 & 1 & 0 \\ 0 & 0 & -1 \end{bmatrix} \begin{bmatrix} a_2 \\ b_2 \\ c_2 \end{bmatrix} = \begin{bmatrix} a_3 \\ b_3 \\ c_3 \end{bmatrix}$$
$$C_3\psi_2 = \psi_1$$
$$\begin{bmatrix} 1 & 0 & 0 \\ 0 & -\frac{1}{2} & \frac{\sqrt{3}}{2} \\ 0 & -\frac{\sqrt{3}}{2} & -\frac{1}{2} \end{bmatrix} \begin{bmatrix} a_2 \\ b_2 \\ c_2 \end{bmatrix} = \begin{bmatrix} a_1 \\ b_1 \\ 0 \end{bmatrix}$$

总共 8 个条件，我们可以把这些系数确定下来：

$$\psi_1 = \frac{1}{\sqrt{3}}s + \sqrt{2/3}\,p_x$$
$$\psi_2 = \frac{1}{\sqrt{3}}s - \frac{1}{\sqrt{6}}p_x + \frac{1}{\sqrt{2}}p_y$$
$$\psi_3 = \frac{1}{\sqrt{3}}s - \frac{1}{\sqrt{6}}p_x - \frac{1}{\sqrt{2}}p_y$$

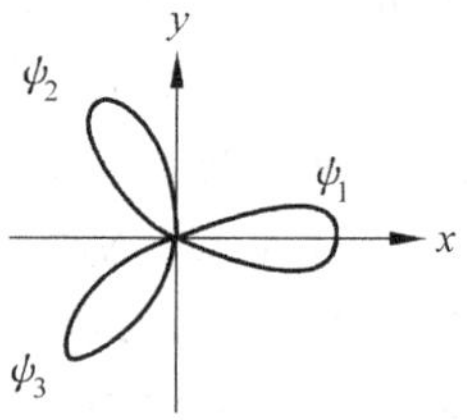

图 7.2　杂化轨道为平面的互相差距为 120°的构型

也可以用群论的方法，来定性地知道需要哪些对称性的轨道来构成所指定的构型。用$\{\psi_1,\psi_2,\psi_3\}$为基，求取此构型的点群 D_{3d}的可约表示的特征值 χ_Γ：

D_{3d}	E	$2C_3$	$3C_2'$	σ_h	$2S_3$	$3\sigma_v$
χ_Γ	3	0	1	3	0	1

经过约化为不可约表示：

$$\Gamma = A'_1 + E'$$

注意到，x^2+y^2 和 z^2 属于 A_1'，而(x,y)，(x^2-y^2,xy)属于 E'。因此，此构型的轨道组合必然为 sp^2，sd^2，$d_{z^2}p^2$ 或 $d_{z^2}d^2$。利用对称性，我们只能确定轨道的对称要求，而不能求得轨道的具体表示，但这往往已经能够满足我们的要求了。

对于四面体的结构(CH_4)(图 7.3(a))和平面正方构型(图 7.3(b))的情况，也可以类似求得。

对于四面体的结构：

T_d	E	$8C_3$	$3C_2$	$6S_4$	$6\sigma_d$
χ_Γ	4	1	0	0	2

求得 $\Gamma = A_1 + T_2$。因为，$x^2+y^2+z^2$ 属于 A_1，(x,y,z)和(xy,yz,xz)属于 T_2，所以，此构型为 sp^3 或 sd^3。

对于平面正方 D_{4h}构型，可求得 $\Gamma = B_{1g} + E_u + A_{1g}$。而 x^2-y^2，(x,y)分别属于 B_{1g}和 E_u，x^2+y^2，z^2 属于 A_{1g}，因此构型的组成为 dsp^2，d^2p^2。

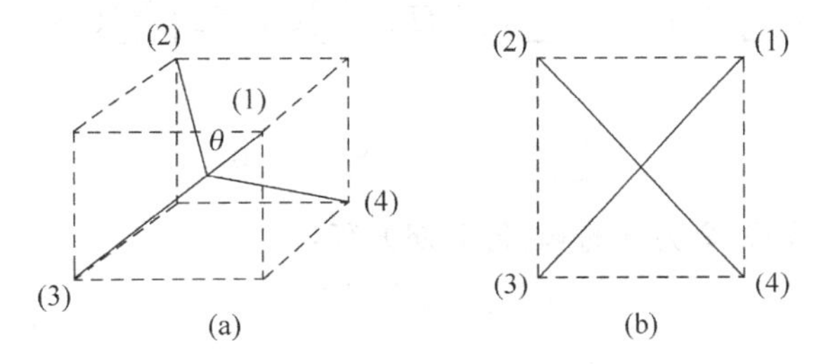

图 7.3　(a) 四面体的结构；(b) 平面正方构型

7.4　久期方程

设体系的哈密顿量为 H，设定的任何波函数为 ψ，则可以证明：

$$\int \psi^* H\psi \Big/ \int \psi^* \psi = \varepsilon \geqslant \varepsilon_0$$

式中，ε_0 为基态的能量。设 $\psi = \sum C_i \phi_i$，则我们要求用变分法来确定组合系数，条件是求得的能量 ε 为极小值。为此，要求$\partial\varepsilon/\partial C_k = 0$($C_k$ 表示所有的系数)。将 ε 展开为

$$\varepsilon = \frac{\sum_{i,j} C_i C_j H_{ij}}{\sum_{i,j} C_i C_j S_{ij}}$$

此处，$H_{ij} = \int \phi_i^* H \phi_j$，当 $i=j$ 时，称为库仑能，当 $i \neq j$ 时，称为共振能。$S_{ij} = \int \phi_i^* \phi_j$，当 $i=j$ 时，$S_{ij}=1$，当 $i \neq j$ 时，称为重叠积分。因此，

$$\partial\varepsilon/\partial C_k = (A-B)/C$$

其中，$A = \sum C_i C_j S_{ij} \partial/\partial C_k \sum C_i C_j H_{ij}$，$B = \sum C_i C_j H_{ij} \partial/\partial C_k \sum C_i C_j S_{ij}$，$C = \left(\sum C_i C_j S_{ij}\right)^2$。

注意到：

$$\partial/\partial C_k \left(\sum_i C_i \sum_j C_j H_{ij}\right) = \sum_{j\neq k} C_j H_{kj} + 2C_k H_{kk} + \sum_{i\neq k} C_i H_{ik} = 2\sum_i C_i H_{ki}$$

$$\partial/\partial C_k \left(\sum_i C_i \sum_j C_j S_{ij}\right) = 2\sum_i C_i S_{ki}$$

因此，

$$\begin{aligned} 0 &= \sum C_i C_j S_{ij} \left(2\sum C_i H_{ki}\right) - \sum C_i C_j H_{ij} \left(2\sum C_i S_{ki}\right) \\ &= \sum C_i H_{ki} - \left\{\sum C_i C_j H_{ij} \Big/ \sum C_i C_j S_{ij}\right\} \sum C_i S_{ki} \end{aligned}$$

即

$$\sum_i C_i (H_{ki} - \varepsilon S_{ki}) = 0$$

为此方程组有不是 C_i 全为 0 的解，得久期方程：

$$|H_{ki} - \varepsilon S_{ki}| = 0$$

或

$$\begin{vmatrix} H_{11}-\varepsilon S_{11} & H_{12}-\varepsilon S_{12}, & \cdots, & H_{1n}-\varepsilon S_{1n} \\ H_{21}-\varepsilon S_{21} & \cdots & & \cdots \\ \vdots & \vdots & & \vdots \\ H_{n1}-\varepsilon S_{n1} & \cdots & \cdots & H_{nn}-\varepsilon S_{nn} \end{vmatrix} = 0$$

7.5 休克近似

上述方程还显得复杂，我们可以加以近似，这就是休克的近似(Huckel molecular orbital approximation，HMO)。该近似如下：

(1) $H_{ii}=\alpha<0$，这能量相当于一个电子在 $2p$ 原子轨道时的能量；

(2) $H_{ij}=\beta<0$，如果 i,j 原子有键连接在一起；

(3) $H_{ij}=0$，如果 i,j 原子没有键连接在一起；

(4) $S_{ij}=\delta_{ij}$，这是极度的近似，如果不做此近似，则称为扩展休克方法(extended HMO)。

总结起来，休克的方法是：①依据分子的结构，写出久期方程

$$\begin{vmatrix} \alpha-\varepsilon & \beta_{12} & \cdots & \beta_{1n} \\ \beta_{21} & \alpha-\varepsilon & \cdots & \cdots \\ \vdots & \vdots & \ddots & \vdots \\ \beta_{n1} & \cdots & \cdots & \alpha-\varepsilon \end{vmatrix}=0$$

②求解久期方程；③求得 ε 和 C_i。

例 1　乙炔分子 $CH_2=CH_2$

乙炔分子有两个 C 原子，我们只考虑其上的 $2p_z$ 轨道，如图 7.4 所示。久期方程为

$$\begin{vmatrix} \alpha-\varepsilon & \beta \\ \beta & \alpha-\varepsilon \end{vmatrix}=0$$

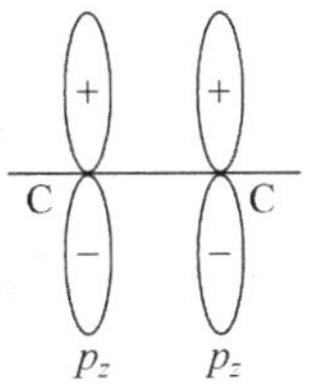

图 7.4　乙炔分子的 $2p_z$ 轨道

求解得：$\varepsilon_1=\alpha+\beta$，$\varepsilon_2=\alpha-\beta$，它们对应的波函数为

$$\psi_1=\frac{1}{\sqrt{2}}(\phi_1+\phi_2),\quad \psi_2=\frac{1}{\sqrt{2}}(\phi_1-\phi_2)$$

图 7.5 大体表示这两个分子轨道的电子分布。

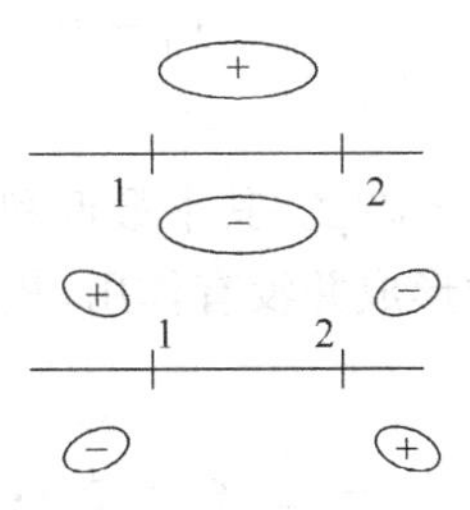

图 7.5　乙炔分子轨道的电子分布

可见，对应于较低能态的波函数，电子云在两个 C 原子间的电荷密度较高，这样就有益于两个 C 原子形成化学键，从而有益于分子的形成。而对于较高能级，电子云在两个 C 原子间的电荷密度较低，不利于两个 C 原子形成化学键。前者是成

键(bonding),而后者是反键(anti-bonding)。它们的能级如图 7.6 所示。图中,箭头表示填充的电子,每个能级可以填充两个自旋相反的电子。总能量是 $2(\alpha+\beta)$,比较没有形成分子前的能量 2α,差别为 $2\beta<0$,所以这个分子体系是稳定的。

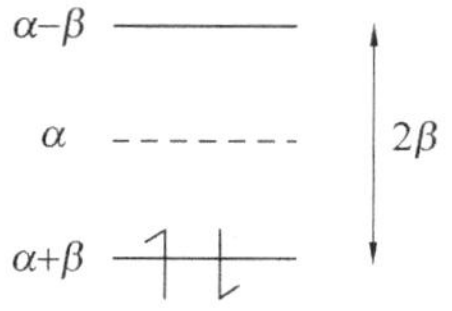

$\alpha-\beta$

α　　2β

$\alpha+\beta$

图 7.6　乙炔分子的能级

例 2　[C—C—C](allyl)

结构如图 7.7 所示。

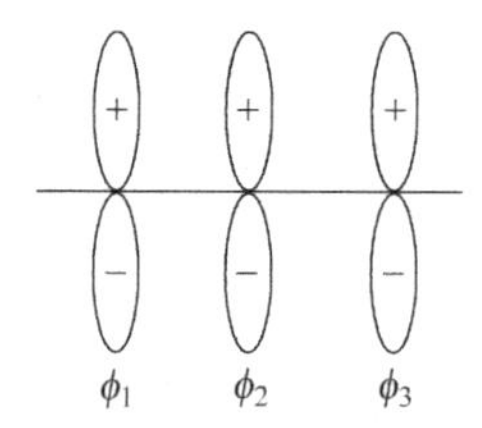

图 7.7　[C—C—C]的结构

久期方程为

$$\begin{vmatrix} \alpha-\varepsilon & \beta & 0 \\ \beta & \alpha-\varepsilon & \beta \\ 0 & \beta & \alpha-\varepsilon \end{vmatrix}=0$$

为了方便求解,我们可以定义 $x=(\alpha-\varepsilon)/\beta$,这样方程变为

$$\begin{vmatrix} x & 1 & 0 \\ 1 & x & 1 \\ 0 & 1 & x \end{vmatrix}=0$$

求解得 $\varepsilon_1=\alpha+\sqrt{2}\beta$,$\varepsilon_2=\alpha$,$\varepsilon_3=\alpha-\sqrt{2}\beta$。其中最低和最高的能级对应于成键和反键轨道,而中间的能级对于体系的形成并没有作用,故称为非键(nonbonding)。它们对应的波函数为

$$\psi_1=\frac{1}{2}(\phi_1+\sqrt{2}\phi_2+\phi_3),\quad \psi_2=\frac{1}{\sqrt{2}}(\phi_1-\phi_3),\quad \psi_3=\frac{1}{2}(\phi_1-\sqrt{2}\phi_2+\phi_3)$$

从波函数,我们可以看到从低能级到高能级的波函数,波函数的节点逐步增加。成键的轨道没有节点,非键的轨道,中间的原子不参与体系的形成,而反键的轨道则有两个节点。

体系的中性、阳离子、阴离子的能级结构如图 7.8 所示。从图中可以了解到,

体系是稳定的，固然中性和阴离子体系比阳离子体系多了电子，但这些电子均处在非键的轨道，所以对于体系的稳定或说是结合状态并没有贡献。

反键
非键
成键
中性　阳离子　阴离子

图 7.8　电子数不同时的能级结构

例 3　丁二炔[C=C−C=C](butadiene)

结构如图 7.9 所示。

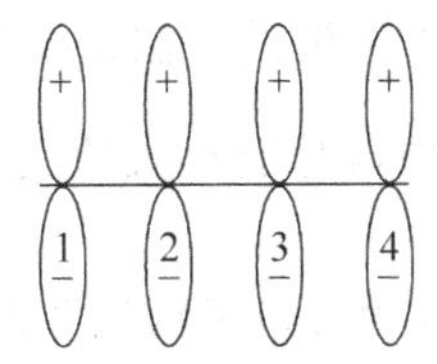

图 7.9　丁二炔的结构

久期方程为

$$\begin{vmatrix} x & 1 & 0 & 0 \\ 1 & x & 1 & 0 \\ 0 & 1 & x & 1 \\ 0 & 0 & 1 & x \end{vmatrix} = 0$$

能级和波函数为

ε	ϕ_1	ϕ_2	ϕ_3	ϕ_4	
$\alpha+1.618\beta$	0.371	0.6	0.6	0.371	ψ_1
$\alpha+0.618\beta$	0.6	0.371	−0.371	−0.6	ψ_2
$\alpha-0.618\beta$	0.6	−0.371	−0.371	0.6	ψ_3
$\alpha-1.618\beta$	0.371	−0.6	0.6	−0.371	ψ_4

节点可以如图 7.10 所示。从图中可见，能级越高，波函数的节点也越多。

原子上的 π 电子密度(electron density) 可以定义为 $q_r = \sum_j n_j C_{jr}^2$，而其键的级次(bond order) 则为 $b_{rs} = \sum_j n_j C_{jr} C_{js}$，此处 j 为电子占有轨道，r 为原子的标号。

对此分子，求得 $q_1 = q_2 = q_3 = q_4 = 1$，而 $b_{12} = b_{34} = 0.894$，$b_{23} = 0.447$。此正符

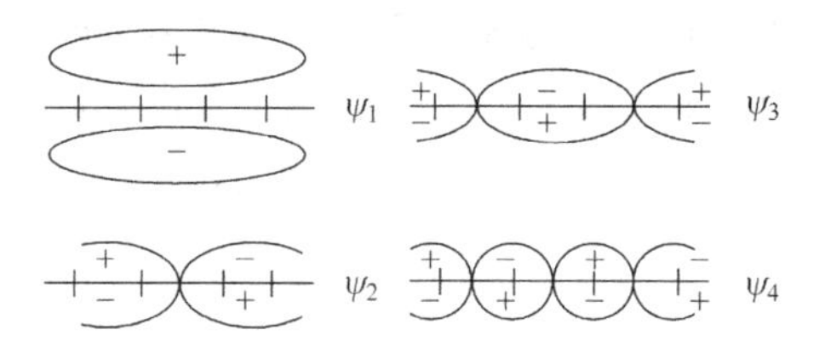

图 7.10 丁二炔波函数节点的示意图

合[C=C—C=C]的习惯写法。

7.6 对称和群的应用

如果体系具有对称，便可以用群论的方法来简化问题的处理，同时可以对轨道或态进行对称的标示和归类。例如，对于乙炔的例子，我们可以选择 $\psi_1=\frac{1}{\sqrt{2}}(\phi_1+\phi_2)$ 和 $\psi_2=\frac{1}{\sqrt{2}}(\phi_1-\phi_2)$（而不是 ϕ_1 和 ϕ_2）来构造久期方程 $|H_{ij}-\varepsilon S_{ij}|=0$，如下：

$$\begin{array}{c|cc|}
 & \psi_1 & \psi_2 \\
\psi_1 & \alpha+\beta-\varepsilon & 0 \\
\psi_2 & 0 & \alpha-\beta-\varepsilon
\end{array} = 0$$

这个方程对角化了。如何能找得 $\{\psi_1,\psi_2\}$ 这样的基函数呢？就是使用了对称群的知识，即选择的波函数必须是体系对称群不可约表示的基。例如，对于丁二炔，我们考虑如图 7.11 的构型，具有 C_{2v} 群。可以验证体系波函数的对称性为 $\psi_1(B_1)$，$\psi_2(A_2)$，$\psi_3(B_1)$，$\psi_4(A_2)$。

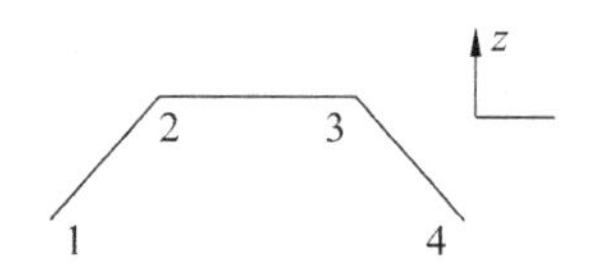

图 7.11 丁二炔的构型，具有 C_{2v} 群

可以用这些对称化的波函数构建久期方程，当求 $\langle\psi_i H\psi_j\rangle$ 时，因为 H 属于全对称，所以当 ψ_i,ψ_j 的表示 Γ_i,Γ_j 的乘积不包含全对称表示时，此积分必然为零。对于重叠积分 $\langle\psi_i\psi_j\rangle$ 亦然。

例子：对于丁二炔，以 $(\phi_1,\phi_2,\phi_3,\phi_4)$ 为基，求得其特征值为

$$\chi_E=4,\quad \chi_{C_2}=0,\quad \chi_{\sigma_v}=0,\quad \chi_{\sigma_v'}=-4$$

经过约化得，$\Gamma=2A_2+2B_1$。接着构造对称性为 A_2,B_1 的波函数，如下：

$$\psi_1(A_2) = 1/\sqrt{2}(\phi_1 - \phi_4),\quad \psi_2(A_2) = 1/\sqrt{2}(\phi_2 - \phi_3)$$

$$\psi_3(B_1) = 1/\sqrt{2}(\phi_1 + \phi_4),\quad \psi_4(B_1) = 1/\sqrt{2}(\phi_2 + \phi_3)$$

依据这些波函数,构造久期方程:

$$\begin{array}{c} \\ A_2\left\{\begin{array}{c}\\ \\ \end{array}\right. \\ B_1\left\{\begin{array}{c}\\ \\ \end{array}\right. \end{array} \overbrace{\begin{vmatrix} \alpha-\varepsilon & \beta & 0 & 0 \\ \beta & \alpha-\beta-\varepsilon & 0 & 0 \\ 0 & 0 & \alpha-\varepsilon & \beta \\ 0 & 0 & \beta & \alpha+\beta-\varepsilon \end{vmatrix}}^{A_2 \qquad\qquad B_1} = 0$$

注意到,不同对称类间的值,都为零。

理论上,我们可以选择各种波函数来构造久期方程,但是,只有取满足体系对称群不可约表示对称性的波函数,才能使问题变得最简单。

7.7　相　　关

一个体系构型经过弯曲、扭曲就变了形,对称性变了,体现的波函数和其对称性自然也不同了。往往这个变形可以看作是微扰,因此,变形前后体系的波函数和其对称性是会有一定的联系的。

例如平面方形构型可以变化为非平面的构型,如图 7.12 所示。

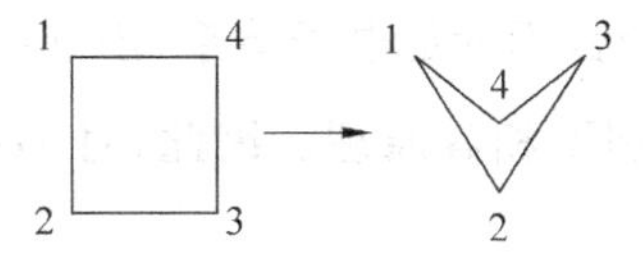

图 7.12　平面方形构型变化为非平面的构型

体系的点群从 D_{4h}变为 D_{2d},它们的不可约表示则分别为 $A_{2u}+B_{1u}+E_g$,A_2+B_1+E。D_{4h}对应的波函数为

$$\psi_{A_{2u}} = 1/2(\phi_1 + \phi_2 + \phi_3 + \phi_4),$$

$$\psi_{E_g} = 1/\sqrt{2}(\phi_1 - \phi_3),\quad \psi'_{E_g} = 1/\sqrt{2}(\phi_2 - \phi_4),$$

$$\psi_{B_{1u}} = 1/2(\phi_1 - \phi_2 + \phi_3 - \phi_4)$$

对于 D_{2d}构型,波函数的组合完全一样,只是波函数的对称性相应改了。这两个体系的相关如图 7.13 所示。

据此,霍夫曼(Hoffmann)和伍德沃德(Woodward)提出利用轨道对称性的相关性,来预测化学的反应规律。

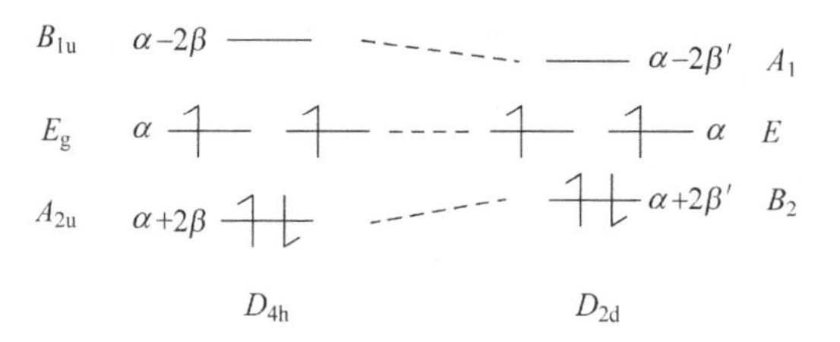

图 7.13　不同对称群下能级的相关

7.8　HMO 的改进

HMO 的近似把握住了核心的物理图像，所以是很成功的。在其基础上，人们往往也加以改进，例如：

(1) 关于 α 值，对于不同位置和不同的原子区分它们的不同值。

(2) 关于 β 值，对于不成键的情形，也不取为零，只是小于成键时的值。

(3) 关于重叠积分 $S_{ij}=\delta_{ij}$，则不做此极度的近似，而是依照原子的波函数具体计算，这就是扩展休克方法(extended HMO,EHMO)。

(4) 除了一般只考虑 π 轨道外，也考虑化学键方向的 σ 轨道，相应的 β 也取不同的值。

(5) HMO 是单电子近似，分子的波函数是各个轨道上电子波函数的乘积 $\psi_{\text{HMO}}=\prod_i \psi_i(n_i)$。这样的波函数不满足电子体系，当其中任意两个电子的坐标交互时，波函数必须是反号的泡利不相容原理。因此，对 HMO 波函数进行改造，使之满足泡利不相容原理。

(6) HMO 是单电子近似，因此，没有考虑到电子之间的相互排斥作用。为了改进这个缺陷，就有组态相互作用这类的修正方法。

虽然 HMO 有上述的各种不足，但这方法确实体现了分子中电子的最基本行为，而它所构造的波函数的确能体现对称性。这些对称性，即便在考虑了上述的多种修正后，仍然是不变的，这就体现了 HMO 方法的优越性。

7.9　电子在轨道间的跃迁和选择定则

电子在轨道 ψ_n,ψ_m 间的跃迁要求 $\langle\psi_n\boldsymbol{\mu}\psi_m\rangle\neq0$，其中 $\boldsymbol{\mu}$ 的对称性和 $\Gamma_x,\Gamma_y,\Gamma_z$ 相同。因此，为使上式不为零，要求当 $\Gamma(\psi_n)\cdot\Gamma(\psi_m)$ 约化为不可约表示时，包含 Γ_x，Γ_y,Γ_z。因为一般的跃迁都是从基态往高能态的跃迁，而基态一般均为全对称的，所以，选择定则就是：电子跃迁到的激发态的对称性为 $\Gamma_x,\Gamma_y,\Gamma_z$。当体系具有中

心反演对称时，Γ_x，Γ_y，Γ_z 为 u 对称性，这样，就只有那些对称性为 u 的激发态，才能具有光学吸收的活性。这就是拉波特(Laporte)定则。

例如：由 $2p_z$ 原子轨道所构成的如图 7.14 所示 C_{2h} 体系。体系的跃迁如图 7.15 所示。此处考虑了电子自旋的守恒。始态的对称性为 $A_u \cdot A_u \cdot B_g \cdot B_g = A_g$，末态为 $A_u \cdot A_u \cdot B_g \cdot A_u = B_u$。因此，跃迁过程的光子对称性为 $\Gamma_x = B_u$，即 x 偏振的光才能具有活性。从体系的结构图也可看出，只有 x 偏振光的电场才能够驱使电子在体系中游动，从而产生激发。

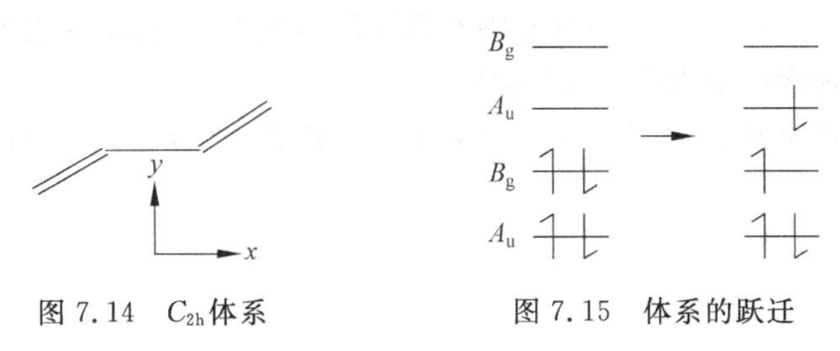

图 7.14　C_{2h} 体系　　　　图 7.15　体系的跃迁

7.10　结　　语

HMO 的方法虽然简单，但对于分子轨道波函数对称性的描述，还是非常准确的。而此对称性则约束了分子的多种活性性质。因此，即便在目前，各种精确的量子计算方法已经商品化，并且可以很方便地取得和使用，我们仍不可因此方法简单，定量上有所不足，而忽略了它的重要性和使用上的有效性。

参考文献

[7.1]　唐敖庆，杨忠志，李前树. 量子化学[M]. 北京：科学出版社，1982.

[7.2]　LEVINE I N. Quantum chemistry[M]. Boston: Allyn and Bacon Inc. ,1974.

[7.3]　BALLHAUSEN C J, GRAY H B. Molecular orbital theory[M]. New York: Benjamin,1964.

[7.4]　MURRELL J N, HARGET A J. Semi-empirical self-consistent-field molecular orbital theory[M]. New York: Wiley-Interscience,1972.

习　　题

7.1　考虑这样的体系的波函数，能级图并标识其对称性。

1　　4
2　　3 ，$\beta_{12} > \beta_{14}$，$S_{12} > S_{14}$。

7.2　考虑(x-y)平面 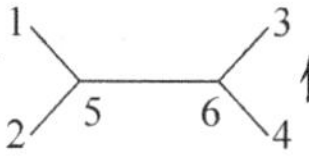
1　3
2　5　6　4
体系，1～6位置上均有 P_z 轨道：ϕ_1，ϕ_2，ϕ_3，ϕ_4，ϕ_5，ϕ_6。

z 轴垂直于平面，平面上的坐标为
y
x

(1) 用 D_{2h} 群分析其 MO 都具体是什么对称性；

(2) 写出这些 MO 的具体形式(即 ϕ_i 的组合)；

(3) 对于中性的体系，写出其基态和两个较低激发态(指由基态的最高能级上的电子的跃迁所致的激发态)的对称性；

(4) 经由光的吸收，从基态至上述激发态的跃迁，是否活性？应该用什么样偏振的光？

第8章 拉曼效应

8.1 散射现象

在前面的几章中所谈及的光和分子的作用、谱线的形状，以及选择定则等都指的是红外光的吸收。对此机制，读者一般比较了解。它的主要图像是分子偶极矩和光的电场的相互作用，从而光被分子所吸收。在本章中，我们将介绍另一种重要的光和分子的相互作用形式——拉曼效应。此效应的基本图像是频率较高(指和振动频率相比)的光(称作入射光或被散射光)首先被分子吸收，从而达到电子激发态(此激发态不一定是分子的稳定态或本征态)。很快地，当分子从电子激发态回到电子基态，并发射光子(称作散射光)时，部分分子的激发能量传递给了振动(或转动)态。因此，散射光子的能量不等于被吸收光子的能量，其间的差别即为振动或转动态量子的能量。用此方法，可以研究分子的振动、转动以及它们和分子电子态之间的相互作用关系，这是红外方法所不及的。易言之，拉曼效应所能提供的分子信息要比红外的过程多。

一个位于原点的偶极矩 $\mu_z=\mu_z^0\cos\omega t$ 振子，按经典力学理论，会发射频率为 $\omega/2\pi$ 的电磁波，沿 Z 轴偏向为 $\theta=90°$方向的发射能量为

$$I(\nu)=\frac{2\pi^3\nu^4}{c^3}(\mu_Z^0)^2$$

式中 c 为光速，如图 8.1。

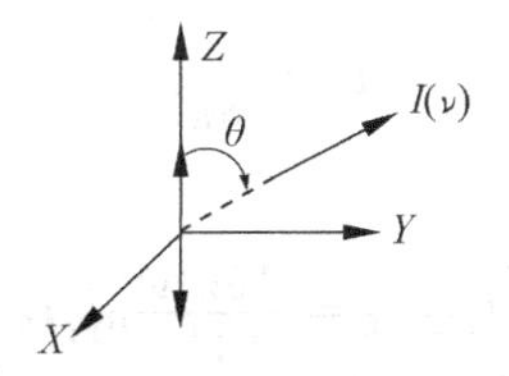

图 8.1 沿 Z 轴偏向为 θ，源自原点偶极矩的辐射

分子在光的电场 ε 的作用下，由于分子中电子的偏离，会引起偶极矩 μ_{ind} 的产生，二者的关系可以写为

$$\mu_{\text{ind}} = \begin{bmatrix} \mu_X \\ \mu_Y \\ \mu_Z \end{bmatrix} = \begin{bmatrix} \alpha_{XX} & \alpha_{XY} & \alpha_{XZ} \\ \alpha_{YX} & \alpha_{YY} & \alpha_{YZ} \\ \alpha_{ZX} & \alpha_{ZY} & \alpha_{ZZ} \end{bmatrix} \begin{bmatrix} \varepsilon_X \\ \varepsilon_Y \\ \varepsilon_Z \end{bmatrix}$$

式中，α_{ij}是j方向的电场在i方向引起偶极矩的比例常数，称作极化率。

在观察散射现象时，经常以下列符号来表示实验的装置：

(入射光方向)$\begin{pmatrix} \text{入射光电} & \text{散射光电} \\ \text{场的方向} & \text{场的方向} \end{pmatrix}$(散射光方向)

实验装置如图 8.2 所示，可以 $Y(ZY)X$ 表示。

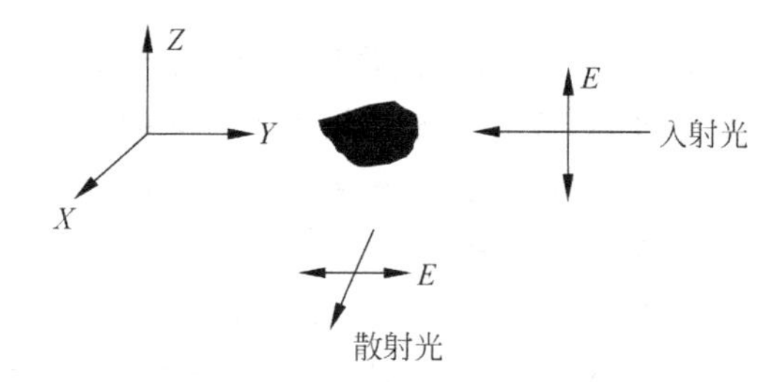

图 8.2　入射光及散射光的方向和偏振

在此情形下，散射光的强度为

$$I_{Y(ZY)X} = \frac{2\pi^3\nu^4}{c^3}(\mu_Y^0)^2$$

式中，Y 方向的偶极矩 μ_Y^0 来源于光在 Z 方向的电场 ε_Z 的作用，即

$$\mu_Y^0 = \alpha_{YZ}\varepsilon_Z$$

所以

$$I_{Y(ZY)X} = \frac{2\pi^3\nu^4}{c^3}\alpha_{YZ}^2\varepsilon_Z^2$$

因为入射光强 I_0 为

$$I_0 = \frac{c}{8\pi}\varepsilon_Z^2$$

所以

$$I_{Y(ZY)X} = \frac{16\pi^4\nu^4}{c^4}\alpha_{YZ}^2 I_0$$

又如对于 $Y(X_Z^Y)X$ 实验，散射光强为

$$I_{Y(X_Z^Y)X} = \frac{2\pi^3\nu^4}{c^4}[(\mu_Y^0)^2 + (\mu_Z^0)^2] = \frac{16\pi^4\nu^4}{c^4}[\alpha_{YX}^2 + \alpha_{ZX}^2]I_0$$

以上所述的坐标$\{XYZ\}$是实验室的坐标。当 $i \neq j$ 时，α_{ij} 一般不为零。事实上，可以取附着在分子上的主轴坐标$\{xyz\}$，使得

$$\alpha_{ij} = \alpha_i \delta_{ij}, \quad \delta_{ij} = \begin{cases} 0, & i \neq j \\ 1, & i = j \end{cases}$$

在坐标$\{XYZ\}$上的极化率$\alpha_{FF'}$和在$\{xyz\}$坐标上的极化率α_i有如下的关系：

$$\alpha_{FF'} = \sum \Phi_{Fi} \Phi_{F'i} \alpha_i$$

式中，Φ_{Fi}是两个坐标间的方向余弦。

对于在空间没有固定取向的分子，如气体，$\{XYZ\}$和$\{xyz\}$间没有固定的方位关系，因此需求平均值。

$$\overline{\alpha_{FF'}^2} = \sum_i \overline{\Phi_{Fi}^2 \Phi_{F'i}^2} \alpha_i^2 + 2 \sum_{i<j} \overline{\Phi_{Fi} \Phi_{F'i} \Phi_{Fj} \Phi_{F'j}} \alpha_i \alpha_j \tag{8.1}$$

式(8.1)可以证明等于下面的式(8.2)[8.1]

$$\begin{cases} \dfrac{1}{5} \sum_i \alpha_i^2 + \dfrac{2}{15} \sum_{i<j} \alpha_i \alpha_j, & F = F' \\ \dfrac{1}{15} \sum_i \alpha_i^2 - \dfrac{1}{15} \sum_{i<j} \alpha_i \alpha_j, & F \neq F' \end{cases} \tag{8.2}$$

代入前面的$I_{Y(X_Z^Y)X}$和$I_{Y(ZY)X}$得

$$I_{Y(X_Z^Y)X} = \frac{2}{15} \frac{16\pi^4 \nu^4 I_0}{c^4} \left(\sum_i \alpha_i^2 - \sum_{i<j} \alpha_i \alpha_j \right)$$

$$I_{Y(ZY)X} = \frac{1}{15} \frac{16\pi^4 \nu^4 I_0}{c^4} \left(\sum_i \alpha_i^2 - \sum_{i<j} \alpha_i \alpha_j \right)$$

引入$\bar{\alpha}$和β两个量：

$$\bar{\alpha} = \frac{1}{3}(\alpha_1 + \alpha_2 + \alpha_3)$$

$$\beta^2 = \frac{1}{2}[(\alpha_1 - \alpha_2)^2 + (\alpha_2 - \alpha_3)^2 + (\alpha_3 - \alpha_1)^2]$$

经过计算，便得到

$$I_{Y(X_Z^Y)X} = \frac{16\pi^4 \nu^4 I_0}{c^4} \frac{2\beta^2}{15}$$

$$I_{Y(ZY)X} = \frac{16\pi^4 \nu^4 I_0}{c^4} \frac{3\beta^2}{45}$$

当入射光沿Y方向，偏振(指电场的方向)为Z方向时，沿X方向散射偏振为Y和Z方向散射光强度之比值称为退偏比(depolarization ratio)，并以ρ_l表示。如果入射光的偏振为X和Z方向，且二者强度相同，则退偏比以ρ_n表示。前者的入射光是线性偏振的，而后者之入射光事实上没有偏振。因此

$$\rho_l = \frac{I_{Y(ZY)X}}{I_{Y(ZZ)X}} = \frac{\alpha_{YZ}^2}{\alpha_{ZZ}^2} = \frac{3\beta^2}{45\bar{\alpha}^2 + 4\beta^2}$$

$$\rho_{\mathrm{n}}=\frac{I_{Y\binom{X}{Z}Y)X}}{I_{Y\binom{X}{Z}Z)X}}=\frac{6\beta^2}{45\bar{\alpha}^2+7\beta^2}$$

从上两式，可见 ρ_{l}，ρ_{n} 值的范围为

$$0\leqslant\rho_{\mathrm{l}}\leqslant\frac{3}{4}$$

$$0\leqslant\rho_{\mathrm{n}}\leqslant\frac{6}{7}$$

对应于 $\beta=0$，或 $\bar{\alpha}^2\gg\beta^2$ 和 $\beta^2\gg\bar{\alpha}^2$ 两个极端的情形。

8.2 拉曼效应

设入射光电场为

$$\varepsilon=\varepsilon_0\mathrm{e}^{\mathrm{i}\omega t}$$

同时，简正坐标 Q_k 的振动频率（严格说是角速率，行文上，往往不这么严格用词，当不会引致误解）为 ω_k，即

$$Q_k=Q_k^0\cos\omega_k t=Q_k^0\,\frac{1}{2}\left[\mathrm{e}^{\mathrm{i}\omega_k t}+\mathrm{e}^{-\mathrm{i}\omega_k t}\right]$$

另外，当分子在振动时，α_i 为 Q_k 的函数，将 α_i 依 Q_k 展开：

$$\alpha=\alpha_0+\sum_k(\partial\alpha/\partial Q_k)_0Q_k+\cdots$$

因此，在入射光电场的作用下，引致的电偶极矩 μ_i 为

$$\begin{aligned}\mu&=\alpha\varepsilon\\&=\left\{\alpha_0+\sum_k(\partial\alpha/\partial Q_k)_0Q_k^0\,\frac{1}{2}\left[\mathrm{e}^{\mathrm{i}\omega_k t}+\mathrm{e}^{-\mathrm{i}\omega_k t}\right]\right\}\cdot\varepsilon_0\mathrm{e}^{\mathrm{i}\omega t}\\&=\alpha_0\varepsilon_0\mathrm{e}^{\mathrm{i}\omega t}+\frac{1}{2}\sum_k(\partial\alpha/\partial Q_k)_0Q_k^0\varepsilon_0\cdot\left[\mathrm{e}^{\mathrm{i}(\omega+\omega_k)t}+\mathrm{e}^{\mathrm{i}(\omega-\omega_k)t}\right]\end{aligned}$$

μ_i 含有 $\mathrm{e}^{\mathrm{i}\omega t}$，$\mathrm{e}^{\mathrm{i}(\omega+\omega_k)t}$ 和 $\mathrm{e}^{\mathrm{i}(\omega-\omega_k)t}$ 三项，这表示散射光除含有频率 ω 之外，还有 $\omega\pm\omega_k$。因此散射光谱如图 8.3 所示。

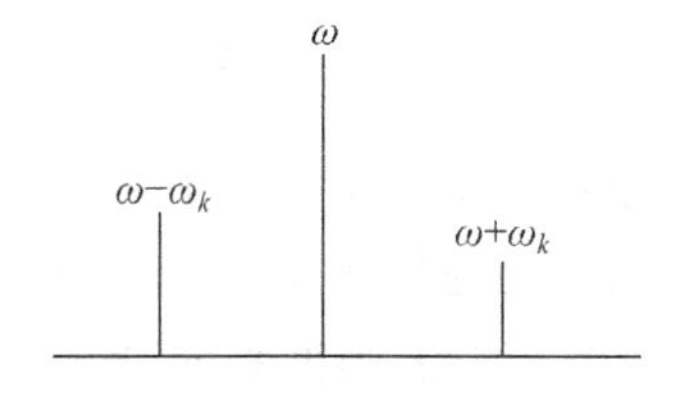

图 8.3　瑞利和拉曼谱线

$\omega-\omega_k$ 为斯托克斯线；$\omega+\omega_k$ 为反斯托克斯线

频率为 ω 的散射称为瑞利散射，它的强度和 α_i^0 有关。α_i^0 是分子整体的极化率，和分子的振动无关。

频率为 $\omega \pm \omega_k$ 的散射称为拉曼散射。频率为 $\omega - \omega_k$ 的谱线称作斯托克斯线(Stokes)，频率为 $\omega + \omega_k$ 的谱线称作反斯托克斯线(anti-Stokes)。可以形象地说，在前者，散射分子从入射光中"吸收"一个振动量子，而在后者，散射分子放出一个振动量子，和入射的光量子"相结合"成频率为 $\omega + \omega_k$ 的散射光。二者强度之比为

$$\frac{I_{斯托克斯}}{I_{反斯托克斯}} = \frac{(\omega - \omega_k)^4 N_{V_k = n}}{(\omega + \omega_k)^4 N_{V_k = n+1}}$$

式中，N_{V_k} 为处在振动量子数为 V_k 的分子数目。虽然 $(\omega - \omega_k)^4 < (\omega + \omega_k)^4$，但一般处在高能级振动态的分子数比处在低能级振动态的分子数少很多，即

$$N_{V_{k=n}} \gg N_{V_{k=n+1}}$$

所以斯托克斯线比反斯托克斯线强。

8.3　拉曼效应的量子观点

在第 1 章中，已叙述过在光的作用下(对应的哈密顿量为 H')一个体系的波函数 ψ_a 可以表示为

$$\psi_a = \sum_n C_{n,a} \psi_n^{(0)} \mathrm{e}^{-\mathrm{i}E_n t/h}$$

$\psi_n^{(0)}$ 为在没有光作用下薛定谔方程之解，初始时，体系为 $|a\rangle$，则有

$$C_{a,a}(t) = 1 + \frac{1}{\mathrm{i}\hbar}\int_0^t \langle a \mid H'(t') \mid a\rangle \mathrm{d}t' \tag{8.3}$$

$$C_{n\neq a,a}(t) = \frac{1}{\mathrm{i}\hbar}\int_0^t \langle n \mid H'(t') \mid a\rangle \mathrm{e}^{-\frac{\mathrm{i}}{\hbar}(E_a - E_n)t'} \mathrm{d}t' \tag{8.4}$$

可以将 $H'(t)$ 写为

$$H'(t) = V\mathrm{e}^{\mathrm{i}\omega t} + V^* \mathrm{e}^{-\mathrm{i}\omega t} \tag{8.5}$$

式中，

$$V = \mu\varepsilon, \quad V^* = \mu\varepsilon^*$$

将式(8.5)代入式(8.4)，可以求得

$$C_{n,a}(t) = \frac{-\langle n \mid \mu\varepsilon \mid a\rangle}{\hbar}\frac{1 - \mathrm{e}^{-\mathrm{i}(\omega_{an} - \omega)t}}{\omega_{an} - \omega} - \frac{\langle n \mid \mu\varepsilon^* \mid a\rangle}{\hbar}\frac{1 - \mathrm{e}^{-\mathrm{i}(\omega_{an} + \omega)t}}{\omega_{an} + \omega} \tag{8.6}$$

式中定义

$$(E_i - E_j)/\hbar = \omega_{ij}, \quad E_i/\hbar = \omega_i \tag{8.7}$$

因为只需考虑与时间有关的项，因此略去常数项，式(8.6)即为

$$C_{n,a}(t) \propto \frac{\frac{1}{\hbar}\langle n \mid \mu\varepsilon \mid a\rangle \mathrm{e}^{-\mathrm{i}(\omega_{an} - \omega)t}}{\omega_{an} - \omega} + \frac{\frac{1}{\hbar}\langle n \mid \mu\varepsilon^* \mid a\rangle \mathrm{e}^{-\mathrm{i}(\omega_{an} + \omega)t}}{\omega_{an} + \omega} \tag{8.8}$$

另一方面，在光的作用下，设 $C_{a,a}(t)\approx 1$，则波函数 ψ_a 可以写为

$$\psi_a = \psi_a^{(0)} e^{-i\omega_a t} + \sum_{n\neq a} C_{n,a}\psi_n^{(0)} e^{-i\omega_n t} \tag{8.9}$$

现在来求跃迁引致偶极矩 $(\mu_{\text{ind}})_{ab}$，

$$\begin{aligned}(\mu_{\text{ind}})_{ab} &= \langle a \mid \mu \mid b\rangle \\ &= \langle \psi_a^{(0)} e^{-i\omega_a t} + \sum_{n\neq a} C_{n,a}\psi_n^{(0)} e^{-i\omega_n t} \mid \mu \mid \psi_b^{(0)} e^{-i\omega_b t} + \sum_{m\neq b} C_{m,b}\psi_m^{(0)} e^{-i\omega_m t}\rangle\end{aligned} \tag{8.10}$$

为方便，定义

$$\mid i_0\rangle \equiv \mid \psi_i^{(0)}\rangle$$

则式(8.10)可简写为

$$\begin{aligned}(\mu_{\text{ind}})_{ab} =& \langle a_0 \mid \mu \mid b_0\rangle e^{-i\omega_{ba} t} + \sum_{n\neq a} C_{n,a}^{*}\langle n_0 \mid \mu \mid b_0\rangle e^{-i\omega_{bn} t} + \\ & \sum_{m\neq b} C_{m,b}\langle a_0 \mid \mu \mid m_0\rangle e^{-i\omega_{ma} t} + \sum_{n\neq a}\sum_{m\neq b} \text{高次项}\end{aligned} \tag{8.11}$$

略去高次项，并将前面求得的 $C_{n,i}(t)$ 值代入式(8.11)，得

$$\begin{aligned}&\frac{1}{\hbar}\sum_{n\neq a}\left[\frac{\langle a_0 \mid \mu\varepsilon^{*} \mid n_0\rangle e^{i(\omega_{an}-\omega)t}}{\omega_{an}-\omega} + \frac{\langle a_0 \mid \mu\varepsilon \mid n_0\rangle e^{i(\omega_{an}+\omega)t}}{\omega_{an}+\omega}\right]\langle n_0 \mid \mu \mid b_0\rangle e^{-i\omega_{bn} t} + \\ &\frac{1}{\hbar}\sum_{m\neq b}\left[\frac{\langle m_0 \mid \mu\varepsilon \mid b_0\rangle e^{-i(\omega_{bm}-\omega)t}}{\omega_{bm}-\omega} + \frac{\langle m_0 \mid \mu\varepsilon^{*} \mid b_0\rangle e^{-i(\omega_{bm}+\omega)t}}{\omega_{bm}+\omega}\right]\cdot \\ &\langle a_0 \mid \mu \mid m_0\rangle e^{-i\omega_{ma} t} + \langle a_0 \mid \mu \mid b_0\rangle e^{i\omega_{ab} t} \\ =& \frac{1}{\hbar}\left\{\sum_{n\neq a}\frac{\langle a_0 \mid \mu\varepsilon \mid n_0\rangle\langle n_0 \mid \mu \mid b_0\rangle}{\omega_{an}+\omega} + \sum_{m\neq b}\frac{\langle a_0 \mid \mu \mid m_0\rangle\langle m_0 \mid \mu\varepsilon \mid b_0\rangle}{\omega_{bm}-\omega}\right\} e^{i(\omega_{ab}+\omega)t} + \\ &\frac{1}{\hbar}\left\{\sum_{n\neq a}\frac{\langle a_0 \mid \mu\varepsilon^{*} \mid n_0\rangle\langle n_0 \mid \mu \mid b_0\rangle}{\omega_{an}-\omega} + \sum_{m\neq b}\frac{\langle a_0 \mid \mu \mid m_0\rangle\langle m_0 \mid \mu\varepsilon^{*} \mid b_0\rangle}{\omega_{bm}+\omega}\right\}\cdot \\ &e^{i(\omega_{ab}-\omega)t} + \langle a_0 \mid \mu \mid b_0\rangle e^{i\omega_{ab} t}\end{aligned} \tag{8.12}$$

式(8.12)中的第一项对应着散射光频率为 $\omega_{ab}+\omega$ 的现象，当

$E_a > E_b$ 时，为反斯托克斯散射；

$E_a < E_b$ 时，为斯托克斯散射。

第二项，亦为拉曼散射，但情况正好相反。

因为 $(\mu_{\text{ind}})_{ab}$ 的 ρ 分量为

$$\sum_{\sigma=x,y,z}(\alpha_{\rho\sigma})_{ab}\varepsilon_\sigma \tag{8.13}$$

而且

$$\mu\varepsilon = \sum_\sigma \mu_\sigma\varepsilon_\sigma \tag{8.14}$$

所以从式(8.12)可以得到从态 a 至态 b 跃迁极化率的量子力学表示式为

$$(\alpha_{\rho\sigma})_{ab} = \frac{1}{\hbar}\left\{\sum_{n\neq a}\frac{\langle a_0 \mid \mu_\sigma \mid n_0\rangle\langle n_0 \mid \mu_\rho \mid b_0\rangle}{\omega_{an}+\omega} + \sum_{m\neq b}\frac{\langle a_0 \mid \mu_\rho \mid m_0\rangle\langle m_0 \mid \mu_\sigma \mid b_0\rangle}{\omega_{bm}-\omega}\right\}$$

从算符的对称性而言，μ 的对称性如坐标$\{x,y,z\}$。从上式可以知道 $\alpha_{\rho\sigma}$ 的对称性和 $\rho\sigma$ 一样。

8.4　选 择 定 则

从初始态$|I\rangle$到终态$|F\rangle$，在什么条件下才会有拉曼效应呢？这就要看跃迁积分

$$\langle F \mid \mu_{\text{ind}} \mid I\rangle = \langle F \mid \alpha\varepsilon \mid I\rangle \propto \langle F \mid \alpha \mid I\rangle$$

是否为零。

将始态、终态都写成振动波函数$|V\rangle$和转动波函数$|R\rangle$之积

$$\mid I\rangle = \mid V\rangle \mid R\rangle = \mid VR\rangle$$

$$\mid F\rangle = \mid V'\rangle \mid R'\rangle = \mid V'R'\rangle$$

因为

$$\alpha_{FF'} = \sum_{gg'} \Phi_{Fg}\Phi_{F'g'}\alpha_{gg'}$$

而且 $\alpha_{gg'}$ 只和振动的坐标有关，所以

$$\begin{aligned}\langle F \mid \alpha_{FF'} \mid I\rangle &= \langle V'R' \mid \alpha_{FF'} \mid VR\rangle \\ &= \sum_{gg'} \langle V' \mid \alpha_{gg'} \mid V\rangle\langle R' \mid \Phi_{Fg}\Phi_{F'g'} \mid R\rangle\end{aligned}$$

式中，$\langle R'|\Phi_{Fg}\Phi_{F'g'}|R\rangle$为转动态间拉曼跃迁的概率，$\langle V'|\alpha_{gg'}|V\rangle$为振动态间拉曼跃迁的概率。分别讨论如下。

1. 转动的拉曼选择定则

$\langle R'|\Phi_{Fg}\Phi_{F'g'}|R\rangle$是否为零，参考文献[8.1]中有详细的说明。例如对双原子刚体转子，其选择定则为 $\Delta J=0,\pm 2$。$\Delta J=-2$ 者，称为 O 带，$\Delta J=+2$ 者称为 S 带，$\Delta J=0$ 者称为 Q 带。

从分子的转动能级

$$E_J = BJ(J+1)$$

和上述选择定则，可以得到其谱线如图 8.4 所示。

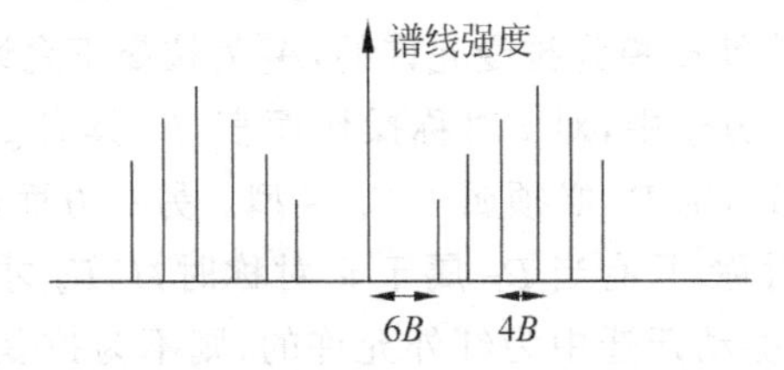

图 8.4　分子的转动拉曼谱图

对于对称陀螺转动，拉曼选择定则为

$$\Delta K = 0, \quad \Delta J = 0, \pm 1, \pm 2$$

但当 $K=0$ 时，$\Delta J=\pm 2$。

2. 振动的拉曼选择定则

因为

$$\alpha = \alpha_0 + \sum_k (\partial\alpha/\partial Q_k)_0 Q_k$$

而

$$| I\rangle = | V_1 V_2 \cdots\rangle$$
$$| F\rangle = | V_1' V_2' \cdots\rangle$$

可知

$$\langle V' \mid \alpha_{gg'} \mid V\rangle \sim (\partial\alpha/\partial Q_k)_0 \langle V_k' \mid Q_k \mid V_k\rangle \prod_{i\neq k}^{3N-6} \langle V_i' \mid V_i\rangle$$

所以选择定则是

(1) $(\partial\alpha/\partial Q_k)_0 \neq 0$；

(2) $\Delta V_k = \pm 1$；

(3) $\Delta V_l = 0, l\neq k$。

这就是说只能在一个振动模上有跃迁。

从对称性方面的考虑来看，$\langle F|\alpha|I\rangle$是否为零，相当于求$\langle F|$，$|I\rangle$和 α 所属的不可约表示 Γ_F，Γ_I 和 Γ_α 的乘积是否包含完全对称不可约表示。

Γ_α 所属的不可约表示在本书的附录 A：点群的特征表中已经列出，就是 x^2，y^2，z^2，xy，xz，yz 等所属的不可约表示。

例如，CO_3^{2-} 的振动模的对称性为

$$\Gamma_{\text{vib}} = A_1' + A_2'' + 2E'$$

因为一般始态$|I\rangle$为基态，属全对称不可约表示，所以

$$\Gamma_F \Gamma_\alpha \Gamma_I = \Gamma_F \Gamma_\alpha = \begin{bmatrix} A_1' \\ A_2'' \\ E' \end{bmatrix} \times \begin{bmatrix} A_1' \\ E' \\ E'' \end{bmatrix}$$

经过简单计算，可知 A_1'和 E'模为拉曼允许的，A_2''为拉曼不允许的。

在具有中心对称的分子中，对 i 对称操作而言，Γ_α 具有 g 对称。因此若 $\Gamma_F\Gamma_\alpha$ 含全对称不可约表示 A_g，则 Γ_F 必须属于 Γ_g 类型。另一方面，在红外吸收过程中，$\Gamma_\sigma(\sigma=x,y,z)$属于 u 对称，只有当 Γ_F 属于 u 对称时，$\Gamma_F\Gamma_\alpha$ 才能含 A_g。亦即在具有中心对称的分子中，振动跃迁中为红外允许的，则不为拉曼允许，反之亦然。这就是互不允许定则(rule of mutual exclusion)。

8.5 极 化 率

在8.1节中，曾导出了

$$\rho_l = \frac{3\beta^2}{45\bar{\alpha}^2 + 4\beta^2}$$

$$\rho_n = \frac{6\beta^2}{45\bar{\alpha}^2 + 7\beta^2}$$

在拉曼散射中

$$\bar{\alpha} = \langle F \mid \bar{\alpha} \mid I \rangle$$

因为Γ_α，Γ_I均属全对称，因此若Γ_F或Q_k不为全对称，则$\bar{\alpha}=0$，此时

$$\rho_l = \frac{3}{4}$$

$$\rho_n = \frac{6}{7}$$

为最大值。

若Q_k为球对称，$\beta=0$，此时

$$\rho_l = \rho_n = 0$$

为最小值。在其他的情况（Q_k为全对称）时，

$$0 < \rho_l < \frac{3}{4}, \quad 0 < \rho_n < \frac{6}{7}$$

所以可从测得ρ_l，ρ_n的值来推测Q_k所属的对称性（注意，全对称未必为球对称）。

极化率经常以其倒数绘在图上来表示，此图称为极化率椭球（polarizability ellipsoid）。如CO_2分子，沿O—C—O键的极化率要比垂直于键方向的极化率大，而且当C—O键距变短时，极化率变小，所以其全对称振动ν_1的极化率椭球大略如图8.5所示。

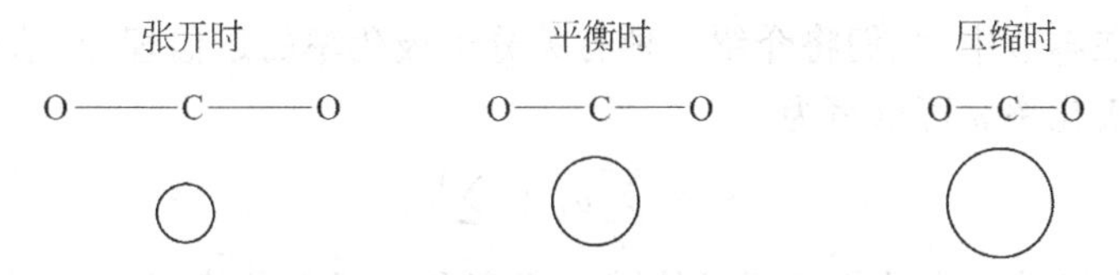

图8.5　CO_2分子的C—O键长变化及其极化率椭球的大略变化

若以$+Q_1$，$-Q_1$分别表示键的张开和压缩，则α和Q_1的关系如图8.6所示。因此

$$(\partial\alpha/\partial Q_1)_0 \neq 0$$

所以ν_1模为拉曼允许（注意ν_1模属全对称）。

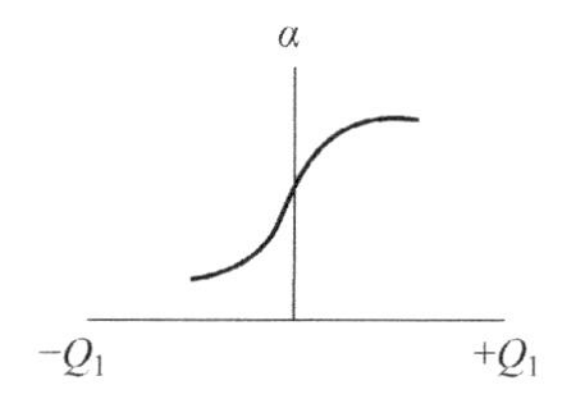

图 8.6　CO_2 分子极化率(沿分子轴)和 C—O 键长变化 Q_1 的关系

$Q_1>0$ 表示键张开；$Q_1<0$ 表示键压缩

对 ν_3 模，情况就不一样，ν_3 模的振动为

$$\overleftarrow{\mathrm{O}}—\overrightarrow{\mathrm{C}}—\overleftarrow{\mathrm{O}}$$

α 和 Q_3 的关系如图 8.7 所示。

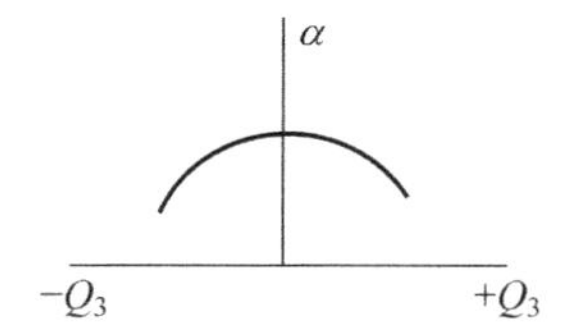

图 8.7　CO_2 分子极化率 α(沿分子轴)和 ν_3 模的关系

因此

$$(\partial\alpha/\partial Q_3)_0 = 0$$

所以 ν_3 模为拉曼不允许(注意 ν_3 模不属全对称)。

8.6　沃肯斯坦键极化率理论

极化率的量纲为体积，它的物理内涵为分子中受核束缚的电子的活动空间。如果电子受核束缚得紧，则极化率小，反之则大。理论上求得分子的准确极化率是不容易的。在本节中，我们将介绍一种有关分子极化率的近似理论，这个理论主要假设分子的极化率 α 可以写为

$$\alpha = \sum_t \alpha_t + \sum_a \alpha_a$$

式中，α_t，α_a 为以键为主轴的坐标里的键极化率和原子极化率(原子的极化率 α_a 是球对称的)。

对 ν_k 振动模，可以有下列极化率对内坐标微分的展开

$$\partial\alpha/\partial Q_k = \sum_t \frac{\partial\alpha}{\partial S_t}\frac{\partial S_t}{\partial Q_k}$$

式中 S_t 为内坐标。

因此从测得的拉曼谱线强度(即$(\partial\alpha/\partial Q_k)^2$)和从简正振动分析所得的$\partial S_t/\partial Q_k$，在某些情况下(第 10 章会详细讨论这个问题)，可以求得$\partial\alpha/\partial S_t$($\cong\partial\alpha_t/\partial S_t$)。见表 8.1。从表中可见，分子虽然不同，但是 C—H 键的极化率确是大体相近的。

表 8.1　不同分子的 C—H 键极化率

分子	$\partial\alpha/\partial r_{C-H}$(Å^2)	分子	$\partial\alpha/\partial r_{C-H}$(Å^2)
CH_4	1.04	C_6H_6	1.00
C_2H_6	1.10	C_2H_2	1.02
C_2H_4	1.04		

8.7　共振拉曼效应

8.3 节中求得了拉曼散射强度和$(\alpha_{\rho\sigma})_{ab}$一项有关，而且

$$(\alpha_{\rho\sigma})_{ab}=\frac{1}{\hbar}\left\{\sum_{n\neq a}\frac{\langle a_0\mid\mu_\sigma\mid n_0\rangle\langle n_0\mid\mu_\rho\mid b_0\rangle}{\omega_{an}+\omega}+\sum_{m\neq b}\frac{\langle a_0\mid\mu_\rho\mid m_0\rangle\langle m_0\mid\mu_\sigma\mid b_0\rangle}{\omega_{bm}-\omega}\right\}$$

上式中值得注意的是当$\omega\to\omega_{na}$时，$(\alpha_{\rho\sigma})_{ab}$将变得非常大，此时散射光的强度就要比一般的拉曼散射光强许多倍，这种效应称为共振拉曼效应。这时，入射光的能量正好能够引致从基态到本征态的跃迁。这样，体系就能比较长时间的停留在激发的状态，时间长了，引致拉曼效应的概率也就高了，因此拉曼散射光强也就增强许多倍。

例如 >C=C< 双键中 n→π* 的跃迁波长为 250nm。如果以波长近乎 250nm 的激光作入射光，则观察到的振动拉曼谱线强度要比以远离 250nm 波长的激光所测得的大许多，如图 8.8 所示。其中我们注意谱图(b)强度比图(a)大很多；散射光波长图(a)为 632.8nm，图(b)为 337.1nm。

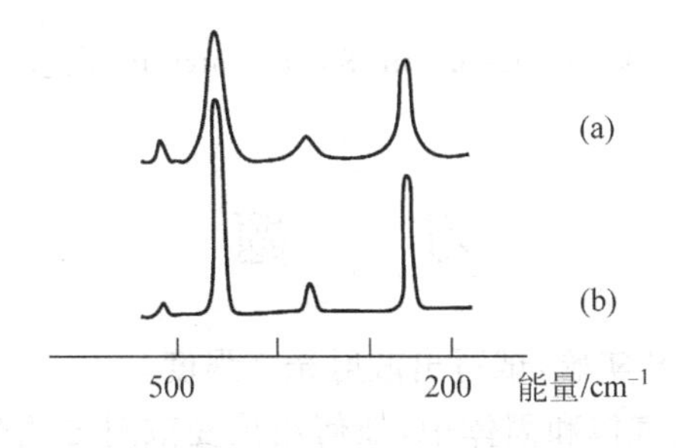

图 8.8　共振拉曼效应

Albrecht[8.2]曾对共振拉曼效应做了仔细分析。他指出共振拉曼效应除了以上提及的原因之外，在共振时并不是所有的振动模的拉曼强度都一样地增强，只有

那些能够耦合两个临近的电子激发态$|s\rangle$,$|e\rangle$(对称性分别为Γ_s,Γ_e,此时激光频率$\omega\approx\omega_{gs}\approx\omega_{ge}$)的振动模$a$(对称性为$\Gamma_a$)才能有共振拉曼活性。即$\Gamma_s\times\Gamma_e\supset\Gamma_a$。(由于分子的电子激发态的分布经常是很稠密的,因此上述两个$|s\rangle$,$|e\rangle$的存在是不成问题的)。从这里明显地看到共振拉曼效应提供的分子信息不只是分子的振动,还有电子态以及电子振动态之间耦合的丰富信息。

8.8 高次拉曼效应

当高强度的激光作用在分子上时,会产生一些非线性效应,即如分子的引致电矩μ_{ind}不再是单纯和光的电场ε成正比,而是

$$\mu_{\text{ind}} = \alpha\varepsilon + \frac{1}{2}\beta\varepsilon\varepsilon + \frac{1}{6}\gamma\varepsilon\varepsilon\varepsilon$$

上式中的第一项和平常的拉曼散射有关。第二项和ε^2成正比,它引致了所谓的高次拉曼效应(hyper Raman effect)。设ω_L,ω_s,ω_k分别为入射光、散射光和分子振动的频率,则在高次拉曼效应中

$$\omega_s = 2\omega_L \mp \omega_k$$

高次拉曼效应的选择定则由β决定。

本章主要介绍了拉曼散射的基本原理,它是二光子的过程。此外,还有受激拉曼散射、反拉曼散射、相干反斯托克斯拉曼散射等牵涉到三光子的过程。这里,就不介绍了。

参考文献

[8.1] WILSON E B, DECIUS J C, CROSS P C. Molecular vibrations[M]. New York: McGraw-Hill,1955.

[8.2] ALBRECHT A C. On the theory of Raman intensities[J]. J. Chem. Phys., 1961, 34: 1476.

习 题

8.1 对于$Y(ZX)Y$实验,试写出散射光之强度。

8.2 讨论在液体、气体和固体中,如何用拉曼散射方法来分析分子振动模的对称性。

8.3 讨论共振拉曼效应在分析微量物质中可能的应用。

8.4　BF_3 分子有如下的谱线(见表 8.2)：

表 8.2　BF_3 的谱线及其强度

$^{11}BF_3/cm^{-1}$	$^{10}BF_3/cm^{-1}$	拉曼强度	红外强度
480.4	482.0	一般	强
691.3	719.5	—	强
888	888	强	—
1445.9	1497	—	非常强
1831	1928	—	弱
2903.2	3008.2	—	弱

试决定其结构。

8.5　用图形简单表示图 8.9 分子振动(箭头表示原子的位移)的极化率变化情形。

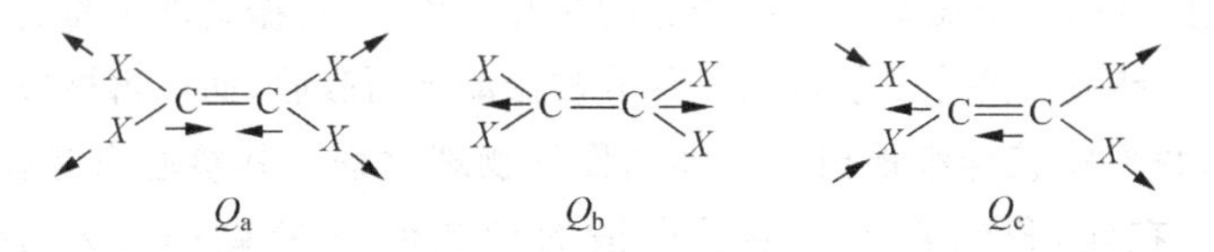

图 8.9　习题 8.5 图

8.6　试分析苯振动，并说明哪些振动模可用红外或拉曼方法观测。

第9章　振动—电子态的耦合与拉曼效应

9.1　引　　言

在第8章中，我们讨论了拉曼散射的过程，及其有关的分子参数——电极化率的表达式，特别是量子力学的表达式。我们了解到拉曼效应基本上是一个振动态，电子态相互耦合过程的结果。即在散射过程，电子首先吸收一个光子，然后再放射出光子。但在此过程中，由于振动态与电子态的相互作用，使得振动的能量也掺入被散射出的光子中，或被吸收的光子能量的一部分被振动态所吸收，而不再被放出。

本章中，我们将较详细地讨论上述图像的物理过程。其核心点是振动，电子态的耦合问题。在此，我们将主要触及所谓的赫茨伯格-特勒(Herzberg-Teller)耦合，它是一个“绝热”(adiabatic)的过程。对于“非绝热”过程的耦合，在9.5节中，亦将简单提及。

9.2　拉曼极化率

第8章中，我们曾推导得到拉曼过程的极化率的量子力学表达式为

$$(\alpha_{\rho\sigma})_{mn} = \frac{1}{h}\sum_{r}\left(\frac{(M_\rho)_{rn}(M_\sigma)_{mr}}{\nu_{rm}-\nu_0}+\frac{(M_\rho)_{mr}(M_\sigma)_{rn}}{\nu_{rn}+\nu_0}\right)$$

式中，$\rho,\sigma=x,y,z$，$m\to n$为拉曼过程的跃迁，h为普朗克常数。$(M_\rho)_{rn}$，$(M_\sigma)_{mr}$为跃迁矩阵，其表达式为

$$(M_\rho)_{mr} = \int \Psi_m^* m_\rho \Psi_r \mathrm{d}\tau$$

Ψ_r，Ψ_m是体系的振动—电子波函数，m_ρ为电矩(electric moment)算符，ν_{rm}，ν_{rn}为能级差所对应的频率，$\sum\limits_r$是对体系的总的振动—电子态而言的取和。

关于体系的波函数，我们采用第2章中所述的玻恩-奥本海默(Born-Oppenheimer)近似法，即电子态与振动态的波函数是可分离的，即

$$m = gi,\quad r = ev,\quad n = gj$$

式中(下同)，g表示电子基态波函数，e为电子波函数，i,v,j均表示振动波函数。

更明确地说，振动—电子波函数 Ψ_m 可以写为

$$\Psi_m = \theta_g(\xi,Q)\phi_j^g(Q)$$

式中，θ_g 为 g 态的电子波函数，ϕ_j^g 为电子基态时 j 态的振动波函数，ξ，Q 分别表示电子与核的坐标。

这样，$\alpha_{\rho\sigma}$可以写为

$$(\alpha_{\rho\sigma})_{gi,gj} = \frac{1}{h}\sum_{ev}\left(\frac{(M_\rho)_{ev,gj}(M_\sigma)_{gi,ev}}{\nu_{ev,gi}-\nu_0} + \frac{(M_\rho)_{gi,ev}(M_\sigma)_{ev,gj}}{\nu_{ev,gj}+\nu_0}\right)$$

而跃迁矩阵可以写为

$$(M_\rho)_{gi,ev} = \int(\theta_g\phi_i^g)^* m_\rho(\theta_e\phi_v^e)\mathrm{d}\xi\mathrm{d}Q$$

令

$$(\overline{M}_\rho(Q))_{g,e} = \int\theta_g^* m_\rho\theta_e\mathrm{d}\xi$$

则有

$$(M_\rho)_{gi,ev} = \int(\phi_i^g)^*[\overline{M}_\rho(Q)]_{g,e}(\phi_v^e)\mathrm{d}Q$$

事实上$[\overline{M}_\rho(Q)]_{g,e}$表示当核坐标为 Q 时，电子态 g 至 e 的跃迁量，它是 Q 的函数，因此它可以表达为

$$[\overline{M}_\rho]_{g,e} = [\overline{M}_\rho]_{g,e}^0 + \sum_s\lambda_{es}(Q)[\overline{M}_\rho]_{g,s}^0$$

式中，

$$\lambda_{es}(Q) = \sum_a h_{es}^a Q_a\cdot(\Delta E_{es}^0)^{-1}$$

及

$$\Delta E_{es}^0 = E_e^0 - E_s^0$$

式中上角码 0 均表示当 $Q=0$ 时之量。

此处的物理意义至关重要，它是处理电子、振动耦合作用的基础。这个称作赫茨伯格-特勒(Herzberg-Teller)耦合的图像是：

(1) 当分子不振动时，即 $Q_a=0$ 时，$g\rightarrow e$ 的跃迁过程只和 g，e 两态有关；

(2) 如 $Q_a\neq0$，即分子的振动会引起电子态间的耦合时，则其他的 $g\rightarrow s$ 过程对$[\overline{M}]_{g,e}$亦会有贡献，其量的大小和 Q_a，e，s 两态能级差的倒数，以及耦合常数 h_{es}^a 成正比。

h_{es}^a是个核心的因素，它表示 e，s 两态经由振动模 Q_a 而耦合的强度。它的具体表达式为

$$h_{es}^a = \int\theta_e^*\left(\frac{\partial H}{\partial Q_a}\right)_{Q_a=0}\theta_s\mathrm{d}\xi$$

因之，$(M_\rho)_{gi,ev}$可以写为

$$(M_\rho)_{gi,ev} = [\overline{M}_\rho]^0_{g,e}\langle gi \mid ev\rangle + \sum_{s,a} h^a_{es}(\Delta E^0_{es})^{-1}[\overline{M}_\rho]^0_{g,s}\langle gi \mid Q_a \mid ev\rangle$$

若将上式代入$(\alpha_{\rho,\sigma})_{gi,gj}$式中，即得存在振动—电子耦合时，拉曼散射的极化率。

9.3　非共振拉曼极化率

对于非共振条件，即$\nu_{ev,gi} \gg \nu_0$时，

$$\nu_{e,g} \approx \nu_e$$

此时，可以有[9.1]

$$(\alpha_{\rho\sigma})_{gi,gj} = A + B$$

式中，

$$A = \frac{1}{h}\sum_e \left(\frac{2\nu_e}{\nu_e^2 - \nu_0^2}\right)[\overline{M}_\rho]^0_{g,e}[\overline{M}_\sigma]^0_{g,e}\langle gi \mid gj\rangle$$

$$B = \frac{-2}{h^2}\sum_{\substack{s,e\\ s>e}}\sum_a \frac{(\nu_e\nu_s + \nu_0^2)h^a_{es}}{(\nu_e^2 - \nu_0^2)(\nu_s^2 - \nu_0^2)} \cdot$$
$$([\overline{M}_\rho]^0_{g,e}[\overline{M}_\sigma]^0_{g,s} + [\overline{M}_\rho]^0_{g,s}[\overline{M}_\sigma]^0_{g,e})\langle gi \mid Q_a \mid gj\rangle$$

讨论：

(1) A项只有当$i=j$时方不为零，即A项对应于瑞利散射过程。而B项中$\langle gi|Q_a|gj\rangle$只有当振动态i,j对振动模Q_a相差一个量子数时，才不为零(比较第1章，习题1.1)。因此B项对应于拉曼效应。

(2) 为使B项不为零，除了$\langle gi|Q_a|gj\rangle$不为零外，尚要求$[\overline{M}_\rho]^0_{g,e}$，$[\overline{M}_\sigma]^0_{g,s}$或$[\overline{M}_\rho]^0_{g,s}$，$[\overline{M}_\sigma]^0_{g,e}$不为零，以及$h^a_{es}$不为零。为使前者不为零，因一般$g$态的对称性为全对称，因此$e,s$态的对称性$\Gamma_e,\Gamma_s$应和$\Gamma_\rho,\Gamma_\sigma$一样。

为使h^a_{es}不为零，$\Gamma_a\Gamma_e\Gamma_s=\Gamma_a\Gamma_\rho\Gamma_\sigma$应包含全对称不可约表示，此即我们熟知的拉曼选择定则：$\Gamma_a=\Gamma_{es}$。因为Γ_e,Γ_s和$\Gamma_\rho,\Gamma_\sigma$一样，所以$\Gamma_a$应属于$\Gamma_{x^2},\Gamma_{xy},\Gamma_{xz}$，$\Gamma_{y^2},\Gamma_{yz},\Gamma_{z^2}$等类型。

9.4　共振拉曼极化率

当存在共振条件时，即$\nu_0 \approx \nu_{ev,gi}$，可以有[9.1]

$$(\alpha_{\rho\sigma})_{gigj} = A' + B'$$

式中，

$$A' = \frac{1}{h}\sum_v \left(\frac{[\overline{M}_\rho]^0_{g,e}[\overline{M}_\sigma]^0_{g,e}\langle gi \mid ev\rangle\langle ev \mid gj\rangle}{\nu_{ev,gi} - \nu_0 + \mathrm{i}\gamma'_e}\right)$$

$$B' = \frac{-1}{h^2}\sum_{v,s,a} h_{es}^a \frac{1}{(\nu_{ev,gi} - \nu_0 + \mathrm{i}\gamma'_e)(\nu_s - \nu_e)} \cdot$$
$$([\overline{M}_\rho]_{g,e}^0 [\overline{M}_\sigma]_{g,s}^0 \langle gj \mid ev\rangle\langle ev \mid Q_a \mid gi\rangle +$$
$$[\overline{M}_\sigma]_{g,e}^0 [\overline{M}_\rho]_{g,s}^0 \langle gi \mid ev\rangle\langle ev \mid Q_a \mid gj\rangle)$$

式中 γ'_e 为衰减常数。

讨论：

(1) A'项中$\langle gi|ev\rangle\langle ev|gj\rangle$不为零时，其对拉曼过程亦有贡献。此种过程称为弗兰克-康登(Franck-Condon)耦合过程。

(2) 当 $i=j$ 时，$\langle gi|ev\rangle\langle ev|Q_a|gi\rangle$可以不为零，因此 B'项对瑞利散射亦会有贡献。

(3) 虽然 A',B'项对拉曼，瑞利过程均有贡献，但 A'对瑞利过程，B'对拉曼过程是主要的贡献者。

(4) 当 $g\to e$ 符合共振条件时，对于满足如下条件的 Q_a 振动峰的峰强将得到显著的增强：h_{es}^a 较大，即 Q_a 能耦合 e 和 s 电子态，且 s 和 e 态相近，即 $\nu_s \approx \nu_e$，并且 $g\to s$ 为可跃迁过程，即$[\overline{M}]_{g,s}^0$不为零。因此 Γ_e,Γ_s,Γ_a 三者中，知道了其中二者，则第三者可以判定出来。通常是知道 Γ_e,Γ_s，从而判定哪些 Q_a 可以被增强，或知道 Γ_e,Γ_a，从而判定 s 态的对称性 Γ_s。可见从共振拉曼过程，人们可以了解到许多电子态的信息以及它和振动态间的耦合情形。

9.5　M^+TCNQ^-的共振拉曼谱

TCNQ 是一种有机分子，它的点群是 D_{2h}，它的盐类($M^+ = Na^+, K^+, Rb^+, Cs^+$)具有很好的共振拉曼谱。图 9.1 为其吸收谱图。从中可见，当以 6471Å，5682Å 的激光做拉曼散射时，A 态正好处于共振态，其对称性为 $B_{3u}(x)$。这时 $g(A_g)\to A(B_{3u}(x))$的跃迁有可能受 $g\to B(B_{2u}(y))$的影响。我们考虑赫茨伯格-特勒耦合，由上节中的 A',B'可得

$$\alpha_{xx} \propto \sum_v \frac{\langle\mu_x\rangle_{gA}^2 \langle gi \mid Av\rangle\langle Av \mid gj\rangle}{\nu_{Av,gi} - \nu_0 + \mathrm{i}\gamma'_A}$$

$$\alpha_{xy} \propto \sum_{v,a} h_{AB}^a \frac{1}{(\nu_{Av,gi} - \nu_0 + \mathrm{i}\gamma'_A)(\nu_B - \nu_A)} \langle\mu_x\rangle_{gA}\langle\mu_y\rangle_{gB}\langle gj \mid Av\rangle\langle Av \mid Q_a \mid gi\rangle$$

上式中$\langle\mu_\rho\rangle$即为$[\overline{M}_\rho]$。由于 A 态，B 态的对称性分别为 Γ_x,Γ_y，所以$\langle\mu_y\rangle_{gA}$,$\langle\mu_x\rangle_{gB}$均为零。上式中 α_{xy} 所含的$\langle\mu_y\rangle_{gA}\langle\mu_x\rangle_{gB}\langle gi|Av\rangle\langle Av|Q_a|gj\rangle$一项因此消失。

对于 α_{xx}，由于 $\Gamma_{gi} = A_g$，为使 $\alpha_{xx} \neq 0$，则要求 $\Gamma_{Av} = A_g = \Gamma_{gj}$，即 $\Gamma_j = A_g$。这表示对称性为 A_g 的振动模将具有拉曼共振效应。

对于 α_{xy}，则要求 $h_{AB}^a \neq 0$，对应地，$\Gamma_A \cdot \Gamma_B = B_{3u} \cdot B_{2u} = B_{1g}$，因此要求 $\Gamma_a = B_{1g}$。

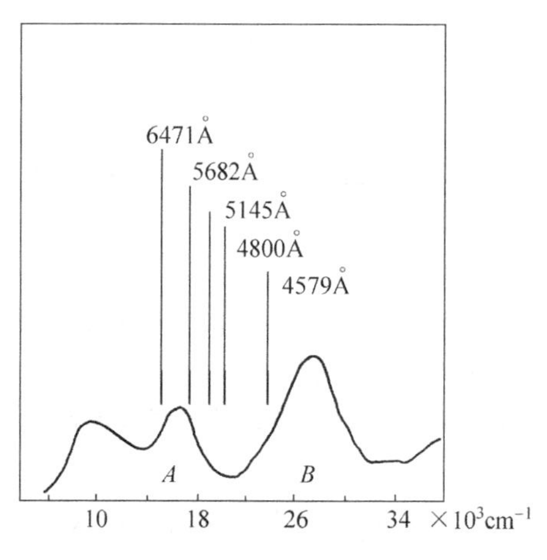

图 9.1　TCNQ⁻ 的吸收谱图

同时$\langle gj|Av\rangle\langle Av|Q_a|gi\rangle\neq 0$要求

$$\Gamma_{gj}=\Gamma_{Av},\quad \Gamma_{Av}=\Gamma_a$$

或

$$\Gamma_A\cdot\Gamma_v=\Gamma_a=B_{1g},$$

即

$$\Gamma_v=B_{3u}\cdot B_{1g}=B_{2u}$$

此时具有对称性为B_{1g}的振动态将得到拉曼共振增强(以上参见图 9.2)。

我们需知道赫茨伯格-特勒耦合是个微扰的过程,它表示$g\rightarrow e$的过程会受$g\rightarrow s$的影响,此影响来源于Q_a。因此,这时电子态波函数θ_e可以写为

$$\theta_e=\theta_e^0+\sum_s\sum_a h_{es}^a Q_a(\Delta E_{es}^0)^{-1}\theta_s^0$$

然而对于以 5145Å,4880Å,4579Å 激光做拉曼散射时,从图 9.1 中看出,这时激光光子的能量正好落于A,B两峰之间。这时,赫茨伯格-特勒耦合的方式不再适用,我们尚需考虑考核的$\dot{Q}_a$所引起的振动—电子态的相互作用,这种情况就比较复杂了。此处,我们姑且将散射的中间态r的波函数写为

$$\Psi_r=\theta_A\prod_v|Av\rangle+h_{AB}\theta_B\prod_{v'}|Bv'\rangle$$

将此式代入α_{xy}表达式中,可得

$$\alpha_{xy}\sim\langle\mu_x\rangle_{gA}\langle\mu_y\rangle_{gB}h_{AB}\langle gj\prod_v Av\rangle\langle gi\prod_{v'}Bv'\rangle$$

此时弗兰克-康登机制起主要作用。$|gi\rangle$属全对称性,因此近似地,$\prod_{v'}|Bv'\rangle$退化为$|Bi\rangle$,即B态之振动基态。至于$|Av\rangle$态中,哪些会对拉曼过程有贡献,可由实验中观察哪些对称性的振动模得到增强。图 9.2 显示在各种频率的激光散射下的

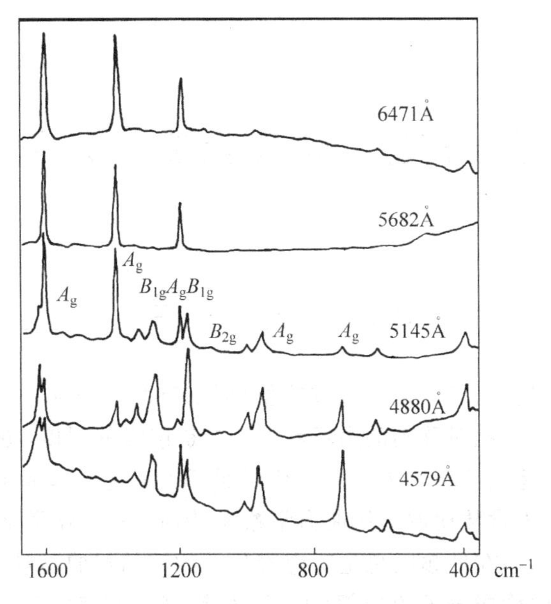

图 9.2　不同频率激光下 $TCNQ^-$ 的共振拉曼谱图

共振拉曼谱图。从中可见，这时

$$\Gamma_j = B_{1g}, B_{2g}$$

即中间态 Ψ_r 应为

$$\theta_A \prod_v \mid Av\rangle + h_{AB}\,\theta_B \mid Bi\rangle$$

其中，要求 $\Gamma_v = B_{1g}, B_{2g}$。至于 B_{1g}, B_{2g} 振动模增强的量不一样，应由 α_{xy} 的分母中 ν_{rm} 以及 h_{AB} 与振动模的关系来决定。

综上所述，我们应可深入地体会到拉曼散射能给人们许多有关分子的振动态，电子态以及其间耦合的信息。关于这个优势，红外过程是无法比拟的。

参考文献

[9.1] ALBRECHT A C. On the theory of Raman intensities[J]. J. Chem. Phys., 1961, 34: 1476.

[9.2] CHI C K, NIXON E R. Resonance Raman studies of RbTCNQ and KTCNQ[J]. Spectrochimica Acta., 1975, 31A: 1739.

第 10 章　键极化率的计算

10.1 引　　言

一幅分子振动谱图(可以是红外或拉曼)可以有两个表征：一是谱峰的所在位置,反映着分子内原子相对移动的力场状况；二是谱峰的强度,更深层次地反映着分子内核和电子的运动信息。因为化学键的伸缩总比它的弯曲扭动来得难,或者说是化学键的伸缩力常数比键的扭曲力常数大,因此,有关化学键伸缩的振动总是在较高频率的区域,而在低频区总是对应着分子的键的扭曲运动。另外,分子的结构虽然有千万种,但构成分子的局部(如 C—C 键,C—H 键,C═O 键等),如键的强度等性质总是相近的。因此,人们可以预料到不同的分子,经常总是具有相近的谱图,即如 C═C 键的伸缩峰总出现在 $1700cm^{-1}$附近,C—H 键的伸缩峰总出现在 $3000cm^{-1}$附近。此种现象,在有机分子体系中,特别显著,因为有机分子总不外是由 C—C,C═C,C═O 和 C—H 等键所组成。

此处,顺便提一个有用的概念。分子的简正振动是分子整体的运动,包括键的伸缩、扭动等,不同的振动模具有不同组分(比例)的键伸缩振动和扭动。简正振动的分析表明,人们总是可以找到几个振动模,它们绝大部分的组分是由键的伸缩运动所构成的。这点其实并不难理解,因为键伸缩的力常数值和扭曲力常数值相差一个数量级,如 C_2H_4 中的 C—H 键,此二者之比为 5.1∶0.3。上述几乎全由键的伸缩运动所构成的振动模的个数应该和分子中键的数目相等。这是因为独立的变数数目在不同的坐标表征中总是会保持一致的。自然,这个规则对于键的扭曲运动部分也一样适用。这个规则虽然简单,但对于帮助人们分析谱图,却是非常有用的。

草酸有一个 C—C 键,四个等同的 C—O 键。表 10.1 是关于草酸的分子振动归属[10.1]。从中,我们可以看到确有五个振动模是主要由 C—O,C—C 键的伸缩所组成,其对称性分别为 $\upsilon_1(a_{1g})$,$\upsilon_3(a_{1g})$,$\upsilon_4(b_{1g})$,$\upsilon_9(b_{2u})$和 $\upsilon_{11}(b_{3u})$。用心的读者可以运用第 5 章中群论的方法,以键的伸缩为内坐标,进行振动模的对称类分析,自会得到与之一致的结论。

表10.1 草酸的分子振动归属

D_{2h}不可约表示			归属	波数/cm^{-1}
a_{1g}	υ_1	C—O	伸缩(stretching)	1488
	υ_2	COO	变形(deformation)	904
	υ_3	C—C	伸缩(stretching)	445
b_{1g}	υ_4	C—O	伸缩(stretching)	1660
	υ_5	COO	面内摆动(in plane rocking)	300
b_{2g}	υ_6	COO	面外摆动(out-of-plane rocking)	1305
a_{1u}	υ_7		扭曲(torsion)	—
b_{1u}	υ_8	COO	面外摆动(out-of-plane rocking)	500
b_{2u}	υ_9	C—O	伸缩(stretching)	1555
	υ_{10}	COO	面内摆动(in plane rocking)	160
b_{3u}	υ_{11}	C—O	伸缩(stretching)	1300
	υ_{12}	COO	变形(deformation)	766

键伸缩力常数与扭曲力常数值相差一个数量级是一个极为有用的概念。在进行简正振动分析过程中,可以运用这个概念将原本较大的键力场矩阵简化分割成几个维数较小的矩阵,从而便于分析,详情可参考文献[10.2]。

对于不同的分子,其红外或拉曼谱图可能显示相近的谱峰位置,但其谱峰强度却有较显著的不同。此点,对于拉曼谱尤然。我们知道拉曼谱峰强度与分子的极化率对简正振动模的微分值大小有关。分子的极化率是分子中电子受核约束状态的一个表征。对于不同的分子,它们极化率的差别总比其键强度的差别要来得大。这里的物理图像是,对于一个化学键,在不同的分子中,其强度差别不大,但不同分子中的不同环境,对化学键上电子活动的影响却是较显著的。从此,我们应可了解到谱图中谱峰的所在位置只反映了少量分子结构信息,大量的信息尚存在于谱峰的强度中。分子光谱学的发展,自20世纪三四十年代迄今也有七八十年了,然而截至目前,绝大多数的工作内容仍只局限在谱峰位置的测定与分析上。至于谱峰强度的测定、解释这个范畴,实属未开发的领域,其中原因固然与测定峰强的实验方法,包括仪器的性能尚不成熟、测试难度大有关,但亦与有关峰强的理论匮乏直接相关。从这个角度看,分子振动光谱学尚处于发展阶段,它的成熟期,至少得等有关谱峰峰强的研究成为主流时,才算届临。

前面提及大量分子结构的信息反映在谱峰的峰强上而不只在谱峰的所在位置上。此点与X射线衍射过程极其类似。对晶体学略有所知的人均知道,晶体的种类、组成成千上万,但晶体所具有的对称性(即几何对称性与物理内涵无关),却极其有限,只有230个空间群。X射线衍射所产生的衍射斑点图像的种类则更少,只和32个点群有关。然而衍射斑点强度的变化则是千变万化的,因为衍射斑点强度的傅里叶变换就是晶体中电子云的分布情况,依此,人们即可确定出晶体中的分子结构了。总之,不同的晶体分子结构可以具有相同的空间群,即相近的衍射斑点图像,但其斑点强度的分布却是迥然不同的。研究晶体结构,我们不能只满足于衍射斑点的形状分布,这样得到的信息太有限了,我们必须将注意力放在衍射斑点的强度上,从而去了解晶体内原子的排列状况。同理,对于分子谱学的研究,我们不应只满足于谱峰位置的测定与分析上,而应着手于谱峰强度的测定与分析上,这样才能真正打开分子谱学的研究大门。

10.2　分子键极化率的计算

如何从谱峰的强度萃取出有用的分子结构信息是个核心问题。在此,我们主要探讨如何从拉曼峰强求得分子的键极化率。

我们知道,对应于 j 简正振动模,其拉曼峰强 I_j,可写为

$$I_j \sim I_0(\nu_0 - \nu_j)^4/\nu_j(\partial\alpha/\partial \boldsymbol{Q}_j)^2$$

式中,I_0 为激光光强,ν_j 为简正模的频率,$\boldsymbol{Q}_j$ 为简正坐标,α 为分子的电极化率,ν_0 为激光频率。

因为$(\partial\alpha/\partial \boldsymbol{Q}_j)$不是一个直觉的数量,我们希望能将之转换为分子内坐标的变化量,以便理解其物理或化学内涵。为此,我们需将简正坐标转化为内坐标或对称坐标 S。其间的变换为

$$\boldsymbol{S} = \boldsymbol{LQ}$$

或

$$\partial S_k/\partial \boldsymbol{Q}_j = L_{kj}$$

因此

$$\begin{aligned}\partial\alpha/\partial \boldsymbol{Q}_j &= \sum_k \partial\alpha/\partial S_k \cdot \partial S_k/\partial \boldsymbol{Q}_j \\ &= \sum_k L_{kj}\partial\alpha/\partial S_k = \sum_k (\boldsymbol{L}^{\mathrm{T}})_{jk}\partial\alpha/\partial S_k\end{aligned}$$

拉曼强度 I_j 可因之写为(上式中 $\boldsymbol{L}^{\mathrm{T}}$ 是 $\boldsymbol{L}$ 的转置矩阵):

$$I_j \sim (\nu_0 - \nu_j)^4/\nu_j\left[\sum_k (\boldsymbol{L}^{\mathrm{T}})_{jk}\partial\alpha/\partial S_k\right]^2$$

上式两边各取方根,则有

$$\pm\sqrt{I_j} \sim (\nu_0 - \nu_j)^2/\sqrt{\nu_j}\sum_k (\boldsymbol{L}^{\mathrm{T}})_{jk}\partial\alpha/\partial S_k$$

式中的“±”不能从实验中得到。这是所谓的相问题。在 X 射线衍射定晶体结构课题中,也有类似的问题,人们必须知道每个衍射斑点所对应的相角,才能对衍射斑点的强度进行傅里叶变换,从而得到晶体中电子云分布的结构。这里的意思是,我

们从测得的峰强只能求得 $\left[\sum_k (\boldsymbol{L}^{\mathrm{T}})_{jk}\partial\alpha/\partial S_k\right]$ 的平方值，而我们所要的 $\left[\sum_k (\boldsymbol{L}^{\mathrm{T}})_{jk}\partial\alpha/\partial S_k\right]$ 的绝对值虽然可以知道，但它的实际值却是无法确定的。

为了方便，可定义

$$a_{jk}=(\nu_0-\nu_j)^2/\sqrt{\nu_j}(\boldsymbol{L}^{\mathrm{T}})_{jk}$$

上式可写为

$$\begin{bmatrix} P_1\sqrt{I_1} \\ P_2\sqrt{I_2} \\ \vdots \\ P_{3N-6}\sqrt{I_{3N-6}} \end{bmatrix}=\begin{bmatrix} a_{ij} \end{bmatrix}\begin{bmatrix} \partial\alpha/\partial S_1 \\ \partial\partial/\partial S_2 \\ \vdots \\ \partial\alpha/\partial S_{3N-6} \end{bmatrix}$$

式中，P_i 为“+”或为“−”，a_{ij} 可以经由简正振动分析计算得到。

所以，如果 P_i 可以求得，则经由上式，$(\partial\alpha/\partial S_k)$ 即可求得。此项的物理意义是很明确的，它是对应于某个对称坐标或内坐标的分子电极化率微分值，我们称之为键极化率。

第 8 章中曾阐述过沃肯斯坦(Wolkenstein)近似。该近似主要认为除非 S_k 为键伸缩坐标，否则 $\partial\alpha/\partial S_k$ 均为零。利用这个近似，我们可以将上述矩阵方程约缩为

$$\begin{pmatrix} P_1\sqrt{I_1} \\ \vdots \\ P_w\sqrt{I_w} \end{pmatrix}=\begin{pmatrix} d_{ij} \end{pmatrix}\begin{pmatrix} \partial\alpha/\partial S_1 \\ \vdots \\ \partial\alpha/\partial S_w \end{pmatrix}$$

式中，w 为与键伸缩有关的简正振动模数目。

事实上，我们只需要知道那些属于全对称不可约表示的 S_k 就够了。这是因为：

(1) 如果 S_k 属于全对称不可约表示，则 S_k 可以写为

$$S_k=\frac{1}{\sqrt{N}}\sum_i^N r_i$$

式中，r_i 为分子键的伸缩位移变量，因此

$$\partial\alpha/\partial S_k\approx\partial\alpha/\partial r_i$$

(2) 对于不属于全对称不可约表示的 S_k，其所对应的 $\partial\alpha/\partial S_k$ 必然较小。这来源于这类 S_k 的组成含有符号相反的键伸缩坐标的线性组合。

经过这些约化，我们最终得到：

$$\begin{pmatrix} \partial\alpha/\partial S_1 \\ \vdots \\ \partial\alpha/\partial S_m \end{pmatrix}=\begin{pmatrix} d_{ij} \end{pmatrix}^{-1}\begin{pmatrix} P_1\sqrt{I_1} \\ \vdots \\ P_m\sqrt{I_m} \end{pmatrix}$$

注意，式中 $S_1, S_2, \cdots, S_m$ 属于全对称不可约表示的对称坐标，$I_1, I_2, \cdots, I_m$ 为那些属于全对称不可约表示，并且极大地是由分子键的伸缩所组成的振动模的拉曼峰强。（为了细致的分析，自然也可以将那些与键伸缩坐标耦合紧密的弯曲坐标一并考虑，这样，就可以求得键伸缩和键弯曲坐标的极化率了。）

因之，只要我们能从实验上测出 I_i，从简正振动分析（见第 3 章和参考文献[10.2]）求得 d_{ij}，并且设法判定出 P_i，则利用上式，即可求得有关分子键极化率的信息了。问题是：有何合适的体系供我们探索？如何判定 P_i？

10.3　表面增强拉曼峰强

上节所述的结果，自然可以将其用于令人感兴趣的体系上，不论是气态、液态还是固态。对于一般的体系，相对的拉曼峰强一般是固定的。体系受环境条件的变化，如温度、酸度，只要不引起分子结构的变化，谱图中相对的峰强变化是很有限度的。然而 1974 年发现了一种称为表面增强拉曼散射（surface enhanced Raman scattering，SERS）的现象。此现象是指在银、铜、金等粗糙的电极表面上吸附的分子，特别是含氮的杂环分子的拉曼散射截面比正常的拉曼散射截面大 10^6 倍。表面增强拉曼峰强的一个最大特点是谱峰的相对强度随电极电位的变化而变化。图 10.1 显示六氢吡啶（piperidine）峰强随电位（电位相对于 SCE 标准电极）变化的情形。同时，谱峰的相对强度也和液态或水溶液中的不同。

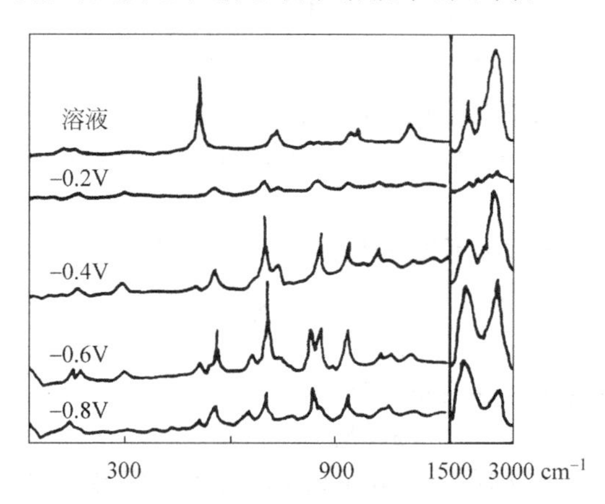

图 10.1　吸附在银电极表面六氢吡啶拉曼峰强随电位变化的情形

截至目前，有关表面增强拉曼散射的机理尚未有明确的定论，但它大体是和吸附在表面的分子与粗糙的金属表面间的电荷转移有关，此称为电荷转移机制或化学机制。粗糙电极表面的电磁场亦会引起散射截面增加，此称为电磁效应或物理机制。

我们以为如能从表面增强拉曼峰强推测出吸附分子的键极化率，则可以得到有关吸附在金属电极表面分子的结构信息以及过程的可能机制。

10.4　表面增强吸附分子键极化率的计算

六氢吡啶实验测得的表面增强拉曼峰强如图 10.1 所示[10.3]。六氢吡啶键伸缩的坐标如图 10.2 所示。吸附分子的对称群考虑为 C_s。

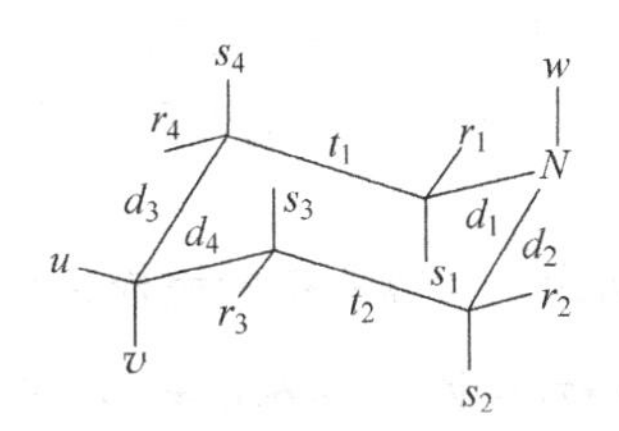

图 10.2　六氢吡啶之键伸缩坐标

全对称不可约表示的对称坐标如下所示(内坐标的定义如图 10.2 所示)：

$$S_1 = r_1 + r_2$$
$$S_2 = r_3 + r_4$$
$$S_3 = s_1 + s_2$$
$$S_4 = s_3 + s_4$$
$$S_5 = d_1 + d_2$$
$$S_6 = d_3 + d_4$$
$$S_7 = t_1 + t_2$$
$$S_8 = u$$
$$S_9 = v$$
$$S_{10} = w$$

键的伸张会导致键上的电子较小地受制于原子核，因此，$\partial\alpha/\partial r_{C-C}$，$\partial\alpha/\partial r_{CH}$ 均为正值。这就为我们解决相问题提供了依据。即我们可以选取一组相组合$\{P_1, P_2, \cdots, P_m\}$，然后依照 10.2 节中最后所得的矩阵方程去求$\{\partial\alpha/\partial S_1, \cdots, \partial\alpha/\partial S_m\}$，我们要求当取$\partial\alpha/\partial u$ 为 1 时，所求得的$\partial\alpha/\partial r_{C-C}$，$\partial\alpha/\partial r_{CH}$ 均为正值，但对$\partial\alpha/\partial r_{CN}$ 和$\partial\alpha/\partial r_{NH}$ 则不加任何限制条件。如果求得的$\partial\alpha/\partial S_i$ 不符合这个条件，则所取的相组合是不恰当的。

计算的结果如下。

(1) 对于－0.2V 电极电位(相对于 SCE 标准电极)时，10 个 I_i(谱峰的编号 i 可以随意选取，但要注意与$[d_{ij}]^{-1}$矩阵的行列排序一致。为简明起见，此处不列

出 i 编号的具体谱峰。这不影响我们的讨论)其中有 4 个峰强为 0,因此相组合有 64 种,但只有一组合乎条件的解。

(2) 对于−0.6V 电极电位时,有 32 种相组合,但只有一组合乎条件的解。其相组合同上。

(3) 对于−0.4V 电极电位时,有 32 种相组合,有两组解。其差别只是 P_4 符号的差别而已。因为 I_4 值很小,所以 P_4 的+,−号对所求的$\partial\alpha/\partial S_i$ 没有什么影响。这两组相组合中,有一组与(1),(2)中所述的相同。

(4) 对于−0.8V 电极电位时,有 32 种相组合,8 组解,然而有一组解其相组合与(1),(2)中所述的相同,并且这组解所对应的$\partial\alpha/\partial S_i$ 较小且合理(取$\partial\alpha/\partial u=1$)。因此,我们有理由取这组解。

如此,我们便解决了相问题。计算所得的键极化率见表 10.2。

表 10.2　计算所得六氢吡啶之键极化率(取−0.4V 时$\partial\alpha/\partial u=1$)

键极化率	电极电位(V_{SCE})			
	−0.2	−0.4	−0.6	−0.8
$\partial\alpha/\partial u$	0.8	1.0	1.0	1.5
$\partial\alpha/\partial v$	0.3	0.2	0.2	1.2
$\partial\alpha/d_3$	5.1	6.6	5.1	19.0
$\partial\alpha/\partial t_1$	1.2	1.6	1.3	4.9
$\partial\alpha/\partial r_1$	0.3	~0.0	0.3	0.5
$\partial\alpha/\partial r_3$	0.4	0.2	0.4	0.8
$\partial\alpha/\partial s_1$	~0.0	0.1	~0.0	0.2
$\partial\alpha/\partial s_3$	0.3	0.2	0.2	0.5
$\partial\alpha/\partial d_1$	0.7	0.9	0.9	3.2
$\partial\alpha/\partial w$	~0.0	~0.0	~0.1	0.1

从表 10.2 中我们可以得到以下几点结论。

(1) 当电位从−0.2V 至−0.8V,一般地说 $\partial\alpha/\partial S_i$ 增加,但每个键极化率却增加的不同。此显示当电位变负时,吸附强度逐渐变弱,因之吸附分子受电极表面的束缚力变小,从而键极化率逐渐变大。

(2) 碳环上的键极化率比 C—H 键的值大很多。因它们均属单键,对应的键极化率值,在一般情况下应大约相同。此结果显示碳环上的电子异常地增加,可能的原因是电极上的电子和碳环共享了。这点正验证了表面增强拉曼效应中的电荷转移模型。

(3) 我们应注意到

$$\partial\alpha/\partial d_3 > \partial\alpha/\partial t_1 > \partial\alpha/\partial d_1$$
$$\partial\alpha/\partial v \geqslant \partial\alpha/\partial s_3 > \partial\alpha/\partial s_1$$

以及

$$\partial\alpha/\partial u > \partial\alpha/\partial r_3 > \partial\alpha/\partial r_1$$

此表示吸附点在 N 原子上。因之,离 N 原子越远的键极化率越大,因为受电极的吸附或束缚越小。

(4) $\partial\alpha/\partial r_{N-H}$非常小,此显示 N—H 键上的电子因吸附的影响而变得非常少,即键上的电子转移至电极上去了。

(5) 我们亦应注意到

$$\partial\alpha/\partial r_3 \geqslant \partial\alpha/\partial s_3$$
$$\partial\alpha/\partial u > \partial\alpha/\partial v$$
$$\partial\alpha/\partial r_1 \geqslant \partial\alpha/\partial s_1$$

即 e 位(equatorial)C—H 键极化率比 a 位(axial)的大。此可归因于垂直于电极表面电场的作用结果。六氢吡啶分子以 N 原子为吸附点的垂直构型中,e 位 C—H 键正好多少平行于电极表面的电场,因而它的键极化率较大,而 a 位正好与电场垂直,故而其键极化率较小。此正好合乎所谓的电磁机制。

从以上的分析,我们可总结出三点。

(1) 从计算所得的键极化率,可以推论得六氢吡啶是以 N 原子为吸附点的垂直构型吸附在电极表面。

(2) 表面增强拉曼效应的化学和物理机制同时显示在所求得的键极化率当中。

(3) 表 10.2 中所示的键极化率随电极电位的变化趋势显示此效应的细微机理。一个完善的表面增强拉曼效应模型应能体现这些变化的趋势。换言之,这些键极化率为人们研究此效应而提议的模型,立下了条件与标准。

下面我们再介绍有关邻二氮杂苯(pyridazine)在表面增强拉曼过程下的键极化率计算的情形[10.4]。pyridazine 分子的结构与键伸缩坐标如图 10.3 所示。

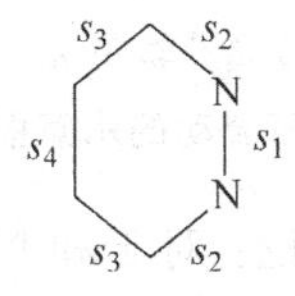

图 10.3　pyridazine 分子的键伸缩坐标

如六氢吡啶的情形,我们可以从测量的表面增强拉曼谱峰强计算出在不同电极电位下的键极化率变化情形,其结果见表 10.3。

表 10.3　pyridazine 键极化率随电位变化值

键极化率	电极电位(V_{SCE})		
	−0.4	−0.6	−0.8
$\partial\alpha/\partial s_1$	3.8	2.3	2.2
$\partial\alpha/\partial s_2$	−1.8	−3.1	−0.4
$\partial\alpha/\partial s_3$	8.9	7.3	7.1
$\partial\alpha/\partial s_4$	7.0	5.7	10.0

从表 10.3 中我们可以有如下的几点推论。

(1) 当电位趋于−0.8V 时,除了 s_4 外,一般键极化率变小。同时,当电位为−0.8V 时,不同键之间键极化率差值亦大。此显示这时分子受电极的吸附变强了。$\partial\alpha/\partial s_2$ 在−0.6V 时最大,而$\partial\alpha/\partial s_4$ 在−0.8V 时最大。这反映表面增强拉曼过程是相当复杂的,即其随不同键而有不同变化。

(2) 当电位从−0.4V 变至−0.6V 时,$\partial\alpha/\partial s_1$,$\partial\alpha/\partial s_3$ 变化最大,而当电位从−0.6V 变至−0.8V 时,$\partial\alpha/\partial s_2$,$\partial\alpha/\partial s_4$ 变化最大。这可以理解为当电位从−0.4V 至−0.6V 时,pyridazine 分子上两个 N 原子的不成对(lone pair)轨道 n_1,n_2 所形成的成键轨道 n_1+n_2 上的电子转移至电极上。因为 n_1+n_2 轨道的电子密度集中在 N—N 键上,电子的转移将使$\partial\alpha/\partial s_1$ 变小。同时,碳环上的电子移动将依“共轭”过程,结果使得$\partial\alpha/\partial s_3$ 也变小。而当电位从−0.6V 至−0.8V 时,n_1-n_2 反键轨道上的电子转移至电极上。因为 n_1-n_2 轨道上的电子集中在 C—N 键上,这就使得$\partial\alpha/\partial s_2$ 起了较大的变化,同时由于电子转移的“共轭”现象,亦使得$\partial\alpha/\partial s_4$ 起较大的变化。上述这些过程可由图 10.4 来描述。

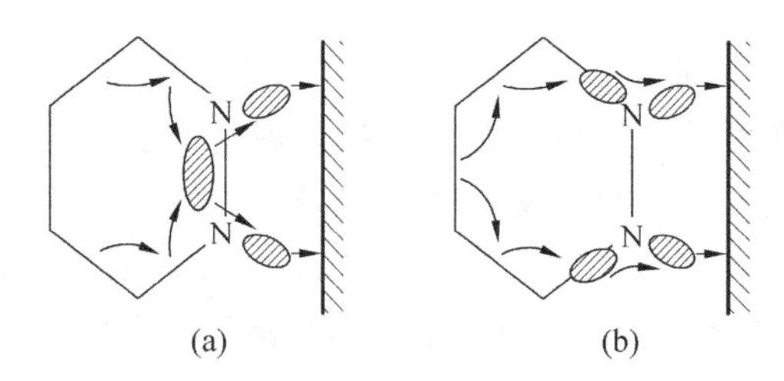

图 10.4　pyridazine 分子(a)成键轨道 n_1+n_2 与(b)反键轨道 n_1-n_2 上电子往电极表面流动的示意图

(3) 从上述电子转移模型可推论:对于和 N—N 键伸缩有关的振动模,当电位从−0.4V 至−0.6V 时,频率会变小的,因为这时 N—N 键上成键的电子少了,即键的力常数变小了。而当电位从−0.6V 至−0.8V 时,和 N—N 键伸缩有关的振动模的频率将变大,因为这时 N—N 键上反键的电子少了,即 N—N 键的力常数变大了。表 10.4 显示和 N—N 键伸缩有关的 $\upsilon_1,\upsilon_{8a},\upsilon_{19b},\upsilon_{12}$ 振动模在不同电位下确有如上所述的变化。

表 10.4　pyridazine 与键 N—N 伸缩有关的 ν_1,ν_{8a},ν_{19b},ν_{12} 振动模波数(cm^{-1})随电极电位的变化

振动模式	电极电位(V_{SCE})		
	−0.4	−0.6	−0.8
ν_1	976.5	974.5	976
ν_{8a}	1575	1573	1582
ν_{19b}	1454	1451	1453
ν_{12}	1055	1052	1052

本章主要讲述如何从拉曼峰强求得分子的键极化率。希望读者不只简单地了解如何去计算键极化率,而能体会出如何从一个单纯、明晰的概念出发,一步步地将之具体化的过程。读者亦应可了解到获得谱图只是分子光谱学工作的第一个环节,如何从中萃取出有价值的分子的结构参数,从而了解其物理和化学意义,才是工作的核心所在。一个好的分子光谱学工作者,不仅仅能做好有意义的实验,得到好的谱图,而且能对谱图结果做深入的分析,得到有意义的结果。

另外一提的是,从本章所述,读者应可了解到拉曼过程是紧紧地和分子中的电子运动密不可分的。

参 考 文 献

[10.1] ITO K,BERNSTEIN H J. The vibrational spectra of the formate,acetate and oxalate ions[J]. Can. J. of Chemistry. ,1956,34(2):170.

[10.2] WILSON E B,DECIUS J C,CROSS P C. Molecular Vibration[M]. New York: McGraw-Hill,1955,第 9 章.

[10.3] TIAN B, WU G Z, LIU G H. The molecular polarizability derivatives and their implications as interpreted from the surface enhanced Raman intensities: a case study of piperidine[J]. J. Chem. Phys. , 1987, 87: 7300.

[10.4] WU G Z. Charge shift of adsorbed pyridazine molecules to the silver electrode surface at various applied voltages as interpreted from the surface enhanced Raman intensities[J]. Mol. Struct. ,1990, 238: 79.

第 11 章 拉曼虚态的电子结构

11.1 拉 曼 峰 强

谱峰的强度一般指谱峰的面积。实验所得的谱峰经过傅里叶变换后，我们可以得到时间域的谱峰，即时间域的峰强 $I_j(t)$ 和频谱域的峰强 $I'_j(\nu)$（ν 是波数或能量所对应的频率）的关系是

$$\int I'_j(\nu)\mathrm{e}^{\mathrm{i}2\pi\nu t}\mathrm{d}\nu = I_j(t)$$

当 $t=0$，这个式子就约化为

$$I_{j0} \equiv \int I'_j(\nu)\mathrm{d}\nu = I_j(t=0)$$

因此，频谱域上的总峰强（即峰的面积）I_{j0}，正是 $t=0$ 时，时间域的峰强 $I_j(t=0)$。换句话说，我们之前的工作，例如第 10 章，从拉曼谱峰的面积，作为谱峰的强度所求取到的键极化率，实际上是拉曼激发初始时的键极化率。

11.2 拉 曼 虚 态

前几章我们探讨了拉曼的过程，其实质是由于光子被吸收，分子中的电荷受到激发扰动，并和核的运动发生作用，以致当电子恢复原来的状态，分子发射光子时，其中的一部分能量被振动模式所吸收（或原来振动的能量转移到电子，而以光子的形式被发射出去）。在量子力学的处理当中，电子的激发和扰动是以一系列的本征态来表示的，如图 11.1 所示。因为电子的激发扰动的状态一般不会正好是本征态，整个过程包括弛豫，就称为拉曼虚态。这样的拉曼过程称为非共振拉曼。如果电子的激发扰动的状态正好是本征态，则称作共振拉曼。拉曼虚态存在的时间自然会比本征态的时间短，后者存在的时间长了，电子和核运动交换能量的概率也就多了，这就是共振拉曼的拉曼谱峰会比非共振拉曼的强不少的原因所在。

拉曼虚态固然不是本征态，但它确实是个物理的实质存在。我们不可望文生义，以为虚态就是非物理的存在。我们应当了解到，物理的本质是第一性的，对它的处理，例如用量子力学的表述，只是方便之法，是第二性的。这个物理过程可以

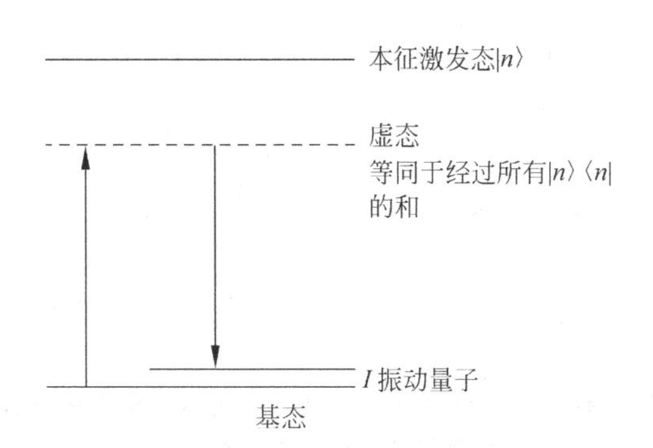

图 11.1　拉曼过程中，虚态等同于量子观点中，经过所有本征激发态过程的总合

有个容易理解的图像。

在一个盛满水的盆子里，在适当的振动下，往往会有驻波的产生，驻波是由盆子的形状来规范的，相当于电子本征态波函数受分子结构所限制。当向盆中扔小石子时，盆中的水就会随机地溅起来，甚至溅至盆外。这类比于当分子吸收一个光子时，分子中的电子就会受到激发扰动。受激发扰动的电子一般不会正巧达到本征态，犹如受扰动的水波不会正好是驻波。我们可以经由薛定谔方程来求得电子本征态波函数。然而，不是本征态的激发的电子行为就很难由薛定谔方程精确求得，因此，只能如第 8、9 章所述，用近似的微扰的方法，将其表述为一系列本征态波函数的总和(本征态波函数是完备的)。这样的处理方法只是权宜之计，并没有否定电子的激发扰动是物理的实质存在，而称其为“虚态”也只是相对于本征态而言。

第 10 章中求取键极化率的方法是个萃取拉曼峰强中所隐含物理信息的合适方法。我们将看到，**拉曼虚态的信息就隐藏在峰强中**。因为极化率反映着电子的活动空间(它的量纲是体积)，因此，键极化率反映着在拉曼过程中，键上电荷密度的多寡信息。

11.3　2-氨基吡啶的拉曼虚态电子结构

我们以 514.5nm 和 632.8nm 激发下，2-氨基吡啶键极化率的求取来说明其拉曼虚态的电子结构。图 11.2 为其结构。此分子有 13 个键。因此，我们需要从其拉曼谱峰中，挑选 13 个主要由键的伸缩所组成的拉曼峰强来求取其键极化率。

图 11.3 为 2-氨基吡啶在 514.5nm 和 632.8nm 激发下的拉曼谱图。粗看之下，它们的谱图基本一样，但细看后，峰强是有所不同的。这些拉曼谱波数、拟合波数和势能分布，见表 11.1。其中 1558cm^{-1} 的峰强归一化为 100。势能分布只列出伸缩坐标的百分比。这 13 个模式含有较大的伸缩内涵，因此可用于求取 13 个键伸缩的极化率。

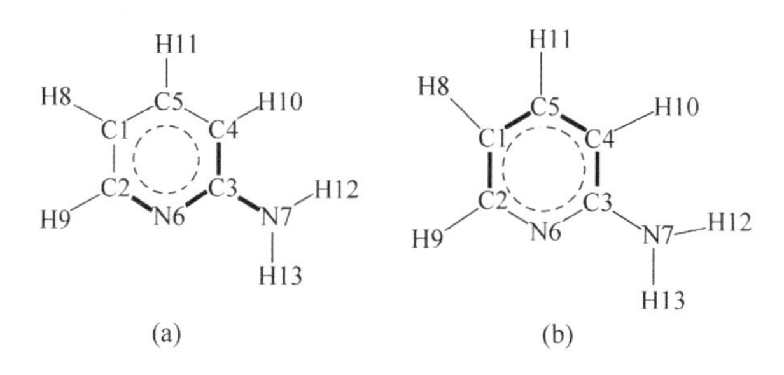

图 11.2　(a)2-氨基吡啶的结构和原子编号及其键极化率示意图；
(b)2-氨基吡啶基态的键电荷分布
较粗的键表示较大的键极化率和键电荷密度

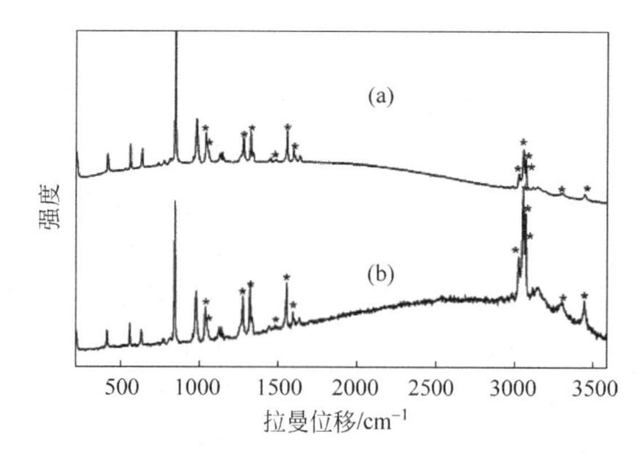

图 11.3　2-氨基吡啶(a)632.8nm 和(b)514.5 nm 激发下的拉曼谱图
* 为用于求取键极化率的谱峰

表 11.1　2-氨基吡啶在 632.8nm 和 514.5nm 激发下的拉曼谱波数、拟合波数和势能分布

拉曼位移/cm^{-1}		归一化峰强		势能分布/%
实验	拟合	514.5nm	632.8nm	
3447	3433	109.4	33.4	ν(N7H12,N7H13)$_{as}$(100)
3303	3327	79.4	30.0	ν(N7H12,N7H13)$_{s}$(100)
3076	3079	125.3	51.8	ν(C1H8)(84.8),ν(C5H11)(9.8),ν(C2H9)(2.3),ν(C4H10)(2.2)
3060	3060	300.7	146.9	ν(C5H11)(89.2),ν(C1H8)(9.2)
3045	3045	41.1	18.8	ν(C4H10)(95.8),ν(C1H8)(2.2),ν(C2H9)(1.1)
3031	3025	122.6	49.7	ν(C2H9)(95.3),ν(C1H8)(2.2)
1599	1593	24.4	25.4	ν(C2N6)(17.4),ν(C4C5)(17.1),ν(C1C2)(16.1),ν(C3C4)(12.7),ν(C3N7)(1.8)

续表

拉曼位移/cm^{-1}		归一化峰强		势能分布/%
实验	拟合	514.5nm	632.8nm	
1558	1571	100	100	ν(C3N6)(23.5),ν(C1C5)(20.9),ν(C3C4)(9.5),ν(C4C5)(7.3),ν(C1C2)(4.3),ν(C2N6)(2.2)
1483	1485	10.1	14.5	ν(C3N6)(14.4),ν(C3N7)(13.6),ν(C1C5)(5.2),νC3C4)(5.0),ν(C1C2)(3.8),ν(C2N6)(3.4),ν(C4C5)(1.6)
1325	1319	76.1	73.9	ν(C3N7)(41.8),ν(C2N6)(17.6),ν(C4C5)(3.5),ν(C1C5)(2.0),ν(C3C4)(1.0)
1280	1285	102.8	86.6	ν(C4C5)(16.2),ν(C2N6)(16.2),ν(C3N6)(15.7),ν(C1C2)(14.7),ν(C1C5)(6.8),ν(C3N7)(2.2)
1051	1051	80.9	101.1	ν(C1C2)(16.1),ν(C3N6)(12.7),ν(C3C4)(8.4),ν(C2N6)(5.3),ν(C1C5)(5.1),ν(C4C5)(4.7)
1042	1026	59.5	73.1	ν(C1C5)(40.9),ν(C1C2)(21.5),ν(C4C5)(6.9),ν(C3C4)(3.0),ν(C3N6)(1.8)

键极化率求解的相符号确定的条件是：①同类键(C—C,C—N,C—H)的极化率具有相同的符号；②C—N 和 C—C 键极化率相差在 1.5 内(这个值不是很严格的)。如此,就只得唯一的一组解。

图 11.4 为用 514.5nm 和 632.8nm 激发下的 13 个键伸缩的极化率。其中,最为凸显的是不论在 514.5nm 还是在 632.8nm 激发下 C3—N7 键极化率均为最大。然而,量子力学理论方法所求得基态时的 C3—N7 键电荷密度却是最小的。图 11.2 中,形象地用较粗的键表示了较大的键极化率和键电荷密度。这些结果显示在拉曼虚态中,受激发的电子,由于电荷间的排斥作用,倾向于流到分子的外围去。有趣的是,对比在 514.5nm 和 632.8nm 激发下,这些键极化率的细微差别：可见在 514.5nm 激发下,C—H 和 N—H 的键极化率显著增强。而环上的键极化率则有所减少。这表示 514.5nm 具有较高的能量,能够将电荷更多地激发起来,从而被激发的电荷更多地往分子的外围散去,导致外围的 C—H 和 N—H 的键极化率显著增强。这个观察其实反映在表 11.1 的峰强上,其中显示了那些具有较多 C—H 和 N—H 伸缩内涵的模式在 514.5nm 的激发下的峰强较大,而那些具有较多骨架伸缩键内涵的模式的峰强则较小(在 514.5nm 和 632.8nm 激发下,均以 1558cm^{-1}的峰强归一化为 100)。

可以将拉曼谱峰做傅里叶变换,得到时间域的峰强,再求得时间域的键极化率。这些键极化率普遍满足指数的衰减趋势。在 5ps(1ps＝10^{-12}s)时,拉曼谱峰大抵接近弛豫的结束。如图 11.5 所示(在 514.5nm 激发下)。图 11.5 显示最高 8

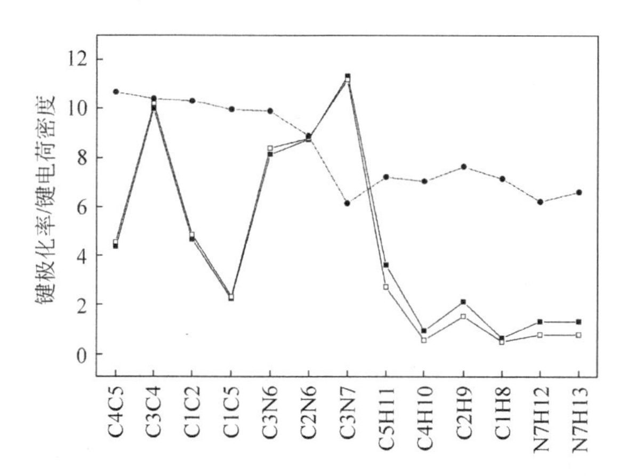

图 11.4　2-氨基吡啶在(■)514.5nm 和(□)632.8nm 激发下的键极化率和用 RHF/6-31G* 求得的基态(●)键电荷密度

C3—C4 的值均归一化为 10

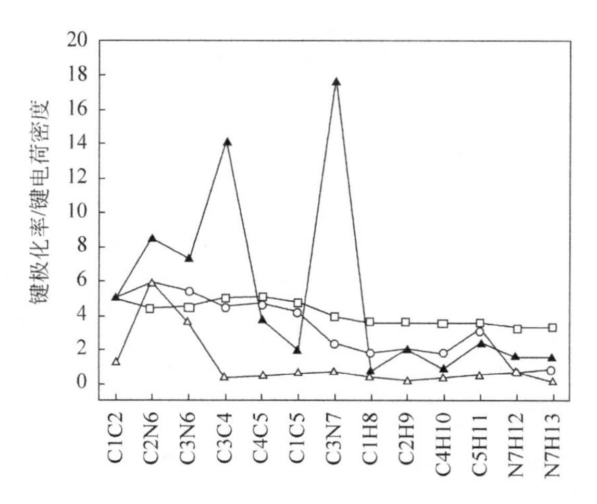

图 11.5　2-氨基吡啶在 514.5nm 激发下的键极化率和计算得的键电荷密度

▲和△是 $t=0$ 和 5ps 时的键极化率。□和○分别是由所有占有轨道和最高 8 个占有轨道计算所得的电子基态的键电荷密度。部分数值以 C1—C2 键的归一化为 5。键极化率和电荷密度的数值并无相关。△的数值趋势较接近于○的

个占有轨道计算所得的电子基态的键电荷密度比用所有占有轨道计算所得的键电荷密度趋势更趋近于弛豫 5ps 时的键极化率。这显示分子中的所有电子未必均参与了拉曼的过程。我们也考察了别的分子，而结果更多的是分子中所有的电子均参与了拉曼的过程。可能的原因在于这最高的 8 个占有轨道和其他的轨道有着明显的能量差别，以致这 8 个轨道的电子更多地参与了拉曼的过程。

引人注目的是，弛豫结束时键极化率的相对大小接近于基态的键电荷密度。

我们了解到键电荷密度是理论计算的结果，而键极化率则是从实验观察到的峰强导出的物理量，此二者能够联系起来，说明我们对拉曼虚态的理解，以及从拉曼峰强求取键极化率的方法是有意义、可行的。

11.4　虚态弛豫的测不准关系

我们也研究了亚乙基硫脲在 514.5nm 和 325nm 激发下的键极化率行为。在 514.5nm 和 325nm 的激发下，键极化率的弛豫时间大约各为 8ps 和 5ps。此比值正好为激发波长的比值 5∶3。这正满足测不准原理：激发态弛豫的时间反比于所受激发的能量，而正比于激发的波长。这也说明了，我们确实观察到了一个不是本征的、非定态的激发态。

分子吸收光，电子跃迁到了激发虚态后，在弛豫的过程中，如果没有电-核的耦合，则弛豫的时间很短，这反映在瑞利线的宽度较大。从拉曼谱得到的(经由傅里叶变换)弛豫时间应是电子从激发虚态弛豫至(电子的)基态，而伴随的振动模 $n=0$ 跃迁至 1 的时间(斯托克斯线，反之，反斯托克斯线，则从 $n=1$ 至 0)。和瑞利的过程不同，拉曼过程牵涉到电-核运动的耦合，所以相应的弛豫时间较长。因为在 514.5nm 和 325nm 激发下的键极化率的弛豫时间比也为 5∶3，这说明拉曼过程的弛豫时间确是电荷从激发虚态弛豫至其基态的时间。如此得到的键极化率反映着拉曼激发的弛豫过程中，经由电-核的耦合，键上电荷随时间的分布变化。一个有趣的问题是斯托克斯和反斯托克斯反映的过程，其求得的键极化率未必相同。这是一个好的研究课题(因为一般拉曼仪的探测灵敏度在反斯托克斯部分非常弱，所以这个实验很难做)。

11.5　结　　语

以上的工作说明了拉曼峰强确实蕴含着很多拉曼过程的信息。从对拉曼峰强的分析所求得的键极化率，拉曼虚态的物理图像也很明确地显示出来。对比第 8，9 章基于量子力学的分析，二者可谓相辅相成。量子力学的分析基本没有触及到对拉曼峰强的分析，它更多地在于分析振动模式在拉曼过程中的角色作用。确实，从对拉曼峰强的分析，我们明确了拉曼虚态的电子结构和其本质。

参考文献

[11.1]　吴国祯. 拉曼谱学：峰强中的信息[M]. 3 版. 北京：科学出版社，2014.

第12章 旋 光 性

12.1 引 言

我们知道有些分子的构型是不能与其自身的镜像相吻合的，此类分子被称为具有光学旋光性(optical activity)。典型的例子是有机化合物中，碳原子的四面体构型的四个键所连结的原子如果均不相同，则此部分不能与其镜像相吻合。此种特性称为手性(chirality)。

此类分子所以被称为具有光学旋光性，是因为一个线偏振的光(即电场具有某一明确方向偏振的光束)经过该物质时，光的偏振方向会被旋转，旋转的量与该物质的浓度有关，并与该物质的内禀性质有关，而旋转的方向则与手性分子的结构有关。手性分子与其镜像分子正好有着不同方向的旋转量。如果二者的浓度相同，则其旋转量大小完全相同，只是对光偏振的旋转方向正好相反。此种旋光性在19世纪已为人们所熟知，典型的例子是糖分子的旋光实验。

分子的旋光性不只表现在上述对光的电磁场的偏转性上，还表现在对圆偏振光的吸收与散射方面。

在光的吸收方面，可以分为两个层面：可见、紫外光的吸收，这分别与分子内电子的跃迁以及分子的振动有关。手性分子(包括其镜像)对于左右圆偏振光的吸收量是不同的，自然其差别量是非常小的，大约只有吸收量(更确切地说，应指消光系数)的千分之一到万分之一。

在光的散射方面，主要指的拉曼散射，即手性分子的同一个振动模对于左右圆偏振的激光具有不同的散射截面，其差别量也非常小，只有散射截面的万分之一。

上述性质，统称为圆二色性，即CD(circular dichroism)。对于红外吸收和拉曼的旋光性则称为VCD(vibrational circular dichroism)和ROA(Raman optical acivity)[12.1]。

从实验的难易度而言，可见、紫外光吸收的CD比VCD、ROA较容易，这是因为其对左右圆偏振光的消光系数的差别量比后二者来得稍大，此外，就实验仪器的硬件设备，诸如探测器等而言，比较容易实现测量这个微量的差别。VCD和ROA相比较，ROA的实验难度则更大。这主要因为ROA对左右圆偏振光的截面差只

有 10^{-4}，比VCD的小一个数量级。目前，已有商品化的可见、紫外吸收的CD测量仪器，红外VCD的仪器也有，而ROA的测量仪器则只有一家出产商品化的。现今，如果要开展基础性的CD研究工作，仪器设备虽可部分购自市场，但工作人员还免不了要自己动手组装或改造部分设备。傅里叶技术的发展，使得目前已可能有所谓的FTVCD。但是FTROA则尚未见有实验的报道。

不论VCD，还是ROA，实验的原理方法基本上是需要一个调制器，将红外光或散射激光调制成左右圆偏振光，然后再分别收集对应于左右圆偏振光的吸收谱或散射谱。

调制器可分为光弹（photoelastic）与光电（photoelectric）两类。前者利用如ZnSe材料，在其上加适当的压力，使得不同偏振方向光的电场相差正好等于 $\pi/2$，从而产生圆偏振光。后者则是利用如KDP晶体，在其上加高电压（约2kV），使得不同偏振方向光的电场相差为 $\pi/2$，从而产生圆偏振光。上述压力或高压电场方向的改变，就能产生左旋或右旋的圆偏振光。

由于手性分子对于左右圆偏振光的消光系数或拉曼截面之差只有 10^{-3} 至 10^{-4} 数量级，因此实验数据的收集时间需足够长，以使得收集的数据能体现出这个 10^{-3} 至 10^{-4} 的差别。另外一个关键点是如何保持实验条件的稳定度，使得收集的数据能准确反映出源于左和右旋圆偏振光，并消弭假象。这是一个困难的课题。解决的方案是使左右旋圆偏振光交替地照射在手性分子的样品上，同时收集源于左右旋圆偏振光的数据。如此采集的数据可避免因为采集数据时间的延迟、实验条件（特别是实验环境）的变化，而引起的假象。

上述实验需以计算机来控制。微机的发展使得这些在十数年前不可能的实验，逐渐变得可能。今日从事VCD，ROA的研究工作不像红外和拉曼的工作，不能依靠简单地购置一台红外、拉曼设备就可以了（自然，要做有深度，具有前沿性、开创性的红外、拉曼工作，也不能只简单地有了仪器就解决了问题），最好还需要有计算机，包括硬、软件设备，电子设备、光谱仪器，以及组织好整个完整实验设备的知识。

VCD，ROA的研究工作虽然已有多年，但直到近年才逐渐发展起来。实验的难度是制约此领域发展的一个重要原因。如前所述，科技的进步，已使得此项工作逐步变得可能，数据的获得变得更可靠了。尽管由于这些原因，今日世界上从事此领域研究的实验室还是屈指可数，但它确是一个蕴藏潜力很大的前沿性领域，因为不论CD，VCD还是ROA，它所测量的物理过程比经由偶极矩过程的光的吸收、光的散射（二次偶极矩过程）更深一个层次，它牵涉到分子内跃迁的磁过程和四极矩过程。此二过程比偶极矩过程高一个级次，因之其所对应的物理量要比偶极矩的小 10^{-4} 左右[①]。

---

① 四极矩或磁偶极矩的跃迁比电偶极矩的过程小 $(2\pi/\lambda \cdot a)^2$，其中 a 为分子尺度，λ 为光波波长。如 $a=10\text{Å}$，$\lambda=5000\text{Å}$，则 $(2\pi/\lambda \cdot a)^2 \approx 10^{-4}$（参考习题1.3）。

图 12.1 和图 12.2 为 VCD[12.2] 和 ROA[12.3] 的谱图。谱图定义为 $A_R - A_L$ 和 $I_R - I_L$，其中 A，I 为红外消光系数和拉曼强度，L，R 则指对应于左旋和右旋圆偏振光的实验。从图中可见，VCD，ROA 谱峰的强弱与其所对应的红外、拉曼谱峰的强弱没有关系。此正显示 VCD，ROA 过程与红外、拉曼过程不一样。另外一点是对应于吸收(特别是电子)谱峰，其 CD 谱峰经常分成两部分，一部分为正值，另一部分为负值。这是由于 CD 与 $(\nu^2 - \nu_0^2)^{-1}$ 一项有关。此处 ν_0 为吸收峰频率，ν 为光谱频率。因之在 ν_0 两侧，$\nu^2 - \nu_0^2$ 符号不同，即其 CD 峰分成正值和负值两部分。这就是科顿(Cotton)效应[12.4]。

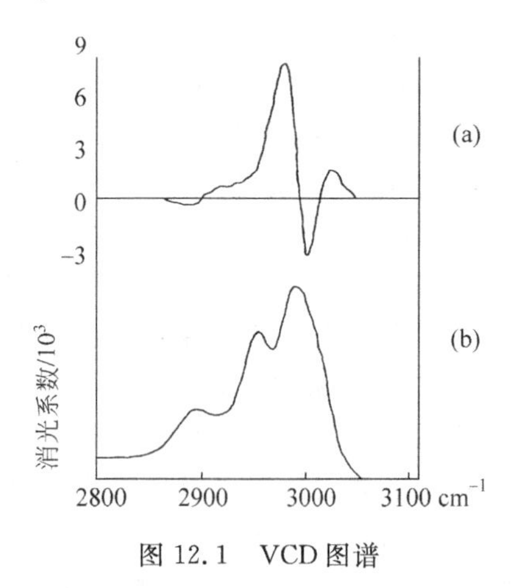

图 12.1　VCD 图谱

图(a)为 L-丙氨酸在 D_2O 溶液中之 VCD，谱带为 C—H 伸缩峰；图(b)为其红外吸收谱。

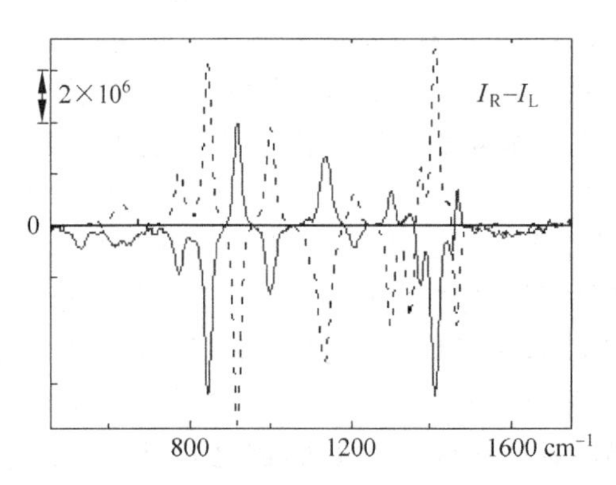

图 12.2　L-丙氨酸的旋光拉曼谱。为了核实没有假象，R-丙氨酸的谱也附上(虚线)，二者的符号正好相反

12.2　磁过程、电四极矩过程与电偶极矩的作用

光与分子的作用可引起分子从低态跃迁至激发态。此过程的一级效应为电偶极矩跃迁的过程，而其二级效应为磁偶极矩与电四极矩的过程。普通观测的拉曼过程也是二级效应，但它源于两次电偶极矩跃迁的过程，即双光子过程。

镜像反演对于两个电偶极矩的作用$\boldsymbol{\mu}_1 \cdot \boldsymbol{\mu}_2$是不变的，因此手性分子中的电偶极矩相互作用不会产生旋光效应。然而对于电偶极矩$\boldsymbol{\mu}$与磁偶极矩$\boldsymbol{m}$的作用量$\boldsymbol{\mu} \cdot \boldsymbol{m}$和$\boldsymbol{\mu}$与电四极矩$\overleftrightarrow{Q}$的相互作用量$\boldsymbol{\mu} \cdot \overleftrightarrow{Q}$却不是守恒的（四极矩为二阶张量，故以$\overleftrightarrow{Q}$表示）。

以下，$\boldsymbol{\mu}$，$\overleftrightarrow{Q}$，$\boldsymbol{\mu}'$，$\overleftrightarrow{Q}'$分别为镜像反演与中心反演变换下的对应量。

图 12.3(a)表示在镜像反演下$\boldsymbol{\mu}$和$\boldsymbol{m}$的变化。因为$\boldsymbol{m}$源于电荷的移动，在镜像反演下它和$\boldsymbol{\mu}$的变化不同，此从图中明显可见。$\boldsymbol{\mu}$称为矢量，而$\boldsymbol{m}$称为赝矢量。从图中，我们可见在镜像反演下的两组$\boldsymbol{\mu}$，$\boldsymbol{m}$，$\boldsymbol{\mu}'$，$\boldsymbol{m}'$，有如下的关系：

$$\boldsymbol{\mu} \cdot \boldsymbol{m} = -\boldsymbol{\mu}' \cdot \boldsymbol{m}'$$

即二者之作用量在镜像反演下正好差一个负号。

图 12.3(b)表示在中心反演下$\boldsymbol{\mu}$，$\boldsymbol{m}$的变化，从图中可见，我们也有如上的关系。

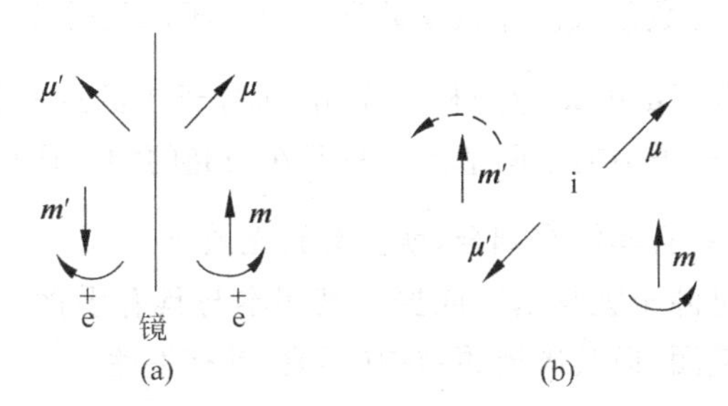

图 12.3　镜像反演(a)与中心反演(b)下的电偶极矩$\boldsymbol{\mu}$与磁偶极矩$\boldsymbol{m}$的变化

对于$\boldsymbol{\mu} \cdot \overleftrightarrow{Q}$亦有类似的情形。因为$\overleftrightarrow{Q}$不是矢量，所以较难形象地理解。不过也容易看出在反演变化下，$\overleftrightarrow{Q}$是个不变量，因为$\overleftrightarrow{Q}$为张量，它的分量，如Q_{xy}类比于xy，而后者对于反演（$x \to -x, y \to -y, z \to -z$）是个不变量。而$\boldsymbol{\mu}$却不然，在反演变化下$\boldsymbol{\mu} \to \boldsymbol{\mu}' = -\boldsymbol{\mu}$。所以，我们有$\boldsymbol{\mu} \cdot \overleftrightarrow{Q} = -\boldsymbol{\mu}' \cdot \overleftrightarrow{Q}'$

从以上说明，我们可了解到手性分子之所以具有旋光效应，且此效应的物理量在镜像和中心反演下有符号相反的特性，是与$\boldsymbol{\mu} \cdot \boldsymbol{m}$和$\boldsymbol{\mu} \cdot \overleftrightarrow{Q}$有联系的。因为$\boldsymbol{m}$，$\overleftrightarrow{Q}$

为光与分子作用的二级过程，所以旋光效应反映的是二级过程。它比红外、拉曼过程，更深层次地反映了分子结构和分子与光相互作用的信息，即大量的分子结构信息隐藏在 VCD，ROA 中。今日人们所熟悉的红外、拉曼谱图所可能提供的分子结构信息毕竟是有限的，为了更深层次地发掘分子的结构信息，从谱学的角度而言，可以肯定地说，只有从事 VCD，ROA 这个有待人们探索的新领域了。

12.3 分子振动旋光性的模型

12.2 节中，我们已说明了$\boldsymbol{\mu}\cdot\boldsymbol{m}$ 和$\boldsymbol{\mu}\cdot\overleftrightarrow{\boldsymbol{Q}}$是分子旋光性的来源。有了这个基本的物理图像后，具体的计算就比较好解决了。理论的计算可以量子力学为基础，来计算$\boldsymbol{\mu}\cdot\boldsymbol{m}$ 和$\overleftrightarrow{\boldsymbol{Q}}$等物理量，然后计算 CD，VCD 或 ROA 谱，并试着与实验的结果相比较。目前，有关此类计算工作，固然软件已经相当成熟，但是，也不是绝对的可靠，完全符合实验的结果。再说，这些软件对于使用者言，往往如同黑箱，虽然给出了计算的数据，但其物理的图像就不清楚了。为此，人们提出了各种简化的模型。这些模型不外将$\boldsymbol{\mu}$，$\boldsymbol{m}$ 或$\overleftrightarrow{\boldsymbol{Q}}$近似地视作依附在分子中的原子上、键上或分子的整体上，相应地而有所谓的原子模型、键模型和分子轨道模型。旋光的量子力学处理的一个特点是$\boldsymbol{\mu}$，$\boldsymbol{m}$ 和$\overleftrightarrow{\boldsymbol{Q}}$均为复数，此不同于红外、拉曼过程中的$\boldsymbol{\mu}$，$\overleftrightarrow{\boldsymbol{\alpha}}$为实数(在有些文献中，将$\boldsymbol{\mu}$，$\overleftrightarrow{\boldsymbol{\alpha}}$写为复数形式。那只是数学上的方便，不是物理本质上的原因)。

分子的旋光性源于$\boldsymbol{\mu}$和$\boldsymbol{m}$，$\overleftrightarrow{\boldsymbol{Q}}$的相互作用，而分子中的这些量不必均在同一位置，它们可以分布在分子中的不同基团。只要在与光的相互作用过程中，手性分子内能产生$\boldsymbol{\mu}$，$\boldsymbol{m}$ 和$\overleftrightarrow{\boldsymbol{Q}}$，并且其间有耦合，就会有旋光效应。

分子的旋光性可源于吸收基团或振动基团本身具有手性，亦可源于不具手性的吸收基团或振动基团，但其周遭的结构(环境)具有手性。

12.4 分子振动旋光的电荷流动模型

我们知道分子的振动会产生电偶极矩$\boldsymbol{\mu}$，同时键的伸缩也会引起电荷的移动，从而产生磁偶极矩 $\boldsymbol{m}$，对于手性分子$\boldsymbol{\mu}\cdot\boldsymbol{m}$ 不为零(对于非手性分子、分子的局部，因为键的振动也会产生电偶极矩、磁偶极矩，只是分子整体总和的结果，$\boldsymbol{\mu}\cdot\boldsymbol{m}$ 为零，而不具有旋光效应)。以此种形象的考虑来理解 VCD，ROA 经常是很方便的，而且往往能定性地预言 VCD，ROA 谱峰的正负号。此种定性的模型即所谓的电荷流动模型。下面，我们举几个例子来说明此模型。同时，我们也将看到从$\boldsymbol{\mu}\cdot\boldsymbol{m}$

的符号判定中，分子的手性是可以确定的，这就是说 VCD，ROA 能有助于绝对构型的确定。

首先，我们先确定一下，当键伸缩时，其引致$\boldsymbol{\mu}$与 $\boldsymbol{m}$ 的取向问题。如图 12.4 所示的结构，当 C—H 键上的 H 往 C 原子移动时（即 C—H 键收缩）引致的$\boldsymbol{\mu}$的方向，如图所示（此处我们应注意$\boldsymbol{\mu}$的定义是取正电荷为准的，电流的方向亦然）。与此同时，如果 C—X 键较 C—R_2键弱，即 C—X 键上的电子较易于流动，则由于 C—H 键收缩引起的电子流将往 C—X，X—H 键方向流动，引致的电荷流方向和磁偶极矩 $\boldsymbol{m}$，均如图所示。此$\boldsymbol{\mu}\cdot\boldsymbol{m}$ 的夹角小于 90°，因此$\boldsymbol{\mu}\cdot\boldsymbol{m}>0$。反之，当 C—H 键伸张时，$\boldsymbol{\mu}$，电荷流，$\boldsymbol{m}$ 将均反方向，但$\boldsymbol{\mu}\cdot\boldsymbol{m}$ 仍>0。此种因键的振动引致的电荷流，当 R_2与 X—H 键的 H 有氢键形成时，将特别突显。这是因为 R_2…H 氢键的形成使得引致的电荷流有了完整的环形通道所致。

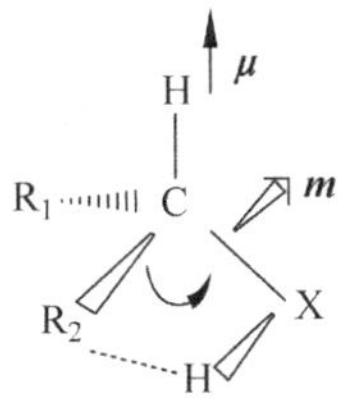

图 12.4　当 C—H 键上 H 原子往 C 原子移动时，引致的$\boldsymbol{\mu}$与 $\boldsymbol{m}$ 的方向

有了上述的基本概念后，我们应可判定出图 12.5 所示两个结构在 C—H 振动时，所引致$\boldsymbol{\mu}$，$\boldsymbol{m}$ 的方向。其中图(a)结构的$\boldsymbol{\mu}\cdot\boldsymbol{m}>0$，而图(b)结构的$\boldsymbol{\mu}\cdot\boldsymbol{m}<0$。实验的结果说明$\boldsymbol{\mu}\cdot\boldsymbol{m}>0$，因之图(a)为实际的构型。

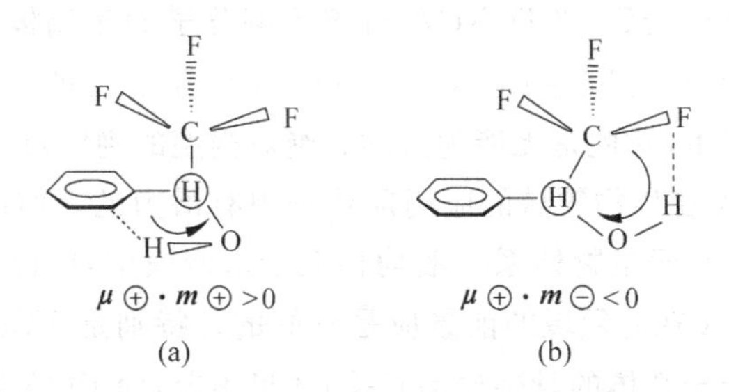

图 12.5　C—H 振动引致的$\boldsymbol{\mu}$与 $\boldsymbol{m}$

⊕，⊖表示突出平面和进入平面的取向

图 12.6 所示两种结构可以有个平衡。其中图(a)结构的$\boldsymbol{\mu}\cdot\boldsymbol{m}>0$，而图(b)结构的$\boldsymbol{\mu}\cdot\boldsymbol{m}<0$。实验结果说明$\boldsymbol{\mu}\cdot\boldsymbol{m}>0$，即此分子倾向于图(a)结构。

图 12.7 所示两种结构，当 O—H 键伸张时，由于—C—O…H—O—氢键的距离变小，—C—O 上的电子将往氢键上流动，使得引致的$\boldsymbol{\mu}$，$\boldsymbol{m}$ 如图所示。结构

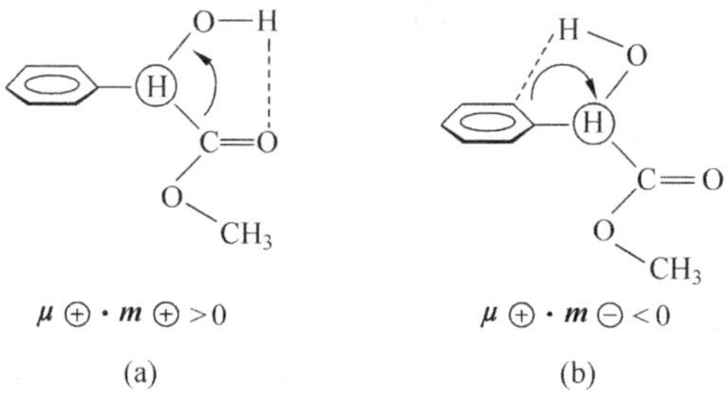

$\mu \oplus \cdot m \oplus > 0$　　$\mu \oplus \cdot m \ominus < 0$

(a)　　(b)

图 12.6　不同的结构对应着不同的 $\boldsymbol{\mu} \cdot \boldsymbol{m}$ 符号

图(a)的 $\boldsymbol{\mu} \cdot \boldsymbol{m} < 0$，而图(b)的 $\boldsymbol{\mu} \cdot \boldsymbol{m} > 0$。可见，如果我们能测定 O—H 振动峰的 VCD(或 ROA)从而确定 $\boldsymbol{\mu} \cdot \boldsymbol{m}$，则该分子之绝对构型亦可确定了。

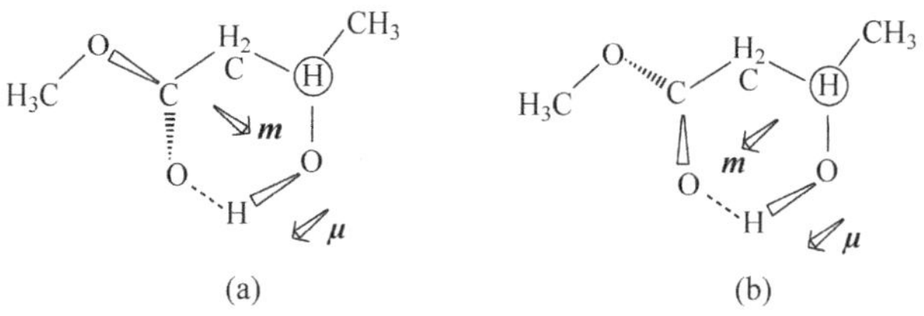

(a)　　(b)

图 12.7　不同的构型有着不同的 $\boldsymbol{\mu} \cdot \boldsymbol{m}$ 符号

12.5　结　　语

至此，读者应可体会到 VCD，ROA 对于了解分子的磁偶极矩、电四极矩是个有效的手段，对于绝对构型的判定 VCD，ROA 也是个有力的方法。传统的红外、拉曼方法，一般情况下，对此是无能为力的。绝对构型的判定对于生物分子尤其重要，因此 VCD，ROA 在生物领域的应用前景是很有潜力的。前面提及，目前 VCD 技术较 ROA 成熟，然而生物体系一般均存在于水溶液中，因此 VCD 很难有大的应用前景，反之 ROA 在此领域的前景应是看好的。特别是 VCD 对于 $500\mathrm{cm}^{-1}$ 以下的谱峰(主要与分子整体的骨架振动有关)效果很差，而 ROA 则无此问题。

手性问题是个根本性的课题，它牵涉最基本的物理概念。设想有两个从未交往的世界，它们无法确定其所定义的左右是否一致。如何解决此问题呢？我们可要求双方做如图 12.5(a)结构的 VCD 实验，并要求实验所推得的 $\boldsymbol{\mu} \cdot \boldsymbol{m}$ 为正号，从而确定 A_L 和 A_R，即确定了何者为左，何者为右。

手性分子之红外、拉曼过程对于镜像反演、中心反演是不变的，然而它的 VCD，ROA 过程则破坏了镜像反演与中心反演对称。这就是问题的实质所在。

参 考 文 献

[12.1] BARRON L D. Molecular light scattering and optical activity[M]. United Kingdom: Cambridge University Press,1982.

[12.2] LAL B B,DIEM M, POLAVARAPU P L,et al. Vibrational circular dichroism in amino acids and peptides 5[J]. J. Am. Chem. Soc. ,1982,104: 3336.

[12.3] FANG Y,WU G, WANG P. The asymmetry of the differential bond polarizabilties in the Raman optically active (+)-(R)- methyloxirane and L-alanine[J]. J. Chem. Phys. ,2012,393: 140.

[12.4] CHARNEY E. The molecular basis of Raman optical activity[M]. New York: Wiley,1979.

[12.5] FREEDMAN T B,BALUKJIAN G A, NAFIE L A. Enhanced vibrational circular dichroism via vibrationally genetrated electronic ring currents[J]. J. Am. Chem. Soc. , 1985,107: 6213.

第 13 章 拉曼旋光与微分键极化率

13.1 拉曼旋光下的键极化率

当分子和其镜像不能重叠时，便称具有手性，这时它在左、右旋光的激发下，会有不同的拉曼峰强(或左右手性不同的分子的拉曼峰强会有不同)。此峰强的差异是很小的，只有 10^{-4} 或更小。因此从实验的角度讲，要测量如此小差别的量，是相当困难的。此称为拉曼旋光活性(ROA)。与此相关的有电子谱方面的圆二色性(circular dichroism，CD)，以及和红外吸收有关的振动圆二色性(vibrational circular dichroism，VCD)。

在第 11 章中，我们对于拉曼激发态的电荷结构有了深入的了解。我们的方法基于从拉曼的峰强，求取其键极化率。其实，这个方法可以很容易地推广到拉曼旋光(ROA) 的范畴。我们的关注点在于从左右旋圆偏振光的不同拉曼散射强度，$I_j^{\mathrm{R}}-I_j^{\mathrm{L}}=\Delta I_j$($I^{\mathrm{L}}$ 和 I^{R} 分别为左、右旋圆偏振光下的拉曼峰强)，来求取所对应的键极化率的差别，$\partial\Delta\alpha/\partial S_k$($S_k$ 为内坐标)。这些对应的键极化率的差别蕴藏着有关 ROA 的丰富机理信息。$\partial\Delta\alpha/\partial S_k$ 可以称为微分键极化率。

从第 10 章，我们已知道可以从一组拉曼的峰强 I_j，来求得分子的键极化率 $\partial\alpha/\partial S_k$。$\alpha$ 为分子的电极化率，S_k 为内坐标。其间的关系是

$$\begin{bmatrix}\partial\alpha/\partial S_1\\ \partial\alpha/\partial S_2\\ \vdots\\ \partial\alpha/\partial S_k\\ \vdots\\ \partial\alpha/\partial S_t\end{bmatrix}=\begin{bmatrix} & & \\ & a_{jk} & \\ & & \end{bmatrix}^{-1}\begin{bmatrix}P_1\sqrt{I_1}\\ P_2\sqrt{I_2}\\ \vdots\\ P_j\sqrt{I_j}\\ \vdots\\ P_t\sqrt{I_t}\end{bmatrix}$$

此处，$a_{jk}=(\nu_0-\nu_j)^2/\sqrt{\nu_j}\,(\boldsymbol{L}^{\mathrm{T}})_{jk}$，$\nu_0$ 为激光频率，ν_j 为拉曼位移。并且，$\partial S_k/\partial Q_j=L_{kj}$，$Q_j$ 为简正坐标。P_j 为 + 或 − ，$[a_{jk}]$矩阵可以经由简正振动分析计算得到(此处，我们只考虑相对的峰强和键极化率)。

对于 ROA 实验，我们有 $I_j^{\mathrm{R}}+I_j^{\mathrm{L}}=I_j$ 和 $I_j^{\mathrm{R}}-I_j^{\mathrm{L}}=\Delta I_j$，即

$$I_j^{\mathrm{R}} = (I_j + \Delta I_j)/2, \quad I_j^{\mathrm{L}} = (I_j - \Delta I_j)/2$$

因此，我们有

$$\begin{bmatrix} \partial\Delta\alpha/\partial S_1 \\ \partial\Delta\alpha/\partial S_2 \\ \vdots \\ \partial\Delta\alpha/\partial S_t \end{bmatrix} = \begin{bmatrix} & & \\ & a_{jk} & \\ & & \end{bmatrix}^{-1} \begin{bmatrix} P_1(\sqrt{I_1^{\mathrm{R}}} - \sqrt{I_1^{\mathrm{L}}}) \\ P_2(\sqrt{I_2^{\mathrm{R}}} - \sqrt{I_2^{\mathrm{L}}}) \\ \vdots \\ P_t(\sqrt{I_t^{\mathrm{R}}} - \sqrt{I_t^{\mathrm{L}}}) \end{bmatrix}$$

此处，$\Delta\alpha$ 相当于 $\alpha^{\mathrm{R}} - \alpha^{\mathrm{L}}$。考虑：

$$\sqrt{2I_j^{\mathrm{R}}} = \sqrt{I_j + \Delta I_j} = \sqrt{I_j}\left[\sqrt{(1 + \Delta I_j/I_j)}\right] \approx \sqrt{I_j}[1 + \Delta I_j/2I_j]$$

$$\sqrt{2I_j^{\mathrm{L}}} = \sqrt{I_j - \Delta I_j} = \sqrt{I_j}\left[\sqrt{(1 - \Delta I_j/I_j)}\right] \approx \sqrt{I_j}[1 - \Delta I_j/2I_j]$$

误差小于$[\Delta I_j/I_j]^2/8$。因为，我们只考虑相对的峰强，所以

$$\sqrt{I_j^{\mathrm{R}}} - \sqrt{I_j^{\mathrm{L}}} \approx \Delta I_j/\sqrt{I_j}$$

所以，

$$\begin{bmatrix} \partial\Delta\alpha/\partial S_1 \\ \partial\Delta\alpha/\partial S_2 \\ \vdots \\ \partial\Delta\alpha/\partial S_t \end{bmatrix} = \begin{bmatrix} & & \\ & a_{jk} & \\ & & \end{bmatrix}^{-1} \begin{bmatrix} P_1(\Delta I_1/\sqrt{I_1}) \\ P_2(\Delta I_2/\sqrt{I_2}) \\ \vdots \\ P_t(\Delta I_t/\sqrt{I_t}) \end{bmatrix}$$

固然，I_j较 ΔI_j 大很多，但是，我们只考虑相对的 I_j大小（约在 1 至 10 或 100 的范围），同时，也只考虑 ΔI_j 的相对大小，这样，$\Delta I_j/\sqrt{I_j}$就可以处理为不是很小的数值了。从此，亦可见那些**拉曼峰小，而拉曼旋光峰大者对微分键极化率的贡献更大些**，亦即这些谱峰蕴含着更多的关于分子手性的信息。

所以，从峰强 I_j，求得分子的键极化率的问题解决后，从相应所得的 P_j，以及从 ROA 所得的 ΔI_j，就可以求得 $\partial\Delta\alpha/\partial S_k$。如果需要的话，经由傅里叶变换，从 $I_j(t)$和 $\Delta I_j(t)$也可以求得$\partial\Delta\alpha(t)/\partial S_k$。

从这些$\partial\Delta\alpha/\partial S_k$，我们可以得到手性分子振动时引致的分子内“电流”、磁矩乃至四极矩和其间相互耦合的信息。这些物理量是造成左、右旋光产生不同的拉曼峰强的原因。这些有关分子结构的参数就不是普通红外、拉曼谱所能提供的。

ROA 谱的关键在围绕分子非（不）对称中心附近的结构上，对于分子外围的 C—H，如果和手性的因素关系不大，则其相关的 ROA 谱（在相对高频区）就会很小或不显现，即 $\Delta I_j = 0$。

这个工作的核心在于准确地测得相对的 I_j 和 ΔI_j。因此，在做这个工作之前，需要对 ROA 的实验设备有所了解。特别注意光栅、CCD 的响应校正，以期得到准确的谱峰强度。

实验中，要保持温度的恒定，这对于光的圆偏度影响较大。同时，也注意不要震动。整个光路中，也尽量不要用透镜、玻璃器皿等。这些实验条件的满足，至关重要，是我们要注意的。

总的来说，拉曼谱峰固然给出了键的力场、激发虚态的信息，但很少关于分子的立体结构信息。拉曼旋光谱是拉曼谱的一个附加，它在拉曼谱给出的信息上，又多加了分子的立体结构信息。

13.2　(+)-(R)-methyloxirane的键极化率和微分键极化率

图13.1为此分子结构和原子编号。此分子不具有对称性。

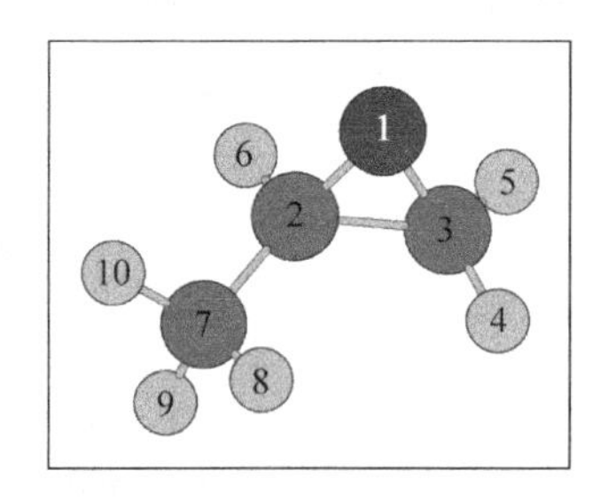

图13.1　(+)-(R)-methyloxirane的分子结构和原子编号
1是氧原子，2，3，7是碳原子，其余为氢原子

从其拉曼谱峰(在532nm激发下)，可以求得其键极化率，如图13.2所示(在定峰强的相角时，出现了多组解，但它们所对应的键极化率都相差不大，不影响以后的讨论。作为代表，此处列出了其中的一组解)。

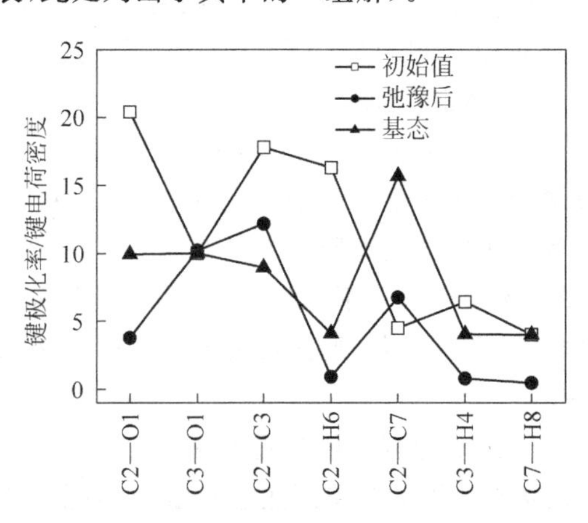

图13.2　(+)-(R)-methyloxirane键极化率的初始值(□)，弛豫后(6ps)的值(●)和基态键电荷密度(▲)。C3—O1键的值均取为10

从图13.2中,我们了解到,在激发的初始,C2—H6,C2—C3,C2—O1和C3—O1的键极化率均明显大于C2—C7,而在电子的基态,C2—C7的键电荷密度是最大的。可见,在激发的初始,电荷受到激发,聚集在C2—H6和C—C—O环上。这导致大的偶极矩产生在非对称中心C2原子附近的C2—H6键上。同时,电荷聚集在C—C—O环上,环的振动也会诱发电流,并产生磁矩。偶极矩和磁矩的耦合是此分子产生旋光拉曼的机制。图13.3示意了这个过程。

同时,我们也注意到,弛豫后的键极化率和理论计算的基于所有占有轨道的基态键电荷密度相一致。这说明,分子的所有电子都对拉曼激发态有所参与,否则它们二者是会不同的。这是很有意义的,它使得原先只是理论上的、概念上的键电荷密度,可以经由拉曼的峰强而被观察到(参考11.3节)。

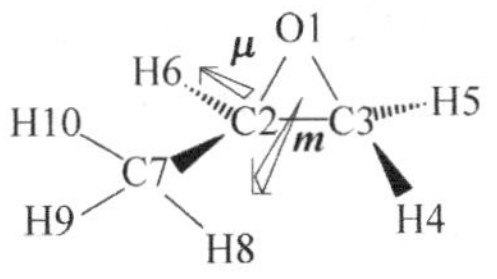

图13.3 拉曼激发的电荷集中在C2—H6和三角环结构上

C2原子是非对称的中心,电荷往C2—H6键集中,会导致因该键的振动而诱导的大的电偶极矩的产生,如所示的$\boldsymbol{\mu}$。同时,往三角环结构上集中的电荷也会因其振动而产生电荷的流动,从而产生磁矩,如所示的$\boldsymbol{m}$。电偶极矩和磁矩的耦合会产生拉曼的手性效应。注意:虽然在基态时,C2—C7键上具有最大的电荷密度,拉曼激发的电荷分布在C2—C7键上的很小,因此它的振动并不产生可观的拉曼旋光效应

依据这个图像,我们期待那些和三角环结构的伸缩/弯曲振动有关的模式将有较突显的ROA谱图,如图13.4所示。确实,和三角环结构的伸缩/弯曲振动有关的898cm^{-1},832cm^{-1}和750cm^{-1}的模式具有明显的拉曼旋光活性。同时,位于953cm^{-1}的模式,虽然它的拉曼谱峰明显,但由于它包含更多的C2—C7键伸缩和C2—C7—H8(—H9,—H10)的弯曲振动,反而不具明显的拉曼旋光效应。很明显,这个分子的拉曼旋光性不是源自C2—C7键的振动,虽然在基态时(或拉曼激发弛豫结束时),它具有最大的键电荷密度。

总的来说,从拉曼峰强求取的键极化率对于我们了解拉曼的旋光机制是个很重要的参数。其中很凸显的一个现象是,手性分子非对称中心的C原子上,往往有C—H键,这个C—H键上的电荷密度,在基态时通常是很小的,而在拉曼过程中,它的键极化率反而是最大的。其上所引致的大偶极矩会与附近的磁偶极矩相互耦合,从而产生拉曼旋光性。这样的现象在很多手性分子中都有,因此,会是拉曼旋光的一个普遍图像。

确定了相角,从拉曼峰强和拉曼旋光谱的峰强,微分键极化率立刻就可以求得了,如图13.5所示。我们注意到不同键极化率的解均对应相当一致的微分键极化率。

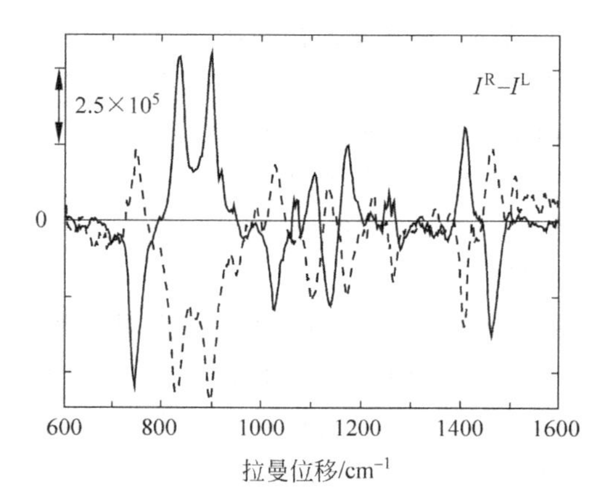

图 13.4 (+)-(R)-methyloxirane 的 ROA 谱

为了核实没有假象,(−)-(S)-methyloxirane 的谱也附上(虚线),二者的符号正好相反

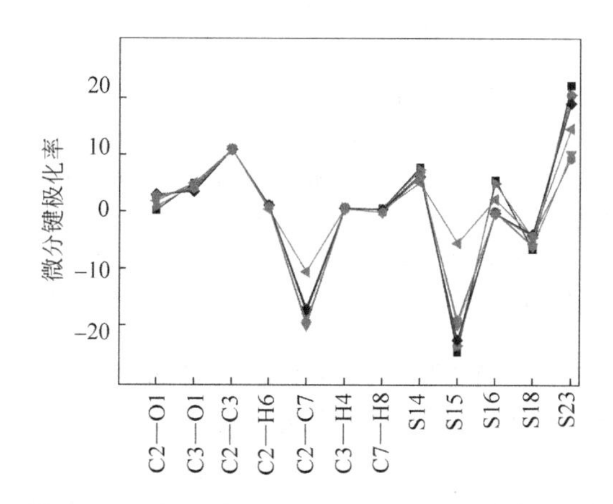

图 13.5 (+)-(R)-methyloxirane 的微分键极化率

C2—C3 键的值归一化为 10。S14 包含 O1—C2—C7 和 C2—C3—C7 的弯曲,S15 包含 O1—C3—H_2 和 C2—C3—H_2 的弯曲,S23 包含 C7—H_3 的弯曲,S16 和 S18 包含 C3—H_2 的弯曲

令人印象深刻的是,C2—H6 键两侧 C2—C3 和 C2—C7 的微分键(伸缩)极化率的符号正好相反。我们也注意到和 C7 有关的弯曲坐标(如 O1—C2—C7,C2—C3—C7(S14) 和 C7—H_3(S23))和 C3 有关的弯曲坐标 (O1—C3—H_2 和 C2—C3—H_2(S15)),它们的微分键极化率也正好反号。这说明左右旋偏振光对于 C2—H6 键两侧的部分是不等同的,并且它们的微分键极化率是反号的。这应是源于沿 C—C—O 环和 C2—C7—H_3 路径电荷流的相反手性所致。不同的手性导致引致磁矩的相反取向。

13.3　分子内手性对映性

经过微分键极化率的分析，我们发现了一种称为分子内手性对映性的现象。我们知道两个经由镜面映射联系在一起的左右手性分子，它们具有正好符号相反的拉曼旋光谱，因此，它们对应键的微分键极化率的值是相同的，只是正好反号。然而，环形的手性分子，往往存在近似的镜面对称，这个镜面对称自然不是严格的(不然就不会具有手性了)，镜面对应键(坐标)的微分极化率固然不同，但它们的符号仍保持着一如左右手性分子间对应键的微分极化率的符号相反的现象。这个现象可以称作分子内的手性对映性(intra-molecular enantiomerism)，一如左、右手性分子间存在的对映性。这个镜面对称的破坏来自镜面两侧化学结构的不同，因此这个破坏不是微扰。令人印象深刻的是，如此结构的不同(来自化学键连接的不同)，还能保持着手性的对映性。

图 13.6 和图 13.7 显示了 R-limonene 和 2,2-dimethyl-1,3-dioxolane-4-methanol 手性对映性的现象。微分键极化率的符号所显现的镜面对称是很明显的，固然，这些镜面不是分子真正的对称元素，镜面对应键的微分键极化率的符号相反，但大小是不同的。

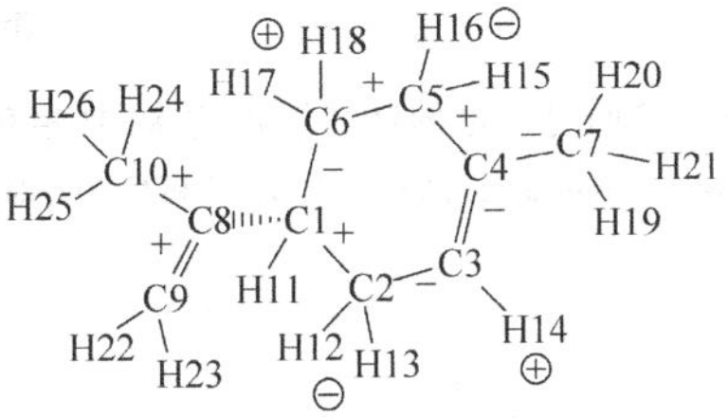

图 13.6　R-limonene 的微分键极化率符号

(+,−) 为 C—C 伸缩坐标，(⊕,⊖) 为弯曲坐标($C6—H_2$,$C2—H_2$,$C5—H_2$,C3—H)。微分键极化率符号显示有连接 C1,C4,垂直于环结构和连接 C2—C3、C5—C6 中间点，垂直于环结构的镜面

手性分子内此种镜面两侧对应的坐标微分键极化率大小的不同，正是造成拉曼旋光的原因所在。它们的不同则反映着拉曼旋光的程度。图 13.8 为 S-2,2-dimethyl-1,3-dioxolane-4-methanol 和 R-limonene 镜面对应键的微分键极化率的(相对)差值。这个差值越大，反映镜面的对称破缺越大，反之，则小。从中可见，手性中心处的对称破缺最大，离开手性中心，对称破缺就小了。手性中心在拉曼旋光中的角色在此得到核实。

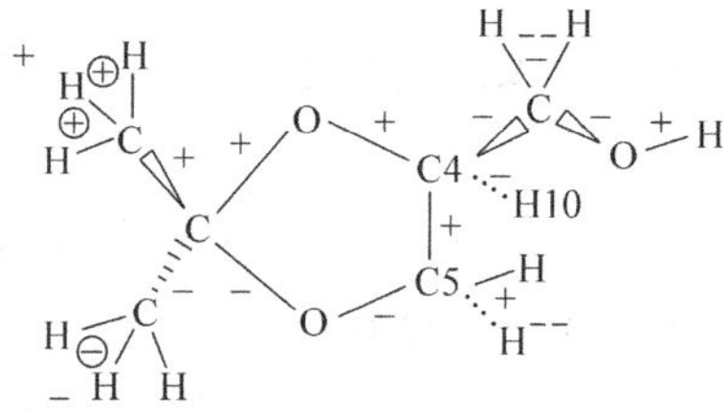

图 13.7　S-2,2-dimethyl-1,3-dioxolane-4-methanol 的微分键极化率

(+),(−)为 C—C,C—O,O—H 键伸缩的微分键极化率符号。(+),(−)为 $C—H_3$,$C—H_2$ 的对称(伸缩)坐标的微分键极化率符号,(−−)为 $C—H_2$ 反对称(伸缩)坐标的微分键极化率符号。(⊕,⊖)为 $C—H_3$ 弯曲坐标的微分键极化率符号。此分子的环结构具有连接手性中心原子和 C4—C5 中心点,且垂直于环面的镜面对称,两个 $C—H_3$ 则位于环镜面上下对称位置处。这部分的符号显示分子明确的手性对映性

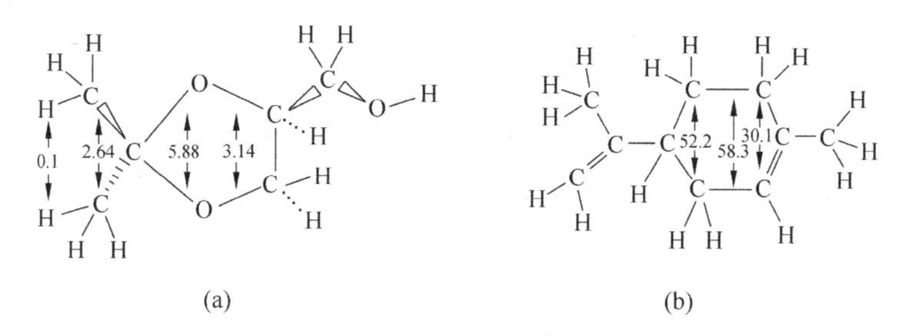

图 13.8　镜面对应键的微分键极化率的(相对)差值

(a) S-2,2-dimethyl-1,3-dioxolane-4-methanol 的 C—O,C—C 和 $C—H_3$对称伸缩坐标;(b) R-limonene 的 C—C 伸缩坐标

13.4　拉曼、拉曼旋光峰强和键极化率、微分键极化率的等同性

至此,我们已很熟悉拉曼峰强和键极化率之间的关系:

$$\begin{bmatrix} \partial\alpha/\partial S_1 \\ \partial\alpha/\partial S_2 \\ \vdots \\ \partial\alpha/\partial S_k \\ \vdots \\ \partial\alpha/\partial S_t \end{bmatrix} = \begin{bmatrix} \\ \\ a_{jk} \\ \\ \\ \end{bmatrix}^{-1} \begin{bmatrix} P_1\sqrt{I_1} \\ P_2\sqrt{I_2} \\ \vdots \\ P_j\sqrt{I_j} \\ \vdots \\ P_t\sqrt{I_t} \end{bmatrix}$$

我们注意到,这个变换是线性的,也因此,拉曼峰强和键极化率是等同的。从实验

上，我们看到了拉曼的峰强，而键极化率就是从另一个等同的角度来看待拉曼的峰强。

但是，二者还是有区别的，键极化率是从峰强中把内涵为分子中和散射过程没有关系的模式的振幅(即 L_{kj} 矩阵元，其本质源于分子的构型、原子质量、键力常数)因素给去除后，所余的和拉曼过程有关的物理量。这样，我们就明白，键极化率是能体现拉曼过程本质的物理量。

同样，我们看到微分键极化率和拉曼旋光峰强(在[拉曼峰强]$^{1/2}$的标度下)也是一个线性变换的关系：

$$\begin{bmatrix} \partial\Delta\alpha/\partial S_1 \\ \partial\Delta\alpha/\partial S_2 \\ \vdots \\ \partial\Delta\alpha/\partial S_t \end{bmatrix} = \begin{bmatrix} \\ a_{jk} \\ \\ \end{bmatrix}^{-1} \begin{bmatrix} P_1(\Delta I_1/\sqrt{I_1}) \\ P_2(\Delta I_2/\sqrt{I_2}) \\ \vdots \\ P_t(\Delta I_t/\sqrt{I_t}) \end{bmatrix}$$

所以，微分键极化率和在[拉曼峰强]$^{1/2}$标度下的拉曼旋光峰强是一体的两面，等同的。微分键极化率也是从拉曼旋光峰强中把内涵为分子中和散射过程没有关系的模式的振幅因素给去除后，所余的和拉曼(旋光)过程有关的物理量。这样，我们就能了解到，微分键极化率体现了比键极化率更多的、更深入的有关拉曼过程的信息。

最后，我们还需理解，拉曼散射的峰强(拉曼旋光的峰强也一样)包含了拉曼过程中的所有因素。人们在学习时，经常遇到的一个问题：从极化率(张量)、拉曼旋光张量等不同物理量、物理机制所导致的不同的峰强，在实验观察的峰强中是不能区分开来的。实验观察到的峰强总会包括所有源自这些物理量、物理机制的峰强。也因此，只要这些物理量和物理机制在散射过程中存在的话，我们的键极化率、微分键极化率就会包含所有这些物理量和物理机制的信息。这样，我们就了解了键极化率、微分键极化率的“极化率”只是一个方便的名词，这是不能误解的。

参考文献

[13.1]　吴国祯. 拉曼谱学：峰强中的信息[M]. 3 版. 北京：科学出版社，2014.

第 14 章　双电子原子的能谱与双原子分子转动振动谱的相似性

14.1　氢原子电子运动的对称性

我们知道氢原子中电子绕核的运动会保持角动量的守恒，角动量是 $\boldsymbol{l}=\boldsymbol{r}\times\boldsymbol{p}$。电子的运动，因为量子化了，所以角动量只能取不连续的整数值，0，1，2，3，4，…（以 $h/2\pi$ 为单位，h 为普朗克常量）。谱学上，以 s,d,p,f,g 来表示。量子数为 l 的角动量具有 $2l+1$ 的简并态。这个简并态源自角动量对于空间中某个轴的不同取向（也是量子化的，其量子数一般用 m 表示）所致。对于量子数 l，不同取向的量子数可以取 $m=l,l-1,\cdots,-l$，总共有 $2l+1$ 的简并态。对于主量子数为 n 的这些不同角动量的值，为 $l=0,1,\cdots,n-1$，它们都是简并的，简并数是 n^2。例如 $n=3$，我们有 s,p,d。s 只有一个态，p 有 3 个简并态，d 有 5 个简并态，总共有 9 个简并态。

氢原子电子的这些性质和其运动的对称性有关。我们了解到氢原子电子的运动满足三维空间旋转的对称性，所对应的旋转就是行列式值为 1 的直交(orthogonal)的矩阵。这些矩阵构成对称群，用 SO(3)表示。角动量的量子数就是这个群不可约表示的标号(参见 5.19 节)。m 量子数则源自 SO(3)的二维旋转子群 SO(2)。

氢原子电子运动的守恒量不止于轨道角动量，还有一个称作龙格-楞次(Runge-Lenz)的守恒量 $\boldsymbol{b}=\boldsymbol{p}(\boldsymbol{r}\cdot\boldsymbol{p})-\boldsymbol{r}(p^2-1/r)$，它指向轨道的主轴方向，并且垂直于角动量，如图 14.1 所示。

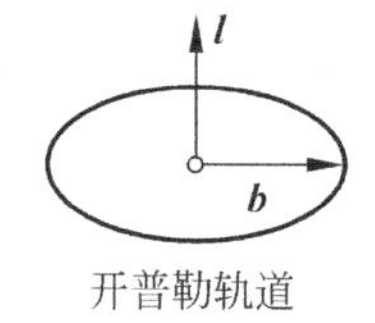

开普勒轨道

图 14.1　氢原子电子运动的两个守恒量

Runge-Lenz 的守恒量一如角动量，也有着它所对应的三维空间旋转的对称

群。这样，氢原子电子运动的对称群便不止 SO(3)，而是两个旋转对称群的总和，这是一个四维空间的旋转对称群 SO(4)。SO(4)的不可约表示是$[P,T]$(P 是正整数，T 可以是正、负的整数，$P>|T|$)。SO(3)是 SO(4)的子群，所以当$[P,T]$约化至 l 时，l 的取值是$|T|,|T|+1,\cdots,P$。当 T 不为 0 时，$[P,T]$和$[P,-T]$称作 T doubling。(为了方便，也用$[P,T]^+$，$[P,T]^-$来表示，这时 T 为正值。对于$[P,0]$，则$[P,0]^+$，$[P,0]^-$同为一个表示，上标就不需要了，只需写为$[P,0]$，但习惯上，有时还是加上上标，$[P,0]^+$。)当把中心反演对称也加入 SO(4)时(相当于旋转矩阵的行列式值可以为-1)，对称群便为 O(4)。SO(4)是 O(4)的子群。SO(4)的$[P,T]$和$[P,-T]$在 O(4)中都属于同一个表示，记为$[P,|T|]$。

很重要的结论是，氢原子电子的对称群是 O(4)。因为 $\boldsymbol{l}$ 和 $\boldsymbol{b}$ 相互垂直，导致只有是$[n-1,0]$(简并数是 n^2)的不可约表示才具有物理意义。

14.2　氦原子双电子的激发态

氦原子有两个电子，它们的激发态可以视为两个$[n-1,0]$表示的直积。将此直积约化为不可约表示的公式是

$$[n-1,0]_1\times[n-1,0]_2=\sum[P,T]$$

其中，$T=0,1,\cdots,n-1$，$P=T,T+2,\cdots,2n-2-T$。如 $n=2$，我们有：

$$[1,0]_1\times[1,0]_2=[0,0]+[2,0]+[1,1]^++[1,1]^-$$

这个组态的简并数是 $n^2\cdot n^2=4\cdot 4=16$。在 SO(3)下，$[0,0]$约化为 S，$[2,0]$约化为 S,P,D，简并数是 9，$[1,1]^+$和$[1,1]^-$各约化为 P，简并数是 6，这样简并数的和也是 16。

再考虑 $n=3$ 的例子，$[2,0]_1\times[2,0]_2=[0,0]+[2,0]+[4,0]+[1,1]^++[1,1]^-+[3,1]^++[3,1]^-+[2,2]^++[2,2]^-$。总的简并数是 $9\cdot9=81$。核实一下，$[0,0]$约化为 S；$[2,0]$约化为 S,P,D，简并数是 9；$[4,0]$约化为 S,P,D,F,G，简并数是 25；$[1,1]^+$和$[1,1]^-$各约化为 P，简并数是 6；$[3,1]^+$和$[3,1]^-$各约化为 P,D,F，总简并数是 30；$[2,2]^+$和$[2,2]^-$各约化为 D，简并数为 10。这样总共有 19 个能级，简并数为 $1+9+25+6+30+10=81$，和之前的计算是一致的。

图 14.2 是氦原子双电子激发态用传统的 S,P,D,F,G 等符号来标识的能级图。注意到图中 3 个用三角形标识的能态具有接近简并的现象。这不是偶然的简并，而是有其原因，我们后面的讨论会分析这点。

图 14.3 是用 O(4)不可约表示来归类这 19 个能态的能级图。从中，我们看到对应于$[4,0]$，$[2,0]$乃至$[3,1]$的能级，随着能级的升高，角动量的量子数也随之变大，这是自然的，因为角动量量子数的增加表示电子绕核转动的能量也增高。引入

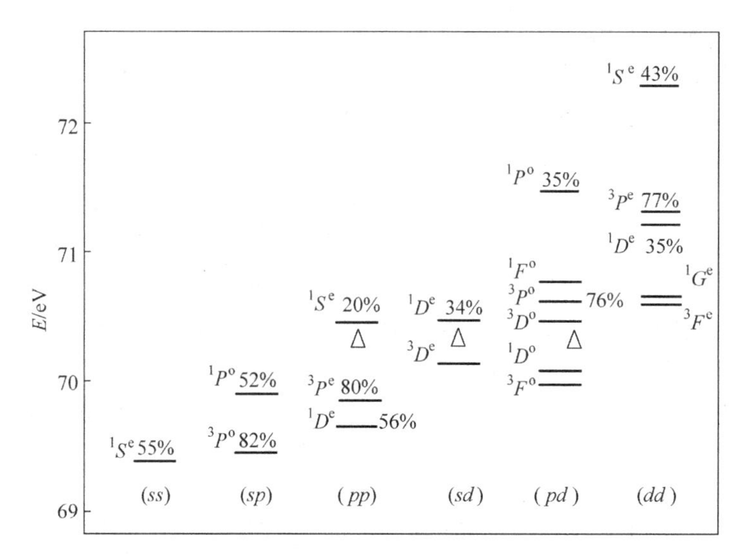

图 14.2　氦原子双电子激发至 d 轨道的能级，总共有 19 个。能级的上标是自旋和对称的标识，此处，我们略去说明它们的意义。百分比数是组态对于波函数的贡献量。图中用三角形标识 3 个近似简并的能级

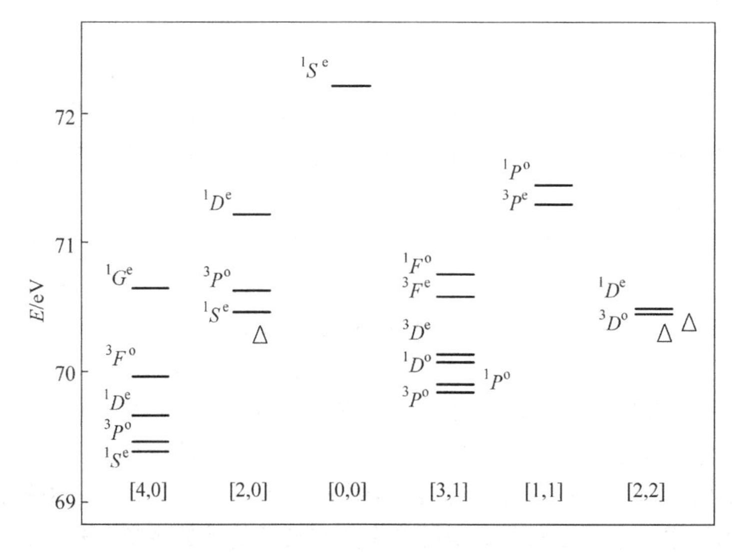

图 14.3　用 O(4)不可约表示来归类氦双电子激发的 19 个能态的能级图
图中用三角形标识图 14.2 中的 3 个近似简并的能级

注目的是它们的能级分布，或说是能级的间距特征和线形分子的转动能谱相同，参考图 2.2。这表示双电子的激发，由于两个电子的排斥作用，使得两个电子更多的

时候互相在核的两端,类似于线形三原子分子的构型。因此,它们的能谱就具有线形分子转动能谱的特征了。这个特征只能在合适的能级归类下,才能显现出来。对称群的概念和方法给出了合适的归类方法。而一般仅依据解波函数的薛定谔方程的方法,(图 14.2)是看不出这样的物理内涵和图像的。

图 14.2 所提及的 3 个近似简并态的现象在此也得到了部分的理解,其中的两个能级共同属于[2,2]表示,即它们是 T doubling 的$[2,2]^+$和$[2,2]^-$,它们会接近简并,也是必然的了。

14.3 d 和 I 组态的归类

我们可以引入新的量子数 d(此处 d 不同于之前的轨道量子数)来归类这些激发态,$d=(P+T)/2$。对于上述的[4.0],$[2,2]^+$,$[2,2]^-$,$[3,1]^+$,$[3,1]^-$共属于 $d=2$ 的归类;[2,0],$[1,1]^+$,$[1,1]^-$共属于 $d=1$ 的归类;[0,0]则为 $d=0$ 的归类。

图 14.4 是用 L($L=0,1,2,3,4$ 对应于 S,P,D,F,G)和 d 来归类的情形。

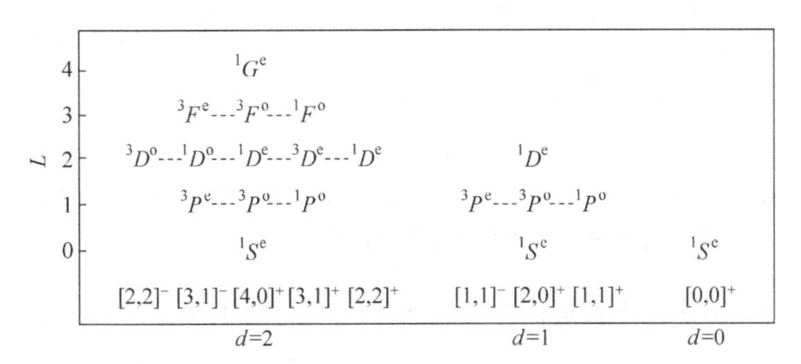

图 14.4 用 L 和 d 来归类的情形

图 14.5 是这样归类下的能级图。转动能谱的特征就更加明显了。图中最左边的是未加以归类的 19 个能级。它们未加以归类,看不出有何规律可言。

引入 $I=L-T$ 量子数进行归类,在 T 和量子数 $K=P-n+1$(此事例则为 $K=P-2$)的表示下,则有如图 14.6 所示的归类。现在很明显了,那 3 个接近简并的能态共有相同的 K 和 $I=L-T$。因此,它们的简并性是源于一定的对称性或具有相同的量子数所致。细心的读者会注意到对应于 $K=2$ 的能态是[4,0],$K=1$ 的是[3,1],$K=0$ 的是[2,0]和[2,2],$K=-1$ 的是[1,1],$K=-2$ 的是[0,0](图 14.3)。

图 14.7 是按照图 14.6 归类的能级图。能级的特征是类似于简谐振子的等间距能谱。这反映了在核的两端点电子的径向运动的简谐特征。

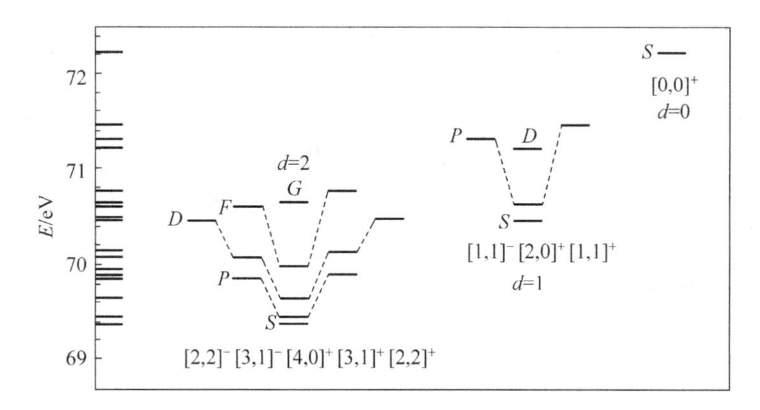

图 14.5　用 L 和 d 来归类的能级图。最左边的是未加以归类的 19 个能级

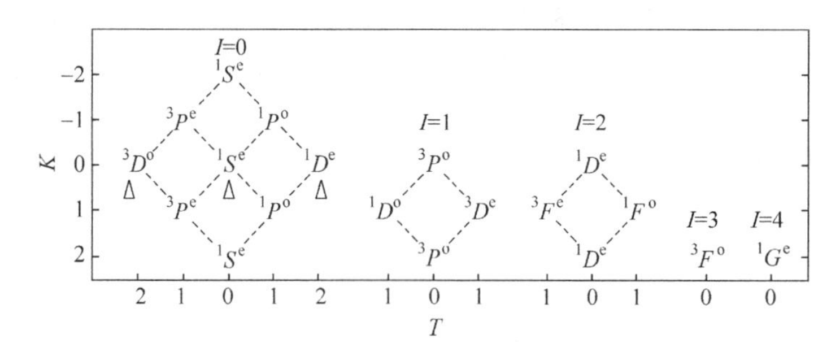

图 14.6　用 $I=L-T$ 量子数，进行归类，在 T 和量子数 $K=P-n+1$(此事例则为 $K=P-2$)的表示下的能态

对比图 14.6，那 3 个接近简并的能态，现在是非常明显了。

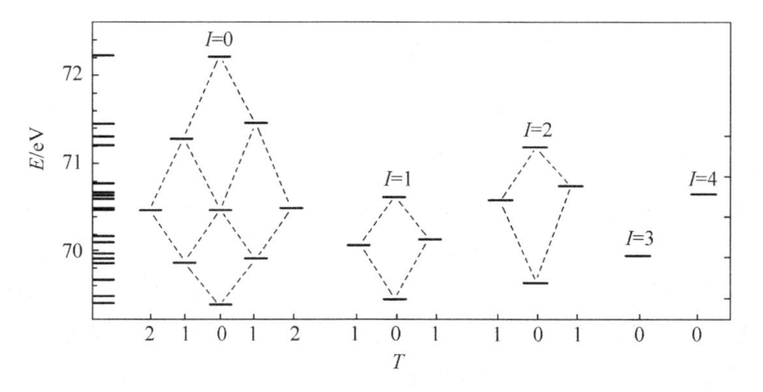

图 14.7　按照图 14.6 归类的能级图

14.4　总　结

(1) 从图 14.3,图 14.5 和图 14.7 中,我们都看到 T doubling 的两个能级确是接近简并的。T doubling 类似于 vibrational l doubling。此运动源于线形分子垂直于主轴方向的两个弯曲运动,由于相位的差别所致的旋转运动,如图 14.8 所示。所以,T 表示这个内旋转的角动量。因为 $I=L-T$,所以 I 相当于体系旋转的角动量量子数 J。

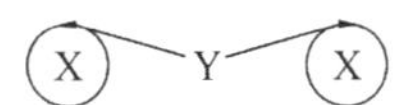

图 14.8　线形分子垂直于主轴方向的两个弯曲运动,由于相位的差别所致的旋转运动

(2) 从图 14.7 所表现出的简谐振子的特征,可见,量子数 K 或 P 显示的是两个电子径向,类似于线形 3 原子分子的伸缩振动。

(3) 引入 d 和 I 量子数后,能级可以被归类,从而显示出转动和振动的能级特征。我们知道量子数和体系对称群的不可约表示紧密相关。因此,可以预料到,氦原子的双电子激发必然有着高于 O(4)的对称性。一个可能的猜测是这个对称群会是 U(4),它由四维的酉(unitary)矩阵组成。

(4) 我们从对称群的分析入手,按照对称群不可约表示来重组能级,从而得出氦原子的双电子激发的图像,非常类似于线形 3 原子分子的结构。自然,这个线形构型是非刚性的。

(5) 如果我们只是依据解双电子的薛定谔方程来研究,则很难能得到上述的分析结果。薛定谔方程中,只有双电子的排斥和对核的吸引势能而已。此处,我们得到的物理图像丰富多了,包括有:双电子的径向振动(量子数 P,K),较慢的体系内弯曲运动(量子数 T),以及体系整体的转动(量子数 I)。

(6) 实验所获得的能谱图往往异常丰富,但也往往显得异常零碎。这更大的原因是因为我们未能知晓其中暗藏的规律所致。群论的方法虽然只是定性的,但却是解开问题的关键。它在我们对能谱的指认和归类上是不可或缺的。5.20 节关于从群的表示和对称性来理解量子数的观点是值得重视的。

参考文献

[14.1] HERRICK D R, KELLMAN M E. Novel super multiplet energy levels for doubly excited He[J]. Phys. Rev. A, 1980, 21: 418.

习　　题

14.1　对于下述的分子，什么样的简正振动模式，会因科里奥利力而可能导致X的分离。(需说明核的位移，受力的方向及其缘由)

X——Y——X

如果X均为电子并且能量足够大，会发生什么样的现象?

第 15 章　分子的对称

15.1　置换反演群

在第 5 章中我们曾对分子振动的对称性做了分析。所谓分子振动的对称性，是指分子中原子离开平衡点的位移，从分子的几何整体来说所具有的对称性。显然，这种对称性只是个近似的对称性。例如，当分子旋转时，由于离心力效应，点群的对称概念便不再适宜了。分子的对称群，严格地说，应是指不改变分子哈密顿量的对称操作的总集合。分子的哈密顿量除包含有电子、原子核的运动（分子的转动、振动，电子运动）外，还有自旋空间的运动，以及这些复杂运动的相互作用。但我们将发现不论分子的结构如何，总可以用称为置换反演群（或分子对称群）的概念来讨论分子的运动。在任何情况下，置换反演群总是严格的。在讨论该群以前，先说明两个重要的概念——置换及反演。

1. 置换

假设某个函数 f 的变数为 $x_1,x_2,\cdots,x_n$。所谓置换就是指对变数做交换。例如(12)指将变数 x_1,x_2 互相交换（此时亦称为对换）。即

(12) $f(x_1,x_2,\cdots,x_n)=f(x_2,x_1,\cdots,x_n)$

又如(123)指将变数 x_1,x_2,x_3 做循环交换，即

(123) $f(x_1,x_2,x_3,\cdots,x_n)=f(x_2,x_3,x_1,\cdots,x_n)$

不难看出，对应于 n 个变数，可以有 $n!$ 个置换操作，并且这些操作构成一个群(S_n)，称为置换群。可以证明，每个置换操作都可以表示为循环交换的乘积，每个循环交换也都可以表示为对换的乘积。每个置换操作虽然可以写为不同对换的乘积，但对换操作的数目是奇数还是偶数，却是固定的。这就称为置换操作的奇偶性。关于置换操作的另一个重要性质是具有相同循环结构的操作属于同一类。例如 S_3 群中，(12)，(23)，(13)自成一类，而(123)，(132)另成一类。

2. 反演

假设粒子在正交空间的坐标为(X,Y,Z)，所谓反演操作 E^*，就是指的如下的

变换：

$$E^*(X,Y,Z)=(-X,-Y,-Z)$$

不难看出，将一个分子的所有核标上号码，由此产生的置换群，加上空间的反演操作构成一个群，并且这个群的元素不改变分子的哈密顿量。此处应当注意，置换反演群中的置换操作只是对分子的核坐标而言，而反演操作则对核及电子的坐标均起作用。

以 NH_3 分子为例，它的置换反演群由{E,(12),(23),(31),(123),(132),E^*,(12)*,(23)*,(31)*,(123)*,(132)*}构成，其中 1,2,3 分别表示 NH_3 上的 3 个 H 原子，(12)* $=E^*$ · (12)(依此类推)。可以核实此群同构于 D_{3h} 或 D_{3d} 点群。

如果设想 NH_3 分子没有经过 N 原子反演的隧道效应，虽然我们仍可用上述的置换反演群来描述 NH_3 分子的运动，但这群便超出所需，因为此时分子的运动并不能产生相应于 E^*，或(12) 操作的构型改变。此时所需群可为{E,(12)*,(23)*,(31)*,(123),(132)}。此群和 C_{3v} 点群同构。如果考虑 NH_3 分子有隧道效应，则需用前面的同构于 D_{3h} 点群的置换反演群来描述了。

又如 HN_3 分子的结构如图 15.1 所示。其置换反演群为{E,(12),(23),(13),(123),(132),E^*,(12)*,(23)*,(13)*(123)*,(132)*}。其中元素除 E,E^* 外，都不能对应于分子实际可能具有的运动，因此所需群为{E,E^*}。此群同构于 HN_3 分子的点群 C_s。

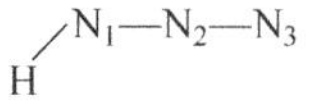

$$\mathrm{H}\diagup\mathrm{N_1{-}N_2{-}N_3}$$

图 15.1　HN_3 分子的几何形状

综上所述，我们了解到可以定义所谓的分子对称群，该群是由分子的置换反演群中相应于分子运动的操作构成的群。此群自然为置换反演群的子群。

至此，我们了解到，对于不具有固定构型的分子，点群是不合适的。我们只能用分子对称群来描述不具有固定构型分子的运动。

对于刚性的非线形分子而言，分子对称群和点群是同构的(点群的讨论，详见第 5 章)。

刚性线形分子的情况比较特殊，其分子对称群和点群并不同构。如 HCN 其点群为 $C_{\infty v}$，但其分子对称群则为{E,E^*}，而 O_2 的点群为 $D_{\infty h}$，分子对称群为{E,(12),E^*,(12)*}。

上述的分子对称群没有考虑到电子的不可区分这一对称性，自然可以将上述分子对称群和电子的置换群(S_n，n 为电子数目)做直积，从而得到更大的群。这群就可用来对电子的自旋态做分类了。

15.2　分子的对称群、点群和转动群

上节提及分子对称群是由分子的置换反演群中的相应于分子运动的操作所构成的群。这个群是严格的，可以用它来分类分子的波函数(包含转动、振动、电子态等)。另外，我们也可以用它来分类分子核的自旋态波函数。

第 5 章中提及的点群概念，核心思想是将分子看成具有宏观固定的几何结构，因此它可用来分类离平衡位置微小的分子振动。如果把电子在空间的分布也看成具有宏观的几何形状，则它也可用来分类电子的波函数。如果分子的振动位移离平衡位置远，即分子不具有固定的几何构型时，点群概念是不适当的。另外一个重要的概念是，分子的点群对称操作是指对分子的主轴坐标做操作的(关于主轴坐标的详细定义，见一般经典力学专著)，显然对旋转的分子而言，主轴坐标不再是惯性坐标。在主轴坐标里将有离心力或科里奥利(Coriolis)力，这就使得点群只是一个近似的群。例如，甲烷分子的点群为 T_d，依其对称性，甲烷分子没有(永久)电偶极矩，但当其旋转时，从实验上我们确可观察到它具有电偶极矩，这是因为离心力的作用使分子受到了不具有 T_d 对称的力的作用。总之，对转动的分子而言，点群只是近似的对称群。点群对称操作不对定义分子在空间取向的欧拉角及自旋空间操作(关于欧拉角的详细定义，见一般经典力学专著)。图 15.2，图 15.3 分别表示点群操作 C_{2x} 对水分子核位移及电子波函数的运算。

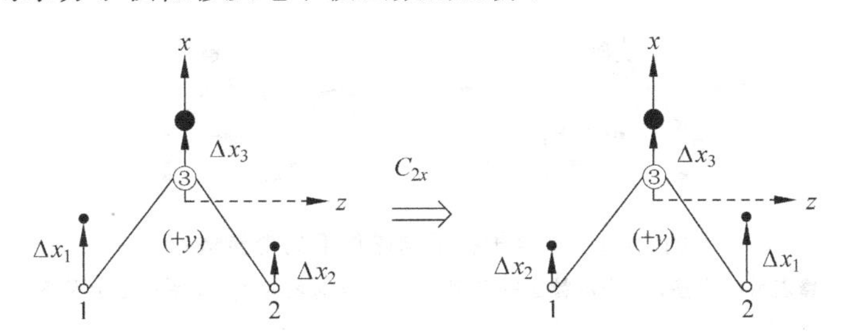

图 15.2　水分子的核位移 Δx 在点群操作 C_{2x} 下的变换情形

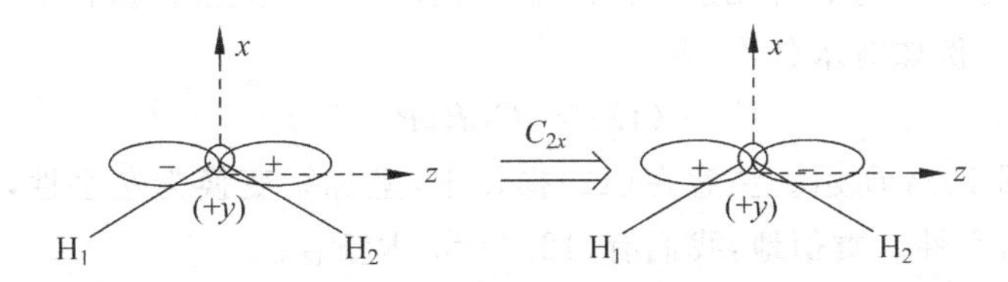

图 15.3　水分子氧的 $2P_z$ 电子轨道在点群操作 C_{2x} 下的变换情形

当分子处在自由状态时，对分子而言，空间是各向同性的。因此，分子具有三维空间旋转对称群 $R(3)$。这时，分子的总角动量为 $\sqrt{J(J+1)}\,\hbar$，$(J=0,1,\cdots)$，并且角动量沿某一 Z 轴之值为 $M\,\hbar$。这是量子力学中为人们所熟知的基本现象。

另一方面，如果考虑分子沿主轴坐标旋转，便需用到所谓的分子转动群。对具有球对称的分子，需考虑 $R(3)$群，对具有一主轴对称的分子，需考虑 $D_{\infty h}$群。对其他低对称的分子则需考虑 D_2群。这是因为对应的分子转动哈密顿量(此处不考虑转动—振动、转动—自旋的耦合)对这些群的操作元素是不变的(见 15.3 节)。

转动群的元素只对欧拉角做运算，对振动、电子的坐标及自旋空间不作用。转动群和点群一样对完全的分子哈密顿量来说不是不变群，因此它们都只是近似群。图 15.4 表示沿 x 轴旋转操作 π 角度(以 R_x^π 表示)对分子的电子的空间位置、自旋、核位移、自旋及分子空间取向的运算。

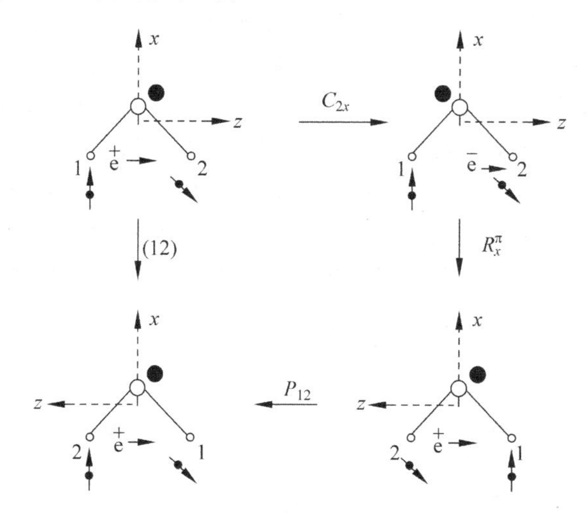

图 15.4　水分子在不同操作下的变换情形

●表示核位移；→表示粒子的自旋；＋、－分别表示在 x-z 平面之上及下

前面提及非线形刚性分子的分子对称群和点群是同构的。事实上，分子对称群的元素 O_M可以写为点群元素 O_p，转动群元素 R 和自旋置换操作 P(不改变自旋坐标)的乘积。例如对水分子，有

$$(12)=C_{2x}R_x^\pi P_{12}$$

其间关系如图 15.4 所示。注意在(12)操作下，坐标系变换为左手性，因此需将其重新定义为右手性。类似地，我们有$(12)^*=\sigma_{xy}R_z^\pi P_{12}$。

等同双原子分子的分子对称群元素$(12)^*$和点群元素 i(反演)的关系，如图 15.5 所示，并且

$$(12)^*=iP_{12}$$

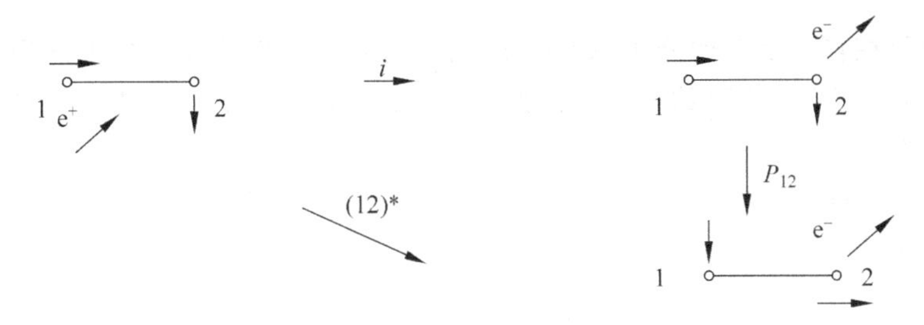

图 15.5　等同双核原子在不同操作下的变换情形，符号表示同图 15.4

可见，如果不考虑核自旋的作用，点群 i 元素是分子的（包括转动、振动和电子）哈密顿量的真正对称元素。这和点群的其他元素只是分子振动、电子的哈密顿量的对称元素不同。另外值得注意的是 i 和 E^* 不同。E^* 所给出分子波函数的本征值＋、－号是严格的对称分类，或说是严格的量子数，而 i 所给出的对称分类 g,u 则只是近似的对称分类，它将为核自旋耦合所破坏。

总的来说，点群的操作只对核位移、电子的波函数做变换。图 15.5 中 P_{12} 只对核自旋做操作，(12)除了足码的变换外，还得注意坐标系相应的变换。类似地，E^* 除了对空间坐标的变换外，也得注意坐标系相应的变换。参考习题 15.4 和其解答中的说明。

15.3　分子波函数的对称分类

1. 自旋波函数

电子的自旋波函数或等同核自旋波函数的对称分类可用置换群来处理。例如，4 个等同电子的置换群为 S_4，其特征表见表 15.1。考虑 $m_s=1$ 的波函数为 $\alpha\alpha\alpha\beta,\alpha\alpha\beta\alpha,\alpha\beta\alpha\alpha,\beta\alpha\alpha\alpha$（$\alpha,\beta$ 为自旋 1/2，－1/2 波函数），此波函数在 S_4 群里的特征值可求得为 $\chi(E)=4,\chi((12))=2,\chi((123))=1,\chi((1234))=0,\chi((12)(34))=0$，因此 $\Gamma=\Gamma_1+\Gamma_4$。

表 15.1　置换群 S_4 特征表

S_4	E	6(12)	8(123)	6(1234)	3(12)(34)
Γ_1	1	1	1	1	1
Γ_2	1	−1	1	−1	1
Γ_3	2	0	−1	0	2
Γ_4	3	1	0	−1	−1
Γ_5	3	−1	0	1	−1

由于处在自由状态的分子总具有 $R(3)$ 对称群。自旋为 1/2 的波函数在 $R(3)$ 双值群中属于 $D^{(1/2)}$ 不可约表示。因此，上述 4 个等同电子自旋波函数在 $R(3)$ 双值群中具有

$$D^{(1/2)} \times D^{(1/2)} \times D^{(1/2)} \times D^{(1/2)} = D^{(2)} + 3D^{(1)} + 2D^{(0)}$$

不可约表示。

2. 转动波函数

15.2 节中提及的主轴坐标，严格地说是指对分子核的主轴坐标。分子在空间的取向可以用主轴坐标和空间固定坐标间的相对角度，即欧拉角 θ,ϕ,χ 来表示。例如，双原子分子的欧拉角如图 15.6 所示。注意，事实上，对双原子分子，χ 角度是不能定义的。习惯上，可取 $\chi=0$。

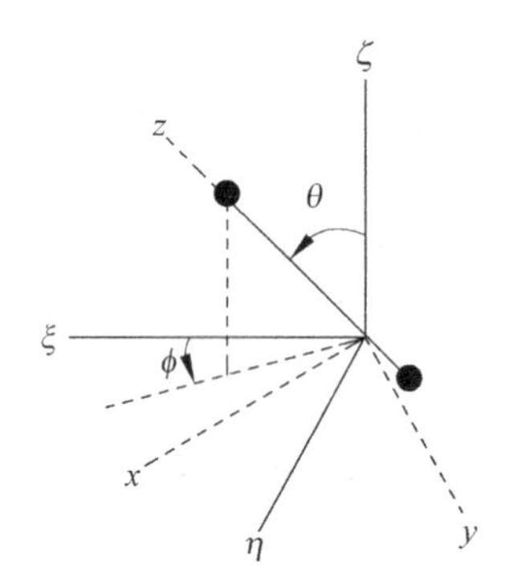

图 15.6　双原子分子的欧拉角 $\theta,\phi,\chi=0(xyz)$ 为分子主轴坐标，ζ、ξ、η 为空间固定坐标

因为分子的转动波函数可以写为 θ,ϕ,χ 的函数，而且每个分子对称群的操作都可以对应于一个对主轴坐标的旋转操作（见 15.2 节）。因此，关于转动波函数在分子对称群里的分类可以归结为 θ,ϕ,χ 在旋转操作下的变换性质的问题。设 R_z^β 为沿主轴坐标 z 轴转动 β 角度的操作，R_α^π 为在 x-y 平面上沿和 x 坐标轴成 α 角度轴转动 π 角度的操作，则有下列的关系：

$$R_\alpha^\pi(\theta,\phi,\chi) = (\pi-\theta,\phi+\pi,2\pi-2\alpha-\chi)$$

$$R_z^\beta(\theta,\phi,\chi) = (\theta,\phi,\chi+\beta)$$

例如水分子的分子对称群和 C_{2v} 同构，其元素为 $\{E,(12),E^*,(12)^*\}$，这些操作分别对应于转动操作 $\{R^0,R_0^\pi,R_{\pi/2}^\pi,R_z^\pi\}$，因此

$$(12)(\theta,\phi,\chi) = (\pi-\theta,\phi+\pi,2\pi-\chi)$$

$$E^*(\theta,\phi,\chi) = (\pi-\theta,\phi+\pi,\pi-\chi)$$

$$(12)^*(\theta,\phi,\chi)=(\theta,\phi,\chi+\pi)$$

由于$|JKM\rangle$是完备函数，刚体转子如具有总角动量量子数 J 和沿空间 Z 轴 M 量子数时，其转动波函数 ψ 总可以写为

$$\psi=\sum_K|JKM\rangle$$

因此如了解$|JKM\rangle$在 R_z^β，R_α^π 下的变换性质，便基本上解决了对转动波函数的对称分类问题。事实上，有

$$R_z^\beta|JKM\rangle=e^{iK\beta}|JKM\rangle$$

$$R_\alpha^\pi|JKM\rangle=(-1)^J e^{-2iK\alpha}|J-KM\rangle$$

因此，如果我们能知道水分子的转动波函数，则波函数在分子对称群里的对称性也就可以求得了。关于转动波函数的详细求解及其解析式，读者可以参阅参考文献[15.1]。这里我们只指出不具有主轴对称的转动波函数可以用和其相关的扁长和扁圆陀螺(见第 2 章)转动波函数的量子数 K_a，K_c 来表示，即$|J_{K_aK_c}\rangle$。因为$|JK_aM\rangle$，$|JK_cM\rangle$的对称性是可以决定的。因此，从$|J_{K_aK_c}\rangle$和$|JK_aM\rangle$，$|JK_cM\rangle$的相关，便可以得到$|J_{K_aK_c}\rangle$在分子对称群里的对称性了，如图 15.7 所示。

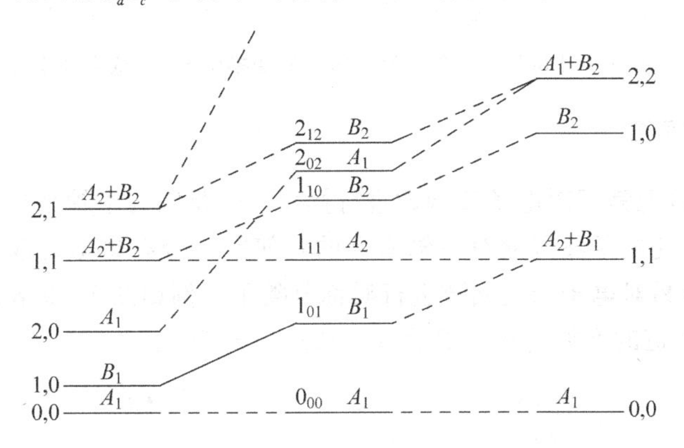

图 15.7 水分子转动能级、对称性和扁长陀螺(左)，扁圆陀螺(右)的相关图

量子数如 1_{01} 表示$|J_{K_aK_c}\rangle$；1,0 表示$|J,K\rangle$

现在分析为什么具有一个主轴对称的分子(如 CH_3F)的转动群为 $D_{\infty h}$。具有一个主轴对称分子的转动哈密顿量可以写为

$$H=\hbar^2[C_xJ^2+(C_z-C_x)J_z^2]$$

我们注意到

$$R_\alpha^\pi\begin{pmatrix}J_x\\J_y\\J_z\end{pmatrix}=\begin{pmatrix}\cos2\alpha & \sin2\alpha & 0\\ \sin2\alpha & -\cos2\alpha & 0\\ 0 & 0 & -1\end{pmatrix}\begin{pmatrix}J_x\\J_y\\J_z\end{pmatrix}$$

$$R_z^\beta \begin{pmatrix} J_x \\ J_y \\ J_z \end{pmatrix} = \begin{pmatrix} \cos\beta & \sin\beta & 0 \\ -\sin\beta & \cos\beta & 0 \\ 0 & 0 & 1 \end{pmatrix} \begin{pmatrix} J_x \\ J_y \\ J_z \end{pmatrix}$$

因此很容易证明$[R_\alpha^\pi,H]=[R_z^\beta,H]=0$，所以转动群为 $D_{\infty h}$。

3. 振动波函数

关于振动波函数在分子对称群里的对称分类，和点群类似，在此不再赘述。我们只需注意主轴坐标，分子核位移在置换反演操作下的变换情形，问题就很容易掌握了。图 15.8 表示在(12)置换操作下，水分子主轴坐标和核沿 x 方向位移的变换情形。

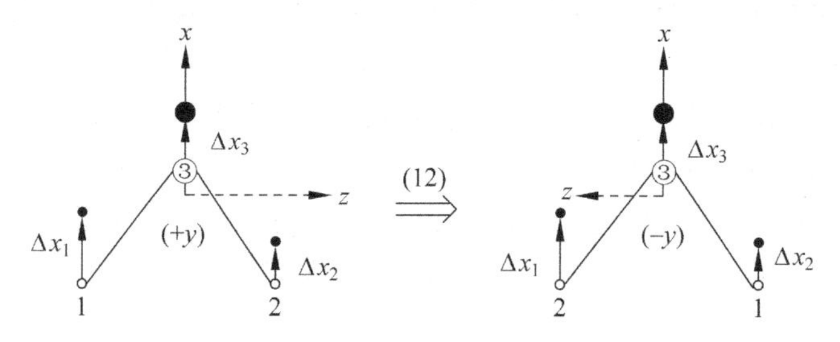

图 15.8　水分子核位移 Δx 在(12)操作下的变换情形，注意主轴坐标的变化

4. 电子波函数

分子对称群元素不对电子波函数进行操作。但是因为主轴坐标受对称群元素操作的影响，因此电子波函数对主轴坐标的几何空间分布也随之改变。只要把握住这点，也就容易对电子的波函数进行对称分类了。例如图 15.9 表示在(12)操作下 $2p_z$ 氧原子轨道的变换情形。显然，$(12)2p_z=-\ 2p_z$。

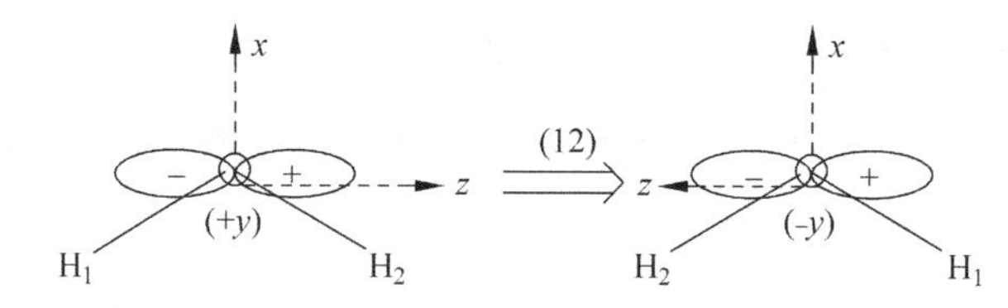

图 15.9　水分子氧原子 $2p_z$ 轨道在(12)操作下的变换情形，注意主轴坐标的变化

15.4　选 择 定 则

依据量子力学原理，分子能否经由光的吸收或发射在态 Φ'，Φ''间跃迁，视$\langle\Phi'|M_\xi|\Phi''\rangle$是否为零。此处 $M_\xi=\sum_j e_j\xi_j$，e_j、ξ_j 分别为分子里 j 粒子的电荷及在空间

固定坐标中的位置。可以看到 M_ξ 对置换群元素 P 不变的，$PM_\xi=M_\xi$，而 $E^*M_\xi=-M_\xi$。因此，M_ξ 在分子对称群里的特征值除 E^*、P^* 为 -1 外，其余的都为 $+1$，我们称 M_ξ 所属的表示为 Γ^*。另外，在 $R(3)$ 群里，M_ξ 属 $D^{(1)}$ 表示。因此，若 $\langle\Phi'|M_\xi|\Phi''\rangle$ 不为零，即要求

$$\Gamma'\times\Gamma''\supset\Gamma^*\text{（在分子对称群里）}$$

$$D'\times D''\supset D^{(1)}$$

因此选择定则为 Φ' 和 Φ'' 的宇称（E^* 的本征值）必须不同，同时 $\Delta J=0,\pm1$（但 $J'=0\nrightarrow J''=0$），此处 J 为总角动量量子数。

以上是电偶极矩跃迁的严格选择定则。我们没有做任何近似的假设。

现在如将分子波函数写为核自旋 Φ_{nspin}、转动 Φ_{rot}、振动 Φ_{vib}、电子 Φ_{el} 及电子自旋 Φ_{espin} 波函数的乘积，并将 M_ξ 写为分子主轴坐标里的值 M_a。M_ξ 和 M_a 有变换关系，即

$$M_\xi=\sum_a\lambda_{a\xi}M_a$$

这时

$$\begin{aligned}&\langle\Phi'\mid M_\xi\mid\Phi''\rangle\\&=\langle\Phi'_{n\text{ spin}}\mid\Phi''_{n\text{ spin}}\rangle\langle\Phi'_{e\text{ spin}}\mid\Phi''_{e\text{ spin}}\rangle\sum_a\langle\Phi'_{\text{rot}}\mid\lambda_{a\xi}\mid\Phi''_{\text{rot}}\rangle\langle\Phi'_{\text{vib}}\Phi'_{\text{el}}\mid M_a\mid\Phi''_{\text{vib}}\Phi''_{\text{el}}\rangle\end{aligned}\tag{15.1}$$

又

$$\begin{aligned}&\langle\Phi'_{\text{vib}}\Phi'_{\text{el}}\mid M_a\mid\Phi''_{\text{vib}}\Phi''_{\text{el}}\rangle\\&=\langle\Phi'_{\text{vib}}\mid[\langle\Phi'_{\text{el}}\mid M_a\mid\Phi''_{\text{el}}\rangle]\mid\Phi''_{\text{vib}}\rangle\\&\equiv\langle\Phi'_{\text{vib}}\mid M_a(e',e'')\mid\Phi''_{\text{vib}}\rangle\end{aligned}\tag{15.2}$$

式(15.2)中 $M_a(e',e'')$ 为核坐标的函数。将其按简正坐标 Q_r 展开：

$$M_a(e',e'')=M_a^{(0)}(e',e'')+\sum_rM_a^{(r)}(e',e'')Q_r+\frac{1}{2}\sum_{r,s}M_a^{(r,s)}(e',e'')Q_rQ_s+\cdots\tag{15.3}$$

由式(15.1)、式(15.2)、式(15.3)，并取近似可得

$$\begin{aligned}&\langle\Phi'\mid M_\xi\mid\Phi''\rangle\\&=\langle\Phi'_{n\text{ spin}}\mid\Phi''_{n\text{ spin}}\rangle\langle\Phi'_{e\text{ spin}}\mid\Phi''_{e\text{ spin}}\rangle\cdot\\&\quad\Big[\langle\Phi'_{\text{vib}}\mid\Phi''_{\text{vib}}\rangle\sum_a\langle\Phi'_{\text{rot}}\mid\lambda_{a\xi}\mid\Phi''_{\text{rot}}\rangle M_a^{(0)}(e',e'')+\\&\quad\sum_a\langle\Phi'_{\text{rot}}\mid\lambda_{a\xi}\mid\Phi''_{\text{rot}}\rangle\sum_r\langle\Phi'_{\text{vib}}\mid Q_r\mid\Phi''_{\text{vib}}\rangle M_a^{(r)}(e'e'')\Big]\end{aligned}\tag{15.4}$$

为使式(15.4)不为零，显然对核自旋量子 I 及电子自旋量子数 S，需

$$\Delta I=0,\quad\Delta S=0$$

下面分别讨论电子态、振动态及转动态之间的跃迁选择定则。

1. 电子态间的跃迁

如果 $\Phi'_{el} \neq \Phi''_{el}$，可仅考虑式(15.4)中的第一项。此时选择定则要求：

$$\Gamma'_{el} \times \Gamma''_{el} \supset \Gamma(M_a)$$

及

$$\Gamma'_{vib} = \Gamma''_{vib}$$

上面考虑的是将分子振动及电子态区分开来。如果二者间有耦合，则要考虑

$$\Gamma'_{ve} \times \Gamma''_{ve} \supset \Gamma(M_a)$$

2. 振动态间的跃迁

如果 $\Phi'_{vib} \neq \Phi''_{vib}$，$\Phi'_{el} = \Phi''_{el}$，式(15.4)中的第一项为零，因此选择定则要求

$$\langle \Phi'_{vib} | Q_r | \Phi''_{vib} \rangle \neq 0$$

及

$$M_a^{(r)}(e', e'') \neq 0$$

后者即要求 $\Gamma(Q_r) = \Gamma(M_a)$，在简谐近似下，前式要求

$$\Delta V_r = \pm 1$$

3. 转动态间的跃迁

对转动跃迁，选择定则要求 $\langle \Phi'_{rot} | \lambda_{a\xi} | \Phi''_{rot} \rangle \neq 0$。

对于具有球对称和主轴对称陀螺的选择定则，2.10 节中曾有过叙述。关于不具有主轴对称陀螺($I_a < I_b < I_c$)的选择定则，有(ΔK_a=偶数，ΔK_c=奇数)，(ΔK_a=奇数，ΔK_c=奇数)或(ΔK_a=奇数，ΔK_c=偶数)，并且 $\Delta J = 0, \pm 1$ 的跃迁定则。

本章所讨论的置换反演群，可参阅参考文献[15.2]。

有关双原子分子的对称性饶富趣味，读者可参阅参考文献[15.3]，文献[15.4]。

参 考 文 献

[15.1] ALLEN H C, CROSS R C. Molecular vib-rotors: the theory and interpretation of high resolution spectra[M]. New York: Wiley, 1963.

[15.2] BUNKER P R. Molecular symmetry and spectroscopy[M]. New York: Academic Press, 1979.

[15.3] MIZUSHIMA M. The theory of rotating diatomic molecules[M]. New York: Wiley 1975.

[15.4] JUDD B R. Angular momentum theory for diatomic molecules[M]. New York: Academic Press, 1975.

习 题

15.1 试分析 CH_2F_2 分子的置换反演群和分子对称群。

15.2 非对称刚体分子的转动哈密顿量为

$$H = \hbar^2(AJ_a^2 + BJ_b^2 + CJ_c^2)$$

其中 a,b,c 为主轴坐标。证明 H 对沿 a,b,c 轴旋转 π 角度(R_a^π,R_b^π,R_c^π)不变。因此其转动群为 D_2。

15.3 试写出 S_3 置换群的元素、类及特征表。并以此群对 NH_3 分子的 3 个氢原子的核自旋波函数做对称分类。

15.4 水分子的对称群$\{E,(12),E^*,(12)^*\}$,(1,2,表示 H,3 表示 O)同构于 C_{2v}。列出其核位移$(\Delta x,\Delta y,\Delta z)$在 $E,(12),E^*,(12)^*$ 作用下的变换,并推导水分子简正坐标在对称群里的对称,参见图 15.8。

第16章 分子高激发振动

16.1 前 言

分子高激发振动具有强烈的模间相互耦合,异常非线性的特征。此时,建立在简谐近似的简正振动模的概念已不那么确切了。那么,分子高激发振动态的本质是什么?它的物理图像如何?这是很重要的课题。随着激光技术的发展,人们目前已开始可以逐步了解高激发振动的本质了。拉曼或红外光谱学未来的一个重要课题应该是探讨分子高激发振动态的本质和其物理图像。

我们知道,分子高激发振动态是个极端的非线性多体振动体系。由于是高激发态,能量大、能级高、量子数(如果有)也大,因此它是个接近经典的体系,固然,分子高激发振动态是量子体系。由于这个原因,目前人们所熟知的有关非线性经典体系的多种现象和性质,如混沌等,会在分子高激发振动态中表现出来,似亦是可以意料的。从第1章介绍量子力学以来,读者可能会有一个印象,就是微观的分子运动,只能用量子力学来处理,经典力学在此领域、范畴是不恰当的。对于分子高激发振动态而言,情况并不完全如此。分子高激发振动态的这些非线性特征,从谱学的角度而言,必然会表现在能级的间距上。因此,问题的核心就变为:我们如何从它的量子能级的间距上(这是可观测的实验数据),萃取出它的非线性的性质和特征,包括非线性所具有的混沌的现象!

在本章中,我们在介绍非线性力学的基本概念时,会逐步联系到这些概念和分子高激发振动谱学的关系。

16.2 莫尔斯振子

我们知道莫尔斯(Morse)振子是个能够体现分子中化学键解离现象的模型。此模型体现了非线性体系的几个基本特征:束缚态、解离态和它们的分界线(separatrix)。莫尔斯振子的势能是

$$D[1-\exp(-ar)]^2$$

它的本征能级为

$$E=\omega\left(n+\frac{1}{2}\right)+X\left(n+\frac{1}{2}\right)^{2}$$

其中,n 为量子数。我们了解到这是一个简谐振子能级,带上二次修正项的表达式。可见,莫尔斯振子是仅次于(从相对复杂的程度言)简谐振子的非线性体系!我们也注意到,接近分界线时,束缚态中最临近的两个量子化能级的间距会变小,如图 16.1 所示。

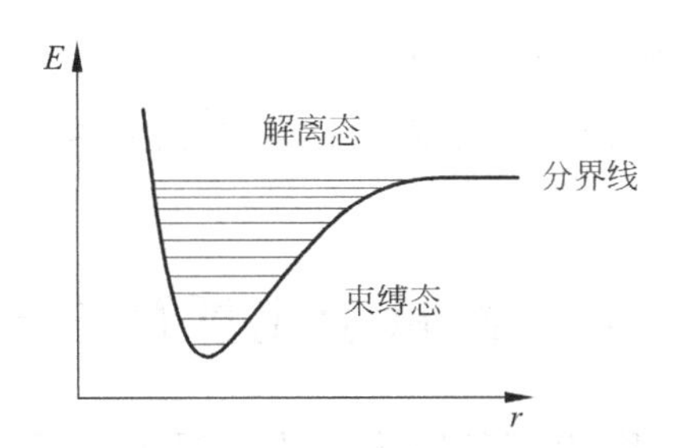

图 16.1　莫尔斯势能,它包含了非线性体系的几个核心概念:束缚态、解离态和它们的分界线。横线表示量子化的能级。接近分界线时,最临近的两个能级间距变小

16.3　单摆的动力学

单摆的动力学特征是我们所熟悉的,它包含了稳定的和不稳定的不动点,当振幅很小时,它基本上是个简谐的运动,而当振幅逐步增大时,就成为非线性的运动,这时它的角速度 ω 就和作用量 n 有关了。单摆的力学包涵着两个运动的范畴:束缚的和非束缚的(即越过不稳定不动点的旋转),以及它们之间的分界线。这个特征类似莫尔斯振子的束缚态和解离态以及分界线。值得注意的是,在高维空间中运动的单摆,**混沌运动如果发生的话,会首先发生在不稳定不动点的临近**。这个现象是好理解的:我们看杂技的表演者,一个人站在一个大球上时(相当于处在不稳定不动点),他必须不停地"瞻前顾后",踮着脚步,才能平稳地站在球上,他的脚步不就是一个不带周期的、混沌的轨迹!我们也注意到不稳定的不动点就在分界线上!**单摆和莫尔斯振子的束缚态的量子化能级有一个共性,就是在接近分界线时,能级的间距变得最小**。总之,我们看到,单摆包含着非线性力学的主要核心要素,如图 16.2 所示。

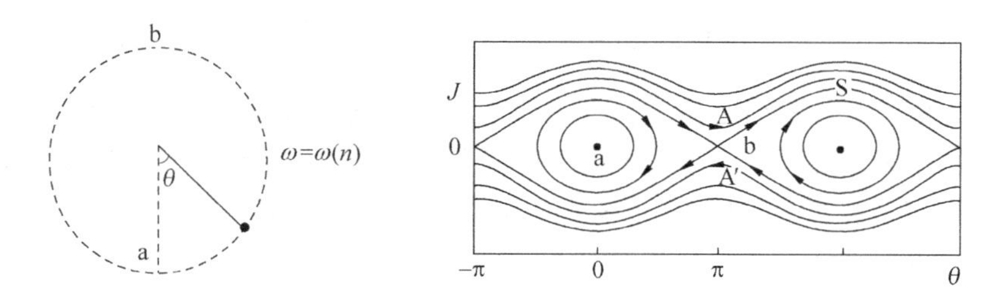

图 16.2 单摆的运动和它的动力学相图，a，b，S 为稳定、不稳定的不动点以及分界线。在高维体系中，混沌会首先出现在不稳定的不动点附近

16.4 二次量子化算符的表达

对于一维简谐振子，我们除可以坐标 x 与动量 p_x 来描述外，尚可以产生、湮没算符 a^+，a 来描述。这两种描述是等同的。后者即所谓的二次量子化表达。因为此两种方式是等同的，所以无所谓第二次量子化的过程，此点经常引起误解。

简谐振子的二次量子化算符满足玻色子对易关系：

$$[a,a^+]\equiv aa^+-a^+a=1$$

在二次量子化语言下，简谐振子的本征态可以用量子数 n 来表示。n 可以理解为振子的量子数目，每个量子具有 $\hbar\omega_0$ 的能量，ω_0 为经典振子的频率。通常以 $|n\rangle$ 表示本征态。本征态在 a^+，a 的作用下有如下的关系：

$$a^+|n\rangle=\sqrt{n+1}\,|n+1\rangle$$

$$a|n\rangle=\sqrt{n}\,|n-1\rangle$$

对于一个简谐振子，其哈密顿量可以写为

$$H_0=\hbar\omega_0\left(\hat{n}+\frac{1}{2}\right)$$

式中，$\hat{n}$ 为二次量子化算符，$\hat{n}=a^+a$，并且

$$\hat{n}|n\rangle=n|n\rangle$$

因此其本征能量为 $\hbar\omega_0(n+1/2)$。

此种简洁的哈密顿表达式，正显示二次量子化语言的有力性。

我们采用的哈密顿量，不从传统的薛定谔方程入手，而是采用二次量子化算符的表达形式，称作代数哈密顿量。当两个振子（化学键）振动频率相近时，能量便容易从一个振子转移到另一个振子上，这就是共振。例如，水分子中的两个 O—H 键之间（标号为 s，t），能量可以相互转移（称作 1∶1 共振），不仅如此，它们还和弯曲运动（标号为 b）可以有着称为费米共振（即 1∶2 共振，弯曲振动的频率为伸缩振动

的一半)的相互作用。这两种共振可以用量子力学的产生、湮没算符来表示。同时,基于莫尔斯振子,我们有

$$H = H_0 + H_{st} + H_F$$

$$H_0 = \omega_s(n_s + n_t + 1) + \omega_b\left(n_b + \frac{1}{2}\right) + X_{ss}\left[\left(n_s + \frac{1}{2}\right)^2 + \left(n_t + \frac{1}{2}\right)^2\right] +$$

$$X_{bb}\left(n_b + \frac{1}{2}\right)^2 + X_{st}\left(n_s + \frac{1}{2}\right)\left(n_t + \frac{1}{2}\right) + X_{sb}(n_s + n_t + 1)\left(n_b + \frac{1}{2}\right)$$

$$H_{st} = K_{st}(a_s^+ a_t + h.c.)$$

$$H_F = K_{sb}(a_s^+ a_b a_b + a_t^+ a_b a_b + h.c.)$$

此处,ω,X 表示振动模的频率和非线性系数。K 为共振耦合系数。这个体系的本征能级可以从对角化此代数哈密顿量的矩阵(以 H_0 的本征态 $|n_s, n_t, n_b\rangle$ 为基,n_s,n_t,n_b 就是莫尔斯振子的量子数,即为 0,1,2 等正整数,注意就此体系,我们有守恒量子数 $P = n_s + n_t + n_b/2$)求得,条件是它的系数均为已知。事实上,这些系数可以由 H 的本征能级与实验所得的能级相拟合而确定下来。它们是[16.1]：$\omega_s = 3890.6\text{cm}^{-1}$；$\omega_t = 3890.6\text{cm}^{-1}$；$\omega_b = 1645.2\text{cm}^{-1}$；$X_{ss} = -82.1\text{cm}^{-1}$；$X_{tt} = -82.1\text{cm}^{-1}$；$X_{bb} = -16.2\text{cm}^{-1}$；$X_{st} = -13.2\text{cm}^{-1}$；$X_{sb} = -21.0\text{cm}^{-1}$；$K_{st} = -42.7\text{cm}^{-1}$；$K_{sb} = -14.5\text{cm}^{-1}$。

16.5　一个共振等同于一个单摆的动力学

一个共振等同于一个单摆的动力学。我们以 1∶1 共振来说明这个观点。

首先,我们知道经典力学中,可以将力学量表示为一组的作用量和对应的相角,(J,θ),运动的方程则为

$$\partial H/\partial J = \dot{\theta} = \omega, \quad \partial H/\partial \theta = -\dot{J}$$

此处,变量上的“·”表示对时间的微分。

现在设体系的哈密顿量为 $H_0(J_1, J_2)$,其角速度为

$$\omega_1^0 = \partial H_0/\partial J_1, \quad \omega_2^0 = \partial H_0/\partial J_2$$

并且

$$\omega_1^0 \approx \omega_2^0 \quad 或 \quad \omega_1^0 - \omega_2^0 = 0$$

共振条件下的哈密顿量为

$$H = H_0(J_1, J_2) + C_0(J_1 J_2)\sin(\theta_1 - \theta_2)$$

我们做如下的坐标变换：

$$I_1 = J_1 - J_2, \quad \phi_1 = \theta_1 - \theta_2$$

$$I_2 = J_1 + J_2, \quad \phi_2 = \theta_1 + \theta_2$$

则

$$H = H_0(I_1, I_2) + C_0(I_1 I_2)\sin\phi_1$$

因为 H 和 ϕ_2 无关，从$\partial H/\partial\phi_2 = -\dot{I}_2 = 0$，可知 I_2 为守恒量。这时

$$H \approx (\partial H_0/\partial I_1)_0(I_1 - I_1^0) + \frac{1}{2}(\partial^2 H_0/\partial I_1^2)_0(I_1 - I_1^0)^2 + C_0(I_1^0, I_2^0)\sin\phi_1$$

但是

$$(\partial H_0/\partial I_1)_0 = \frac{\partial H_0}{\partial J_1}\frac{\partial J_1}{\partial I_1} + \frac{\partial H_0}{\partial J_2}\frac{\partial J_2}{\partial I_1} = \omega_1^0 - \omega_2^0 = 0$$

因此

$$H \sim \frac{1}{2}\alpha I_1^2 + C_0\sin\phi_1 (\alpha, C_0 \text{ 为常量})$$

上式正好等同于一个在势能为 $C_0\sin\phi_1$ 中，动能为 $1/2\alpha I_1^2$ 的单摆哈密顿量。因此，一个共振(相互作用)等同于一个单摆的动力学，一个共振就包含了非线性力学的诸多要素：稳定、不稳定不动点、分隔两种动力学范畴的分界线，以及规则和混沌的运动。

16.6　一个共振对应于一个守恒量

我们以水分子的 1∶1 共振为例。对应于这个相互作用，作用量 $P = n_s + n_t$ 是个守恒量，称为 polyad 数。对于 1∶2 的费米共振，polyad 数为 $P = n_s + n_t + n_b/2$。这两个共振并存时的守恒 polyad 数，仍为 $P = n_s + n_t + n_b/2$。因此，我们可以将体系的能态用这个守恒的作用量(当体系量子化时，它就是量子数了)来归类。因为，一个共振等同于一个单摆的力学，因此，对应于一个 polyad 数的一系列能态，就相当于一个单摆的量子化能级，而越过分界线附近的能级间距也会是极小的(见16.3 节)。这个观察称为狄克松(Dixon)凹陷[16.2]。

16.7　混　　沌

简单的说，混沌就是无规则的混乱运动。所谓的无规则其实受限于我们的认识。一个体系看似混沌无序，如果我们的认识足够深，或许我们还是可以看出其中的有序结构。我们后面会介绍，分子高激发振动态的数目非常多，从它们的能级看，似乎(显然)是无序的，但是经过仔细的分析，其中其实蕴含着规则。目前，我们对于所谓的混沌有一个普遍的定义：一是体系的运动方程是确定的，二是体系的轨迹高度敏感于初始的条件(状态)，就是俗话说的，失之毫厘、差以千里。体现这个概念的参数是**李雅普诺夫(Lyapunov)指数**。设有两个初始点，它们间的距离为

$\Delta x(0)$。当时间为 t 时，从这两个初始点所衍生的轨迹间距为 $\Delta x(t)$。$\Delta x(t)$ 与 $\Delta x(0)$ 会有（如果）如下关系：

$$\Delta x(t) \sim e^{\lambda t} \Delta x(0)$$

参数 λ 就称为李雅普诺夫指数。$\lambda<0$ 表示两条轨迹处于“收敛”的状态，$\lambda=0$ 表示两条轨迹处于“平行”的状态，而 $\lambda>0$ 则表示两条轨迹处于“发散”的状态。$\lambda>0$ 对应于“失之毫厘，差以千里”的情况。因此，目前多以 $\lambda>0$ 作为体系混沌的定义。一个 N 维体系会具有 N 个李雅普诺夫指数。通常，我们只需要最大的李雅普诺夫指数，因为它主要决定了体系混沌的程度。

16.8　海森伯对应

海森伯认为二次量子化的产生和湮灭算符可以对应于一组经典的作用——相角（action-angle）的力学量。即在经典情况下有[16.3]

$$a^+ \approx \sqrt{n}\, e^{i\phi}, \quad a \approx \sqrt{n}\, e^{-i\phi}$$

(n,ϕ) 坐标，也可以表示为广义的 (q,p) 坐标（从数学上言，(q,p) 是李群的陪集空间的坐标）：

$$q = \sqrt{2n}\cos\phi, \quad p = -\sqrt{2n}\sin\phi$$

例如，16.4 节中，已述对于 s 和 t 两个振子的 1∶1 相互作用，可以用它们的产生和湮灭算符来表示，而这些算符又对应于一组作用 n 和相角 ϕ 的量。在 (q,p) 坐标的表示下，我们有：

$$a_s^+ a_t + a_t^+ a_s \sim q_s q_t + p_s p_t$$

因为总的作用量 $n_s + n_t$ 是守恒的，因此我们也可以取

$$a_s^+ \sim \sqrt{n_s}, \quad a_t^+ \sim \sqrt{n_t}\, e^{i\phi_t}$$

此处的 ϕ_t 应指 s 和 t 两个作用量的“相角差”。如此便得：

$$a_s^+ a_t + a_t^+ a_s \sim \sqrt{2n_s}\, q_t$$

另外，我们也会有（给定 P）：

$$n_t = (q_t^2 + p_t^2)/2, \quad n_b = (q_b^2 + p_b^2)/2, \quad n_s = P - (n_t + n_b/2)$$

耦合项为：$K_{st}(2n_s)^{\frac{1}{2}} q_t$（对应于 1∶1 共振），$K_{DD} n_s (q_t^2 - p_t^2)$（对应于 $a_s^+ a_s^+ a_t a_t + h.c.$ 称为 Darling-Dennison 或 2∶2 耦合），

$$K_{sb}\{\sqrt{n_s}(q_b^2 - p_b^2) + [q_t(q_b^2 - p_b^2) + 2p_t q_b p_b]/\sqrt{2}\}（对应于费米共振）$$

这样，我们就有了 $H = H(P, q_t, p_t, q_b, p_b)$，对应的哈密顿运动方程则为

$$\partial H/\partial q_\alpha = -\mathrm{d}p_\alpha/\mathrm{d}t$$
$$\partial H/\partial p_\alpha = \mathrm{d}q_\alpha/\mathrm{d}t \quad (\alpha = t, b)$$

如此,体系的动力学就变为四维空间里(陪集空间)的一个三维流形(因为体系的能量是守恒的)。给定了初始的$(q_t, p_t, q_b, p_b)_0$,运动的轨迹就按哈密顿运动方程确定了。

至此,我们可以展示一个例子来说明我们的方法。

DCN 的 D—C 和 C—N 两个键的频率各为 2681.4cm^{-1}和 1948.9cm^{-1},其比值为 1.37。因此,它们之间可以有 1∶1 和 2∶3 的共振,对应的 polyad 数分别为$P_1 = n_s + n_t$和$P_2 = n_s/2 + n_t/3$。因为这两个共振是同时存在的,所以,这两个 polyad 数不是严格的守恒,它们只能是近似的守恒量。然而,我们看到,这两个近似的守恒量还是很有用的。图 16.3 是用这两个量子数来归类此体系的高激发振动能级[16.4]。

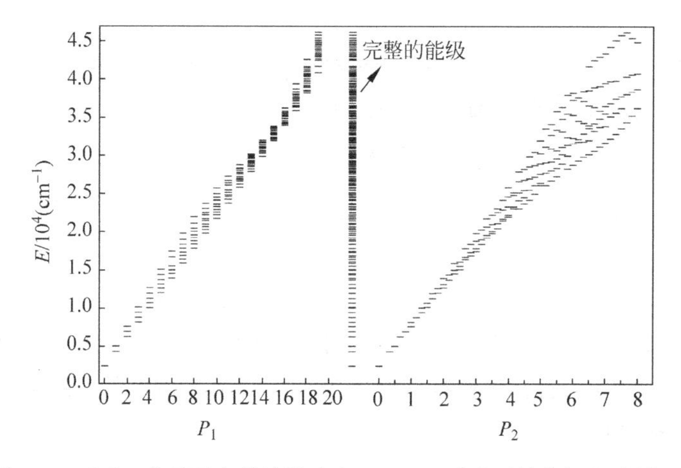

图 16.3　DCN 分子两个伸缩振动在 45000cm^{-1}以下的能级以及用$P_1 = n_s + n_t$和$P_2 = n_s/2 + n_t/3$的划分归类

我们可以系统地分析各个对应于P_1,P_2的 Dixon 凹陷,结果是对于$P_1 < 7$(能量<20000cm^{-1}),最邻近能级间距显示凹陷,如图 16.4(a)所示。对于更高的能级($P_1 > 7$),凹陷就不明显了,并且显示起伏的特征,这显示 1∶1 的共振受到 2∶3 共振的扰动。对于$P_2 < 5$(能级<30000cm^{-1}),凹陷的现象并不明显,然而对于更大的P_2(能级大至 45000cm^{-1}),Dixon 凹陷就又出现了,如图 16.4(b)所示。这个对比,使我们知道介于 20000cm^{-1}和 30000cm^{-1}的能级,两个共振间的相互干扰是很严重的,从而导致它们的分界线受到严重的扭曲,以致 Dixon 凹陷不明显。在这个能量区间,1∶1 和 2∶3 共振是重叠的。下面我们将看到在这个共振重叠的区域,体系的动力学最为混沌。

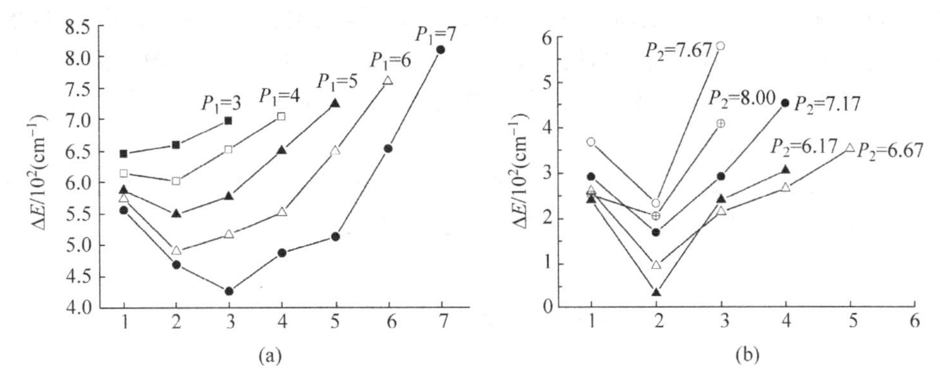

图 16.4　DCN 体系，对应于(a)$P_1<7$，(b)$P_2>5$ 的最邻近能级间距

16.9　共振的重叠导致混沌的产生

奇里科夫(Chirikov)提及一个著名的观点[16.5]：共振的重叠将导致混沌的产生。如 16.8 节所述，DCN 介于 20000cm^{-1}和 30000cm^{-1}的能级，1∶1 和 2∶3 共振是重叠的。我们可以来验证 Chirikov 的观点。为此，我们将代数哈密顿量表述为陪集空间的力学量，从而来理解它的本征态的动力学行为。对于我们工作的目的，所需的是平均的(最大)李雅普诺夫指数。为此，对应于一个态，我们在其相空间中，随机选取 200 个初始点以计算其平均(最大的)李雅普诺夫指数，$\langle\lambda\rangle$，结果如图 16.5 所示[16.4]。从中，很明显地，当能级为 10000cm^{-1}，态的动力学开始出现混沌。在这个能量范围附近，动力学主要是 1∶1 的共振耦合(固然也受到 2∶3 共振的微扰)。当能量达到 25000cm^{-1}时，动力学混沌达到最大的程度($\langle\lambda\rangle$最大)。在

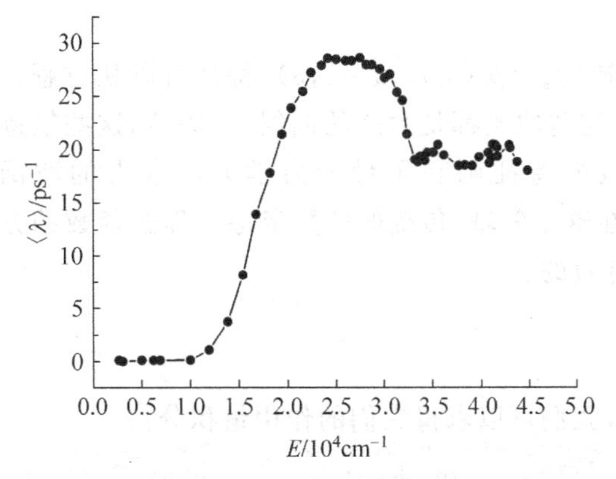

图 16.5　DCN 体系平均最大李雅普诺夫指数$\langle\lambda\rangle$随能量的关系

$20000cm^{-1}$和$30000cm^{-1}$之间时，1∶1和2∶3共振均起作用。一如Chirikov所指出的，它们的重叠导致混沌。当能量高于$30000cm^{-1}$时，则2∶3共振起到了主导的作用，此时，共振的重叠和李雅普诺夫指数也均降了下来。因此，随着能级的升高，体系混沌的程度反而下降了。

至此，我们了解到除了不稳定不动点附近会产生混沌外，共振的重叠也会导致混沌。前者是局域性的混沌，而后者则会导致大范围的混沌。

16.10 动力学势

1. 不动点

有了$H(P,q_\alpha,p_\alpha)$，则它的动力学势是很容易求得的：就是对于每个q_α，变化p_α，在$P \geqslant n_\alpha \geqslant 0$的条件下，求得最大和最小的能量$E_+$，$E_-$。由$(q_\alpha,E_+)$，$(q_\alpha,E_-)$所构成的封闭曲线就是动力学势[16.6]。动力学势是那些共有一个polyad数的能级所处的“环境”。动力学势上的每个点对应于$\partial H/\partial p_\alpha=0$，而其上满足$\partial H/\partial q_\alpha=0$的点(即对应于动力学势图中水平的点)，则为体系的不动点(对应于P)。

HCP分子中，H绕C—P内旋转的运动可以近似为旋转(标号为2)和C—P伸缩(标号为3)的1∶2共振。它的对应于polyad数($P=n_2+2n_3$)为22的动力学势，如图16.6所示。此体系的12个能级也如图中所示。图中所示的稳定、不稳定不动点分别为$[B]$，$[r]$，$[SN]$和$[\overline{SN}]$。我们看到量子化能级是由动力学势所规范，而动力学势则由这些经典的不动点所定义。这就是说，给定了不动点的结构也就(差不多)确定了动力学势和其量子态的特征了！可见量子能级和经典的不动点之间是紧密相关的。我们也看到，这些量子能级就处在不动点所规范的几个量子环境中(详见下节)。

这些能级的轨迹($p_\alpha=p_\alpha(q_\alpha)$，$(\alpha=2,3)$)特征可以从方程：本征能量$=H(P,q_\alpha,p_\alpha)$中求解得到(这些轨迹都是封闭的曲线)。固然，这些轨迹都是经典的，但是它们所揭示的能级的特征则和用量子力学方法求得的波函数的结果是一致的[16.6,16.7]。可见，在这个领域，传统的解薛定谔方程波函数的方法不是决然的，也未必是最方便、最有效的。

2. 量子环境

从能态的轨迹，我们可以求得它们的作用量积分：

$$1/2\pi\oint p_\alpha \mathrm{d}q_\alpha \quad (\alpha=2,3)$$

见表16.1，从(q_2,p_2)空间所得的结果，我们可见，这些能级可以分为三类，L0～

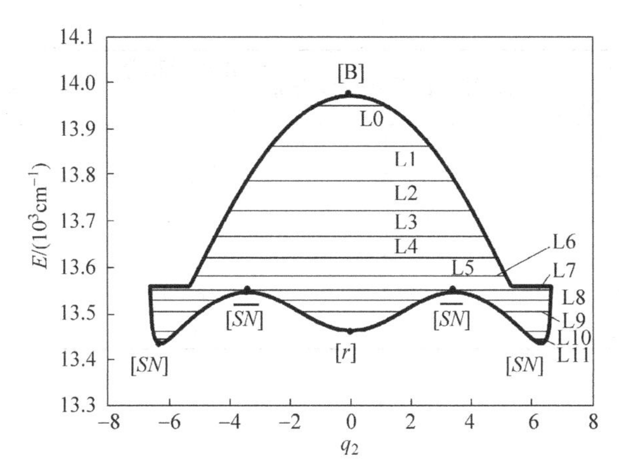

图 16.6　HCP 分子 $P=22$ 时的动力学势

横线表示量子能级。$[B]$,$[r]$,$[SN]$和$[\overline{SN}]$为稳定和不稳定的不动点

L7,L8～L10 和 L11。这些类中,相邻能级的作用量积分的差值都是一样的,约为 2(如果取 $P=n_2/2+n_3$,则这个值就是 1)。L0 至 L7 的作用量积分是增加的。这是可以理解的,因为它们处在"倒" 的莫尔斯势能里(图 16.6),所以能级低者,作用量积分(量子数)反而是大的。L8～L10 的作用量积分是减小的,因为它们处在"正"的势能(莫尔斯势)里,所以能级低者,作用量积分(量子数)也小。L11 自成一类。我们认识到:处于同一个环境(势能)的量子能级,其间的作用量积分(量子数)差是一个定值(可以归一为 1),一如在简谐、莫尔斯以及(电子的)库仑势里。因此,我们说,L0～L7,L8～L10 和 L11 分别处于三种量子"环境"中的态。这样的量子态分类,和波函数的结果是一致的:L0～L7,L8～L10 和 L11 的波函数也分属三种不同的图形类别[16.7]。表 16.1 中还显示从(q_3,p_3)空间所得的作用量积分的结果,它们和从(q_2,p_2)空间所得的结果是一致的(自然也可以将能级归为 L0～L10 和 L11 两类)。

表 16.1　HCP 分子,$P=22$ 时不同能级的作用量积分和其间的差值

能级编号	作用量积分 ($q_2 p_2$) 空间	相邻能级的作用量积分差	作用量积分 ($q_3 p_3$)空间	相邻能级的作用量积分差
L0	0.5	—	0.2	—
L1	2.5	2.0	1.3	1.0
L2	4.5	2.0	2.3	1.0
L3	6.6	2.1	3.3	1.0
L4	8.7	2.1	4.3	1.0
L5	10.8	2.1	5.4	1.1

续表

能级编号	作用量积分 $(q_2 p_2)$ 空间	相邻能级的作用量积分差	作用量积分 $(q_3 p_3)$空间	相邻能级的作用量积分差
L6	12.9	2.1	6.5	1.1
L7	15.4	2.5	7.6	1.1
L8	4.6	—	8.7	—
L9	2.8	1.8	9.6	0.9
L10	0.6	2.2	10.8	1.2
L11	0.2	—	0.1	—

3. 局域模

对于每个能级，从其轨迹，我们可以求得 $n_\alpha = n_\alpha(q_\alpha)$ 的关系，再从对 q_α 的积分，能得到一个能级中 H 绕 C—P 内旋转和 C—P 伸缩的作用量的百分比分布。

我们发现，最低的能级(对应于一个 polyad 数的一组能级)，具有非常高比例的旋转局域模式。这个靠近不动点[SN]模式的能级虽然不是最高的，但是因为具有最多的局域旋转(弯曲)运动内涵(即旋转作用量的百分比最大)，就负担着经由 HCP 的弯曲，逾越至 HPC 的角色。其他的能级，固然有着更多的能量，但因为分子内振动模式间的弛豫(intramolecular vibrational relaxation，IVR)作用，使得能量在不同的模式间分散开来，就起不到逾越至 HPC 的角色作用。对应于每个 polyad 数 P 的最高能级，它所具有的弯曲模式的作用量比率(对比于 C—P 伸缩)也比这个[SN]模式的，来得少，如图 16.7 所示。并且，最高能级能用于弯曲的实际能量也比[SN]模式的少。从图 16.7 中，我们可见最高能级的 $n_2/2$ 百分比率随着 P 的增高而减少，这是 IVR 作用随之变强的结果，反而[SN]模式的 IVR 并不随 P 的增高而增强，它的局域性随着能量的增高而增强。

4. 动力学势的对称性

DCP 的 D—C 和 C—P 伸缩具有 1∶2 的共振，但是和弯曲运动的耦合不大。这个体系的动力学势和 HCP 的动力学势具有对称性(相似性)，如图 16.8 所示。对比 HCP 的动力学势，我们立刻知道，DCP 也具有局域模式，它是靠近不动点[R_1]处的最高能级。同时，它具有两个量子环境。这些结果告诉我们，只要能知道一个体系的动力学势(强调一下，这是个经典的物理量)，则其他具有相似动力学势的体系的量子化能级的特性也就清楚了。

这些结果告诉我们，不同的分子并不如原先所认为的它们的能态或谱学间没有关系。事实是，它们之间还是有着共性(这点可能超出一般人的意料)，而这个共性却不是用解波函数的方法所能容易了解到的。

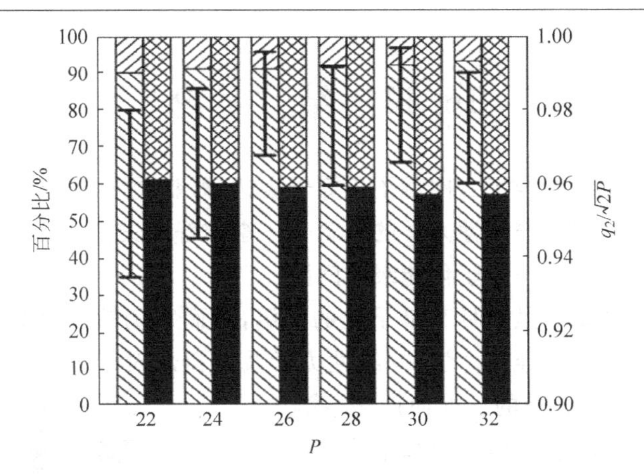

图 16.7　[*SN*]模式随 polyad 数 P 的 $n_2/2$(右下斜线)和 n_3(左下斜线)的百分比率。工字形为其 q_2 的范围。这些均显示[*SN*]模式的局域性。黑柱和网状部分为最高能级的 $n_2/2$ 和 n_3 组成百分比

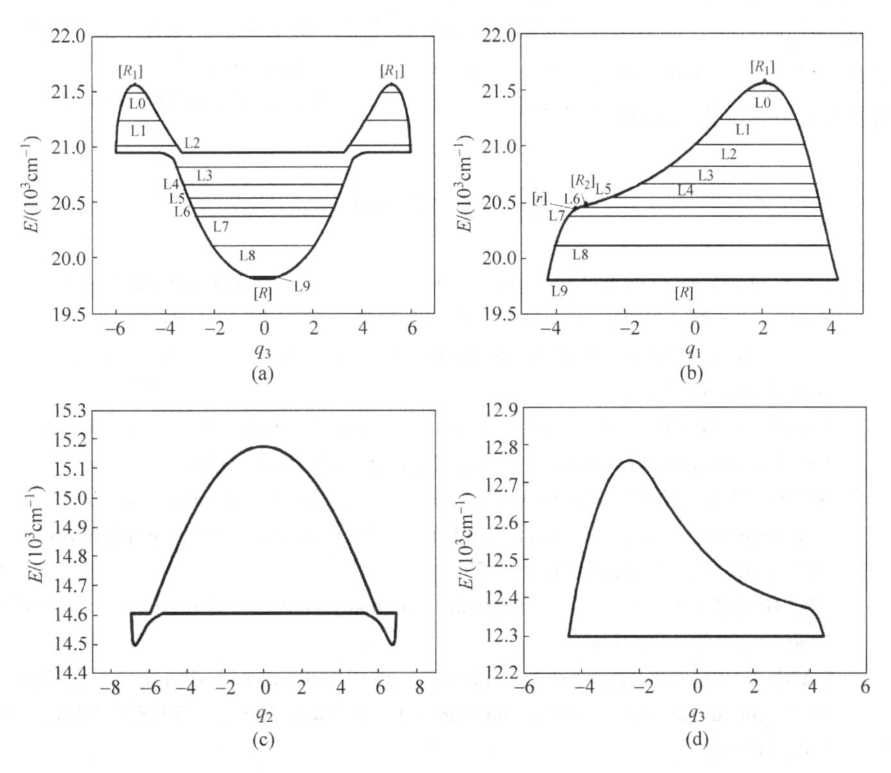

图 16.8　DCP 的动力学势(a),(b) $P=18$ 和 HCP 在 $q_2(P=24)$ (c) 和 $q_3(P=20)$ (d) 的动力学势。DCP 在 q_3 的动力学势相似于 HCP 在 q_2 的动力学势,但上下颠倒。DCP 在 q_1 的动力学势也相似于 HCP 在 $-q_3$ 的动力学势。$[R_1]$,$[R_2]$,$[R]$和 $[r]$ 是不动点。横线表示量子化能级

16.11 结　　论

以上所述的方法结合了二次量子化算子表达、海森伯对应、经典力学——哈密顿方法，单摆的动力学、非线性力学的概念——李雅普诺夫指数、混沌等领域，而数据则来自实验的观察——量子化能级的间距。

分子高激发振动态虽然具有量子化的能级，然而它仍然保存着大量的经典性质，如图 16.9 所示意。经典力学、非线性力学及其概念对于了解这样的体系不仅是有用的，而且还是必需的。推而广之，我们也可以期待，很多量子体系其实仍然包含着诸多经典的性质，非线性经典力学对于了解这些量子体系仍然是有用的，它可以让我们很容易地获得体系的"整体性质"(global properties)，而这是用波函数的概念很难得到的，一些被用波函数方法所掩盖的性质，也可以因此而得到显现。

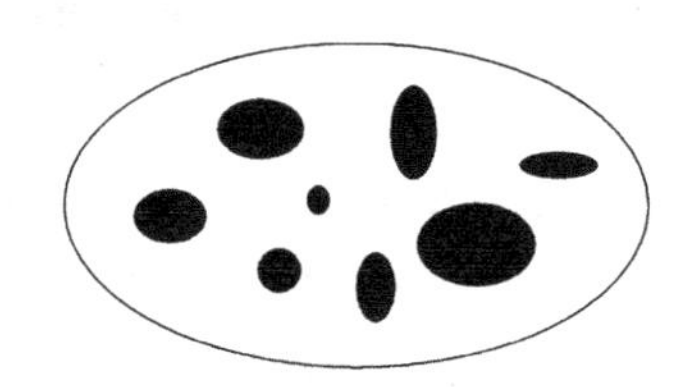

图 16.9　量子体系中，仍然蕴含着经典的信息和性质
黑色部分示意经典性质的范畴

参考文献

[16.1] IACHELLO F, OSS S. Vibrational spectra of linear triatomic moleules in the vibron model[J]. J. Mol. Spectrosc. ,1990,142: 85.

[16.2] DIXON R N. Higher vibrational levels of a bent triatomic molecule[J]. Trans. Farad. Soc. ,1964,60: 1363.

[16.3] HEISENBERG W Z. Joule-enz energy of quantum electron transitions compared with the electromagnetic emission of energy[J]. Physik,1925,33: 879.

[16.4] WANG H,WANG P, WU G. Dixon dip in the highly excited vibrational levels sharing a common approximate quantum number and its destruction under nultiple resonances [J]. Chem. Phys. Lett. ,2004,399: 78.

[16.5] CHIRIKOV B V. A universal instability of many-dimensional oscillator systems[J]. Phys. Rep. 1979,52: 263.

[16.6] FANG C,WU G Z. Dynamical similarity in the highly excited vibrationac of HCP and DCP: the dynamical potential approach[J]. J. Mol. Struct. : THEOCHEM, 2009, 910: 141.

[16.7] JOYEUX M,SUGNY D, TYNG V,el al. Semiclassical study of the isomerization states of HCP[J]. J. Chem. Phys. 2000,112: 4162.

[16.8] 吴国祯. 分子高激发振动——非线性和混沌的理论[M]. 3 版. 北京：科学出版社,2014.

习 题 解 答

第1章

1.1　由$|\upsilon\rangle$的完备性知

$$\sum_{\upsilon} |\upsilon\rangle\langle\upsilon| = I$$

所以

$$\langle\upsilon | x^n | \upsilon'\rangle = \sum_{\upsilon_1}\sum_{\upsilon_2}\cdots\sum_{\upsilon_{n-1}}\langle\upsilon | x | \upsilon_1\rangle\langle\upsilon_1 | x | \upsilon_2\rangle\cdots\langle\upsilon_{n-1} | x | \upsilon'\rangle$$

上式求和只需考虑$\upsilon_i=\upsilon_j\pm 1$的那些不为零的项即可。

1.2　将$g(\omega)=\delta(\omega-\omega_0)$代入$P_m(t)$，并依δ函数的性质

$$\int f(\omega)\delta(\omega-\omega_0)\mathrm{d}\omega = f(\omega_0)$$

即得

$$P_m(t)\sim t^2$$

1.3　因为在$\mathrm{e}^{\mathrm{i}kz}=1+\mathrm{i}kz+\cdots$中，某次项的值总比前次项的小$kz$因子。因此相应的辐射强度，前者要比后者小$(kz)^2\sim\left(\frac{2\pi}{\lambda}a\right)^2$。

如果$\lambda\sim 5000\text{Å}$，a为原子尺度，则

$$\left(\frac{2\pi}{\lambda}a\right)^2\sim 10^{-6}$$

1.4　考虑分部积分

$$\int_{-\infty}^{\infty}\psi_k x\,\frac{\mathrm{d}^2\psi_m^*}{\mathrm{d}x^2}\mathrm{d}x = \psi_k x\,\frac{\mathrm{d}\psi_m^*}{\mathrm{d}x}\bigg|_{-\infty}^{\infty} - \int\frac{\mathrm{d}}{\mathrm{d}x}[\psi_k x]\frac{\mathrm{d}\psi_m^*}{\mathrm{d}x}\mathrm{d}x$$

并注意$\mathrm{d}(\psi_m^*\psi_k)=\psi_k\mathrm{d}\psi_m^*+\psi_m^*\mathrm{d}\psi_k$即可。

1.5　因为依玻尔原子模型

$$\nu_{nm}\approx Z^2\left(\frac{1}{n^2}-\frac{1}{m^2}\right),\quad 即\quad \nu_{nm}\approx Z^2$$

另外，电子的能量$E\approx\frac{Z}{r}$或$r\approx\frac{Z}{E}$，而$E\approx\frac{Z^2}{n^2}$，因此，$r\approx\frac{Z}{Z^2}=\frac{1}{Z}$。

所以，$|X_{nm}|\approx r\approx\frac{1}{Z}$，又

$$A_{nm}\approx\nu^3\,|X_{nm}|^2\approx Z^6/Z^2\approx Z^4$$

因此 He^+($Z=2$)的激发态寿命 $\tau\sim A_{nm}^{-1}$ 只为 H 的 1/16。

1.6　问题的关键是 $I(\omega)$ 和 $\langle\mu(0)\mu(t)\rangle$ 互为傅里叶变换。

1.7　将具体数值代入

$$\Delta\omega_{\rm h}^{D}=2\omega_0\left[2\ln 2\frac{kT}{Mc^2}\right]^{1/2}$$

中,即知。

如 $T=300\text{K}$,$M=20$,$\lambda=6000\text{Å}$,多普勒宽度为 $1.66\times10^{-2}\text{Å}$,这比自然线宽大 2 个数量级。

1.8　谱线宽度 γ 是初、末态能级宽度之和。E_1 为基态,其能量宽度为 0(因寿命无穷大)。所以

$$\gamma_{31}=\Delta E_3=\tau_3^{-1}$$
$$\gamma_{32}=\Delta E_3+\Delta E_2=\tau_3^{-1}+\tau_2^{-1}$$

又 τ^{-1} 是粒子从能级上自发辐射的概率之和,所以

$$\tau_3^{-1}=A_{31}+A_{32}$$
$$\tau_2^{-1}=A_{21}$$

因此

$$\gamma_{31}=\tau_3^{-1}=A_{32}+A_{31}$$
$$\gamma_{32}=\tau_3^{-1}+\tau_2^{-1}=A_{32}+A_{31}+A_{21}$$

第 2 章

2.1　(1) 如要求 $R\to\infty$,$E=E_{\rm k}=E_{\rm p}=0$,则对 E,$E_{\rm k}$ 和 $E_{\rm p}$ 需各加上 $-\text{D}_{\rm e}$,$\text{D}_{\rm e}$ 和 $-2\text{D}_{\rm e}$。此时它们和 R 的关系如图 1(设 $\beta=1$,$R_{\rm e}=1.40\text{a.u.}$)。

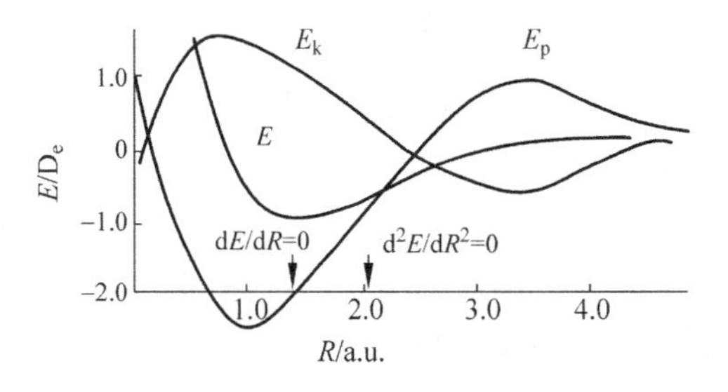

图 1　解 2.1 图

(2) 对 E 就 R 微分两次求解,即可得。

(3) $R_{\rm e}<R<R_{\rm e}+\dfrac{1}{\beta}\ln 2$ 时,$E_{\rm p}$ 降低的速率要比 $E_{\rm k}$ 增加得快;

$R>R_{\rm e}+\dfrac{1}{\beta}\ln 2$ 时,$E_{\rm k}$ 的降低速率要比 $E_{\rm p}$ 增加得快。

2.2　$\mathrm{d}N_J/\mathrm{d}J=0$,得 $2J+1=[2kT/B]^{1/2}$。

2.3 ^{16}O的自旋为0,是玻色子。$^{16}O_2$的自旋也只能为0。总自旋波函数是对称的,振动波函数也是对称的。可知J只能取奇数,才能使得$^{16}O_2$的总波函数是对称的。

^{17}O为费米子,$^{17}O_2$的自旋可以为0,1,2,3,4,5。按量子力学可知,当自旋为0,2,4时自旋波函数为反对称,而为1,3,5时为对称。因此对前者,J只能为奇数,对后者,J只能为偶数。

2.4 $E_J=J(J+1)B_J$

$$\bar{\nu}=E_{J'}-E_{J''}=J'(J'+1)B'-J''(J''+1)B''$$

对P带 $J'=J''-1$,

$$\bar{\nu}=(B'-B'')J''^2-(B'+B'')J''$$

$$\Delta\bar{\nu}=(B'+B'')+(B'-B'')(2J''+1)$$

$$J''>J',\quad 所以\ B'>B''$$

因此,J''越大,谱线间距越大。

对R带 $J'=J''+1$

$$\bar{\nu}=(B'-B'')(J''+1)^2+(B'+B'')(J''+1)$$

$$\Delta\bar{\nu}=(B'+B'')+(B'-B'')(2J''+3)$$

$$J'>J'',\quad 所以\ B'<B''$$

因此,J''越大,谱线间距越小。

2.5

$$\Delta E_V=\omega_e-2(V+1)\omega_e x_e$$

令

$$\Delta E_V=y,\quad \omega_e(1-2x_e)=a,\quad -2\omega_e x_e=m,\quad V=x$$

则$y=a+mx$。此为直线方程。可用最小二乘方法求解a及m,然后求得ω_e,x_e。

按定义$V_{max}=\dfrac{1}{2x_e}-1$,亦可求得:$\omega_e\sim4404.51\text{cm}^{-1}$,$x_e\sim0.0266$,$V_{max}\sim18$。

上述V_{max}为依直线方程外推所得。事实上,ΔE_V和V不是简单的线性关系。实质上的V_{max}为$\Delta E_V=0$时的V值,这时$V_{max}\sim15$。

第3章

3.1 (1) $P_{S_{1_i}}=\dfrac{\partial T}{\partial \dot{S}_{1_i}}=\sum\limits_k\dfrac{\partial T}{\partial \dot{S}_{2_k}}\dfrac{\partial \dot{S}_{2_k}}{\partial \dot{S}_{1_i}}=\sum\limits_k P_{S_{2_k}}A_{ki}$

即

$$\boldsymbol{P}_{S_1}=\boldsymbol{A}^{\mathrm{T}}\boldsymbol{P}_{S_2}$$

(2) 因为

$$T_{S_1} = T_{S_2}$$

$$\boldsymbol{P}_{S_1}^{\mathrm{T}} \boldsymbol{G}_{S_1} \boldsymbol{P}_{S_1} = \boldsymbol{P}_{S_2}^{\mathrm{T}} \boldsymbol{G}_{S_2} \boldsymbol{P}_{S_2}$$

同时

$$\boldsymbol{P}_{S_1} = \boldsymbol{A}^{\mathrm{T}} \boldsymbol{P}_{S_2}, \quad \boldsymbol{P}_{S_1}^{\mathrm{T}} = \boldsymbol{P}_{S_2}^{\mathrm{T}} \boldsymbol{A}$$

代入,即得

$$\boldsymbol{A}\boldsymbol{G}_{S_1} \boldsymbol{A}^{\mathrm{T}} = \boldsymbol{G}_{S_2}$$

因为

$$V_{S_1} = V_{S_2}, \quad \boldsymbol{S}_1^{\mathrm{T}} \boldsymbol{F}_{S_1} \boldsymbol{S}_1 = \boldsymbol{S}_2^{\mathrm{T}} \boldsymbol{F}_{S_2} \boldsymbol{S}_2$$

将 $\boldsymbol{S}_2 = \boldsymbol{A}\boldsymbol{S}_1$,即 $\boldsymbol{S}_2^{\mathrm{T}} = \boldsymbol{S}_1^{\mathrm{T}} \boldsymbol{A}^{\mathrm{T}}$ 代入,即得

$$\boldsymbol{F}_{S_2} = (\boldsymbol{A}^{\mathrm{T}})^{-1} \boldsymbol{F}_{S_1} \boldsymbol{A}^{-1}$$

由(2)的结果得

$$\boldsymbol{G}_{S_2} \boldsymbol{F}_{S_2} = \boldsymbol{A}\boldsymbol{G}_{S_1} \boldsymbol{A}^{\mathrm{T}} (\boldsymbol{A}^{\mathrm{T}})^{-1} \boldsymbol{F}_{S_1} \boldsymbol{A}^{-1} = \boldsymbol{A}\boldsymbol{G}_{S_1} \boldsymbol{F}_{S_1} \boldsymbol{A}^{-1}$$

再由

$$\boldsymbol{L}_{S_2}^{-1} \boldsymbol{G}_{S_2} \boldsymbol{F}_{S_2} \boldsymbol{L}_{S_2} = \boldsymbol{\Lambda} = \boldsymbol{L}_{S_1}^{-1} \boldsymbol{G}_{S_1} \boldsymbol{F}_{S_1} \boldsymbol{L}_{S_1} = \boldsymbol{L}_{S_2}^{-1} \boldsymbol{A}\boldsymbol{G}_{S_1} \boldsymbol{F}_{S_1} \boldsymbol{A}^{-1} \boldsymbol{L}_{S_2}$$

即得

$$\boldsymbol{L}_{S_2} = \boldsymbol{A}\boldsymbol{L}_{S_1}$$

(3) 如果 $\boldsymbol{G}_{S_1} = \boldsymbol{G}_{S_2} = \boldsymbol{I}$,但 $\boldsymbol{S}_1$,$\boldsymbol{S}_2$ 为两组不同的坐标,则 $\boldsymbol{A}\boldsymbol{G}_{S_1}\boldsymbol{A}^{\mathrm{T}} = \boldsymbol{G}_{S_2}$ 变为 $\boldsymbol{A}\boldsymbol{A}^{\mathrm{T}} = \boldsymbol{I}$,即 $\boldsymbol{A}^{\mathrm{T}} = \boldsymbol{A}^{-1}$。

3.2 节的 $\boldsymbol{L}^{-1}$ 满足此关系,所以 $(\boldsymbol{L}^{-1})_{ki} = L_{ik}$。

3.2 考虑

$$H_0 \psi_1 = \varepsilon_1 \psi_1, \quad H_0 \psi_2 = \varepsilon_2 \psi_2, \quad \varepsilon_1 \approx \varepsilon_2$$

令

$$\psi = a\psi_1 + b\psi_2, \quad H = H_0 + H', \quad H\psi = \varepsilon\psi$$

则

$$(H'_{11} + \varepsilon_1 - \varepsilon)a + H'_{12} b = 0$$

$$(H'_{22} + \varepsilon_2 - \varepsilon)b + H'_{12} a = 0$$

解得

$$\varepsilon_{\pm} = \frac{E_1 + E_2}{2} \pm \sqrt{H'_{12} + \left(\frac{E_1 - E_2}{2}\right)^2}$$

上式中 $H'_{ij} = \langle \psi_i | H' | \psi_j \rangle$,$E_1 = \varepsilon_1 + H'_{11}$,$E_2 = \varepsilon_2 + H'_{22}$。

3.3 (1) 考虑 μ 和 r 成正比例关系,所以 $\partial\mu_1/\partial r_1 = \mu_1/\rho$,同时 $\mathrm{d}\mu_1 \cos\theta = \mathrm{d}\mu_z$,$\mathrm{d}r_1 = 2/\sqrt{2}\,\mathrm{d}S_4$,所以 $\dfrac{\partial\mu_1}{\partial r_1} = \dfrac{1}{\sqrt{2}\cos\theta} \dfrac{\partial\mu_z}{\partial S_4}$。

(2) 从(1)得

$$\mathrm{d}\mu_1/\mathrm{d}r_1 \sin\theta\sqrt{2} = \partial\mu_z/\partial S_4 \tan\theta$$
$$= \mathrm{d}\mu_Y \Big/ \frac{1}{\sqrt{2}}\mathrm{d}r_1 = \partial\mu_Y/\partial S_1$$

(3) $\dfrac{\partial\mu_z}{\partial S_5}=\dfrac{\partial\left[\mu_1\cos\left(\theta+\dfrac{\beta}{2}\right)\right]}{\rho\partial\beta/2}=\dfrac{-\mu_1}{\rho}\sin\left(\theta+\dfrac{\beta}{2}\right)$。

(4) 由(1)得$\dfrac{\partial\mu_z}{\partial S_4}=\sqrt{2}\cos\theta\dfrac{\partial\mu_1}{\partial r_1}=\sqrt{2}\cos\theta\dfrac{\mu_1}{\rho}$,由(3)得$\dfrac{\partial\mu_z}{\partial S_5}=-\dfrac{\mu_1}{\rho}\sin\left(\theta+\dfrac{\beta}{2}\right)$,所以

$$\frac{\partial S_5}{\partial S_4} = -\frac{\cos\theta\sqrt{2}}{\sin(\theta+\beta/2)}$$

(5) $\dfrac{\partial\mu_z}{\partial S_4}=\dfrac{\partial\mu_z}{\partial S_5}\dfrac{\partial S_5}{\partial S_4}=\dfrac{\partial\mu_z}{\partial S_5}\dfrac{-\cos\theta\sqrt{2}}{\sin(\theta+\beta/2)}$。

第5章

5.1 考虑 $S_n^n=C_n^n\sigma_h^n=\sigma_h^n$,$n$ 为奇数时 $\sigma_h^n=\sigma_h$,所以 σ_h 存在,又 $S_n\sigma_h=C_n$,所以 C_n 亦存在。

5.2 两个有限循环群

$$G_1 = \{a^0, a^1, a^2, \cdots, a^n\}$$
$$G_2 = \{b^0, b^1, b^2, \cdots, b^n\}$$

中可以有对应 $a^k \leftrightarrow b^k$,所以 G_1,G_2 同构。

5.3 取群中某一不为单元的元素 a,作 $a^0, a^1, a^2, \cdots, a^m=a^k (k<m)$。如果 $m>5$,则群的元素数目超过5,矛盾。如果 $m<5$,则群有子群,此亦矛盾。结论:群为循环群。

5.4 对阿贝尔群,恒有 $xax^{-1}=axx^{-1}=a$,所以每个元素构成一类。

5.5 左右陪集为$\{E, C_3, C_3^2\}$,$\{\sigma_v^{(1)}, \sigma_v^{(2)}, \sigma_v^{(3)}\}$,三个类为$\{E,\}\{C_3, C_3^2\}$,$\{\sigma_v^{(1)}, \sigma_v^{(2)}, \sigma_v^{(3)}\}$。

5.6 参阅一般初级群论教材。

5.7 K_i为陪集。陪集的相乘可定义为陪集间元素相乘。关键点在证明陪集相乘亦为陪集。参阅一般群论教材。

5.8 $G=H\cup g_1H\cup g_2H\cup\cdots$

此处 H 为不变子群。将 g_iH 中之元素 $g_{i,k}$和 g_iH 做映射,注意到

$$g_{i,k}g_{j,l} \to g_iHg_jH = g_ig_jH$$

得证。

5.9　S_6，D_{3d}，D_{5h}，O_h。

5.10　(1) C_{3h}；(2) C_{2h}；(3) D_{6h}；(4) D_{3d}；(5) T_d；(6) D_{2h}。

5.11　T_r表示取特征值。首先证明 $T_r(\boldsymbol{AB})=T_r(\boldsymbol{BA})$，然后即可证得 $T_r(\boldsymbol{A})=T_r(\boldsymbol{S}^{-1}\boldsymbol{AS})$。

5.12　由

$$\sum_i \chi^{(i)}(C_k)^* \chi^{(i)}(C_l) = \frac{g}{N_k}\delta_{kl}$$

令 $C_k=C_l=E$，且 $N_k=1$，$\chi^{(i)}(E)=d_i$，所以

$$\sum_i d_i^2 = g$$

5.13　将库仑势表达式写出，然后做变换：

$$y_i \rightarrow z_i、z_i \rightarrow -y_i \quad 和 \quad y_i \rightarrow -y_i、z_i \rightarrow -z_i$$

即得。

5.14　分子点群为 C_{2h}。简正振动模的对称性为

$$\Gamma^{vib} = 5A_g + B_g + 2A_u + 4B_u$$

其中，A_g，B_g 为拉曼活性，A_u，B_u 为红外活性。面内振动坐标对 σ_h 是对称的。面外振动坐标对 σ_h 是反对称的。所以 A_g，B_u 振动模为面内振动，B_g，A_u 为面外振动。若对称性降为 C_2，A_g，A_u 变为 A 对称，B_g，B_u 变为 B 对称，此时它们对红外、拉曼都呈活性。

5.15　选内坐标为

r_1(H—C)，　r_2(Cl—C)

r_3(C═C)，　r_4(C—Cl)

r_5(C—H)，　θ_1(H—C═C)

θ_2(Cl—C═C)，　θ_3(C═C—Cl)

θ_4(C═C—H)，　δ_1(H 面外振动)

δ_2(C═C—Cl 面外振动)，　τ(C═C 扭转)

从 C_{2h}群特征表，可有下列投影算子：

$$P_{A_g} = N(E + C_2 + i + \sigma_h)$$

$$P_{B_g} = N(E - C_2 + i - \sigma_h)$$

$$P_{A_u} = N(E + C_2 - i - \sigma_h)$$

$$P_{B_u} = N(E - C_2 - i + \sigma_h)$$

得对称坐标为

对称类	对称坐标
A_g	$\frac{1}{\sqrt{2}}(r_1+r_5)$ $\frac{1}{\sqrt{2}}(r_2+r_4)$ r_3 $\frac{1}{\sqrt{2}}(\theta_1+\theta_4)$ $\frac{1}{\sqrt{2}}(\theta_2+\theta_3)$
B_g	τ
A_u	$\frac{1}{\sqrt{2}}(\delta_1+\delta_2)$ $\frac{1}{\sqrt{2}}(\delta_1-\delta_2)$
B_u	$\frac{1}{\sqrt{2}}(r_1-r_5)$ $\frac{1}{\sqrt{2}}(r_2-r_4)$ $\frac{1}{\sqrt{2}}(\theta_1-\theta_4)$ $\frac{1}{\sqrt{2}}(\theta_2-\theta_3)$

5.16 取内坐标如下：

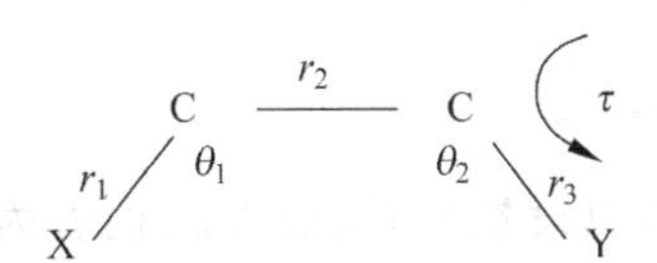

此分子点群为 C_s，可用上题方法推得这些内坐标即为对称坐标。

对称类	坐标
A′	$r_1, r_2, r_3, \theta_1, \theta_2$
A″	τ

所以对应的势能矩阵为

$$F=\begin{bmatrix} F_{r1,r1} & F_{r1,r2} & F_{r1,r3} & F_{r1,\theta1} & F_{r1,\theta2} & 0 \\ & F_{r2,r2} & F_{r2,r3} & F_{r2,\theta1} & F_{r2,\theta2} & 0 \\ & & F_{r3,r3} & F_{r3,\theta1} & F_{r3,\theta2} & 0 \\ & & & F_{\theta1,\theta1} & F_{\theta1,\theta2} & 0 \\ & \text{对称} & & & F_{\theta2,\theta2} & 0 \\ & & & & & F_{\pi} \end{bmatrix}$$

第 7 章

7.2　能级由低到高是 $\alpha+2\beta,\alpha+\beta,\alpha,\alpha-\beta,\alpha-2\beta$。对称性分别是 $B_{1u},B_{2g},A_u,B_{3g},B_{1u},B_{2g}$。波函数分别为

$1/\sqrt{12}[(\phi_1+\phi_2+\phi_3+\phi_4)+2(\phi_5+\phi_6)]$

$1/\sqrt{6}[(\phi_1+\phi_2-\phi_3-\phi_4)+(\phi_5-\phi_6)]$，　$1/2(\phi_1-\phi_2+\phi_3-\phi_4)$

$1/2(\phi_1-\phi_2-\phi_3+\phi_4)$，　$1/\sqrt{6}[\phi_1+\phi_2+\phi_3+\phi_4-\phi_5-\phi_6]$

$1/\sqrt{12}[(\phi_1+\phi_2-\phi_3-\phi_4)-2(\phi_5-\phi_6)]$

B_{2g}

B_{1u}

A_u　　B_{3g}

B_{2g}

B_{1u}

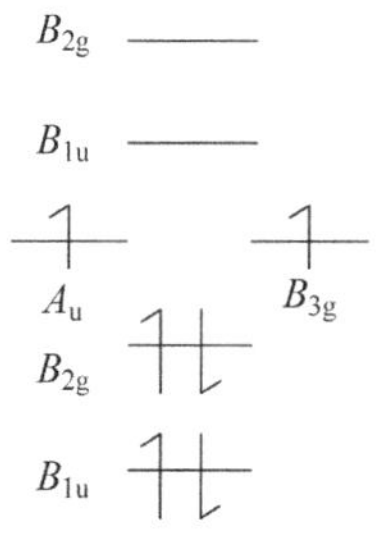

基态的对称性是 $A_u\cdot B_{3g}=B_{3u}$，激发态的对称性是 $A_u\cdot B_{1u}=B_{1g}$ 或 $B_{3g}\cdot B_{1u}=B_{2u}$。因为 $B_{3u}\cdot B_{1g}=B_{2u}$ 属于 y 偏振，可以有跃迁，而 $B_{3u}\cdot B_{2u}=B_{1g}$，就不能有跃迁。

第 8 章

8.1　$I_{Y(ZX)Y}=\dfrac{16\pi^4\nu^4}{c^4}\alpha_{XZ}^2 I_0$。

8.4　BF_3 的几何构型可以设想为 C_{3v} 或 D_{3h}，前者为三角锥状，后者为平面状。888cm^{-1} 峰没有同位素效应，说明这个模式中，B 原子是不动的，在 C_{3v} 构型下，这是不可能的。因此，BF_3 的点群为 D_{3h}（参阅第 2 章参考文献[2.1]的第二册，第 298 页）。

8.5　对于 Q_a，若设极化率更多地是由 C ═C 所决定，则如图 2 中 Q_a 所示。若极化率更多的是由 C—X 所决定，则其应和 Q_b 的一样。

因此，前二者是拉曼活性的，后者是红外活性的。

8.6　拉曼活性：$2A_{1g},E_{1g},4E_{2g}$；

红外活性：$A_{2u},3E_{1u}$。

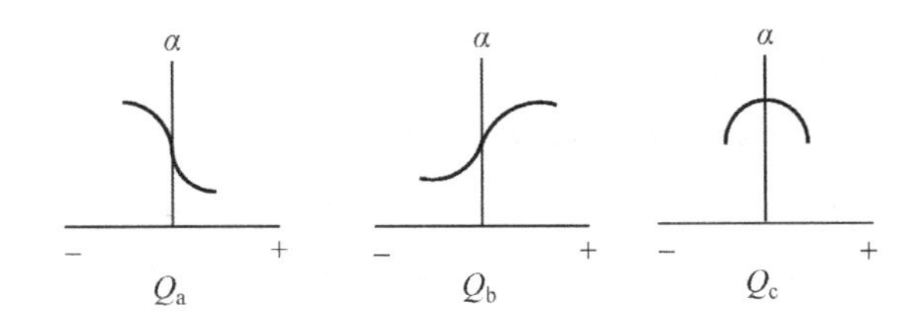

图 2　解 8.5 图

第 14 章

14.1　如图 3 所示当分子的振动模式如小箭头所示，此时分子 R 方向的旋转所产生的科里奥利力会如大箭头所示的方向，右边的 X 原子便受到抛离的力量。如果 X 是电子，并且能量足够大，便会有电子自动解离的现象发生。

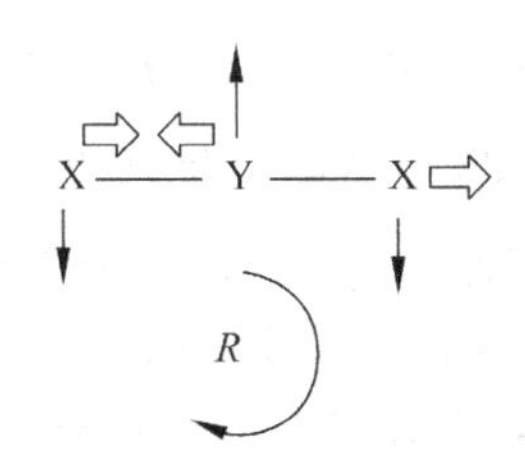

图 3　解 14.1 图

第 15 章

15.1　CH_2F_2 中 H，F 原子分别用 1，2，3，4 标记。其置换反演群为{(12)，(34)，(12)(34)，(12)*，(34)*，(12) (34)*，E，E^*}，分子对称群则为{E，(12)*，(34)*，(12)(34)}。

15.2　因为

$$R_a^\pi J_a = J_a,\quad R_b^\pi J_b = -J_b,\quad R_a^\pi J_c = -J_c$$
$$R_b^\pi J_a = -J_a,\quad R_b^\pi J_b = J_b,\quad R_b^\pi J_c = -J_c$$
$$R_c^\pi J_a = -J_a,\quad R_c^\pi J_b = -J_b,\quad R_c^\pi J_c = J_c$$

所以 H 对 R_a^π，R_b^π，R_c^π 不变，即转动群为 D_2。

15.3　S_3 群元素为(12)，(23)，(13)；(123)，(132)；E。分号分开的元素成一类。其特征表为

S_3	E	3(12)	2(123)
Γ_1	1	1	1
Γ_2	1	−1	1
Γ_3	2	0	−1

此群同构于点群 C_{3v}。

以下列自旋波函数为基，

$$\phi_1 = \alpha(1)\alpha(2)\alpha(3), \quad \phi_2 = \alpha(1)\alpha(2)\beta(3)$$

$$\phi_3 = \alpha(1)\beta(2)\alpha(3), \quad \phi_4 = \beta(1)\alpha(2)\alpha(3)$$

$$\varphi_5 = \alpha(1)\beta(2)\beta(3), \quad \phi_6 = \beta(1)\alpha(2)\beta(3)$$

$$\phi_7 = \beta(1)\beta(2)\alpha(3), \quad \phi_8 = \beta(1)\beta(2)\beta(3)$$

可求得其特征值为

E	(12)	(123)
8	4	2

将之约化得 $\Gamma=4\Gamma_1+2\Gamma_3$。用投影算子可求得所对应的波函数为

$$\Gamma_1 : \alpha\alpha\alpha, (\alpha\alpha\beta+\alpha\beta\alpha+\beta\alpha\alpha)/\sqrt{3}$$

$$(\beta\beta\alpha+\beta\alpha\beta+\alpha\beta\beta)/\sqrt{3}, \beta\beta\beta$$

$$\Gamma_3 : \left[(2\alpha\alpha\beta-\alpha\beta\alpha-\beta\alpha\alpha)/\sqrt{6}, (\alpha\beta\alpha-\beta\alpha\alpha)/\sqrt{2}\right]$$

$$\left[(2\beta\beta\alpha-\beta\alpha\beta-\alpha\beta\beta)/\sqrt{6}, (\beta\alpha\beta-\alpha\beta\beta)/\sqrt{2}\right]$$

15.4　水分子的对称群为$\{E,(12),E^*,(12)^*\}$(1,2,表示 H,3 表示 O)。此群同构于 C_{2v}。(12)对应于 C_2，E^* 对应于位于分子平面的对称面，$(12)^*$ 对应于切分分子的对称面。在(12)的作用下，分子的坐标(x,y,z)变为左手性的$(x,y,-z)$，还得变为右手性的$(x,-y,-z)$，因此，相应的核位移$(\Delta x,\Delta y,\Delta z)$除了足码的变换外，符号还得变为$(\Delta x,-\Delta y,-\Delta z)$。在 E^* 的作用下，分子的坐标(x,y,z)变为$(-x,-y,-z)$，这是左手性的坐标，还得将其改为右手性的坐标，$(-x,y,-z)$。这样，在 E^* 的作用下，核位移$(\Delta x,\Delta y,\Delta z)$固然变为$(-\Delta x,-\Delta y,-\Delta z)$，但因坐标改变了，结果变为$(\Delta x,-\Delta y,\Delta z)$。$(12)^*$ 作用的结果可以从(12)和 E^* 作用的结果推导得到。总的变换见下表。

E	(12)	E^*	$(12)^*$
Δx_1	Δx_2	Δx_1	Δx_2
Δx_2	Δx_1	Δx_2	Δx_1
Δx_3	Δx_3	Δx_3	Δx_3
Δy_1	$-\Delta y_2$	$-\Delta y_1$	Δy_2
Δy_2	$-\Delta y_1$	$-\Delta y_2$	Δy_1
Δy_3	$-\Delta y_3$	$-\Delta y_3$	Δy_3
Δz_1	$-\Delta z_2$	Δz_1	$-\Delta z_2$
Δz_2	$-\Delta z_1$	Δz_2	$-\Delta z_1$
Δz_3	$-\Delta z_3$	Δz_3	$-\Delta z_3$

求得的核位移表示的特征值为(9,−1,3,1)，将此表示约化，再除去 3 个平移和 3 个转动的模式，即得振动的模式为 $2A_1+B_2$。

附录 A　点群特征表

C_s	E	σ_h			C_i	E	i		
A'	1	1	x, y, R_z	x^2, y^2 z^2, xy	A_g	1	1	R_x, R_y, R_z	$x^2, y^2, z^2,$ xy, xz, yz
A''	1	-1	z, R_x, R_y	yz, zx	A_u	1	-1	x, y, z	

C_2	E	C_2		
A	1	1	z, R_z	x^2, y^2, z^2, xy
B	1	-1	x, y, R_x, R_y	yz, xz

C_3	E	C_3	C_3^2		$\in = \exp(2\pi i/3)$
A	1	1	1	z, R_z	x^2+y^2, z^2
E	$\{1$ $\{1$	$\in$ $\in^*$	$\in^*\}$ $\in\}$	(x, y)　(R_x, R_y)	(x^2-y^2, xy) (yz, xz)

C_4	E	C_4	C_2	C_4^3		
A	1	1	1	1	z, R_z	x^2+y^2, z^2
B	1	-1	1	-1		x^2-y^2, xy
E	$\{1$ $\{1$	i $-i$	-1 -1	$-i\}$ $i\}$	(x, y) (R_x, R_y)	(yz, xz)

C_5	E	C_5	C_5^2	C_5^3	C_5^4		$\varepsilon = \exp(2\pi i/5)$
A	1	1	1	1	1	z, R_z	x^2+y^2, z^2
E_1	$\{1$ $\{1$	$\in$ $\in^*$	$\in^2$ $\in^{2*}$	$\in^{2*}$ $\in^2$	$\in^*\}$ $\in\}$	(x, y)　(R_x, R_y)	(yz, xz)
E_2	$\{1$ $\{1$	$\in^2$ $\in^{2*}$	$\in^*$ $\in$	$\in$ $\in^*$	$\in^{2*}\}$ $\in^2\}$		(x^2-y^2, xy)

C_6	E	C_6	C_3	C_2	C_3^2	C_6^5		$\varepsilon=\exp(2\pi i/6)$
A	1	1	1	1	1	1	z, R_z	x^2+y^2, z^2
	1	-1	1	-1	1	-1		
B	1	$\in$	$-\in^*$	-1	$-\in$	$\in^*$	$(x,y)\ (R_x,R_y)$	(yz,xz)
E_1	1	$\in^*$	$-\in$	-1	$-\in^*$	$\in$		
E_2	1	$-\in^*$	$-\in$	1	$-\in^*$	$-\in$		(x^2-y^2, xy)
	1	$-\in$	$-\in^*$	1	$-\in$	$-\in^*$		

C_7	E	C_7	C_7^2	C_7^3	C_7^4	C_7^5	C_7^6		$\in=\exp(2\pi i/7)$
A	1	1	1	1	1	1	1	z, R_z	x^2+y^2, z^2
E_1	1	$\in$	$\in^2$	$\in^3$	$\in^{3*}$	$\in^{2*}$	$\in^*$	$(x,y)\ (R_x,R_y)$	(yz,xz)
	1	$\in^*$	$\in^{2*}$	$\in^{3*}$	$\in^3$	$\in^2$	$\in$		
E_2	1	$\in^2$	$\in^{3*}$	$\in^*$	$\in$	$\in^3$	$\in^{2*}$		(x^2-y^2, xy)
	1	$\in^{2*}$	$\in^3$	$\in$	$\in^*$	$\in^{3*}$	$\in^2$		
E_3	1	$\in^3$	$\in^*$	$\in^2$	$\in^{2*}$	$\in$	$\in^{3*}$		
	1	$\in^{3*}$	$\in$	$\in^{2*}$	$\in^2$	$\in^*$	$\in^3$		

C_8	E	C_8	C_4	C_2	C_4^3	C_8^3	C_8^5	C_8^7		$\in=\exp(2\pi i/8)$
A	1	1	1	1	1	1	1	1	z, R_z	x^2+y^2, z^2
B	1	-1	1	1	1	-1	-1	-1		
E_1	1	$\in$	i	-1	$-$i	$-\in^*$	$-\in$	$\in^*$	(x,y)	(yz,xz)
	1	$\in^*$	$-$i	-1	i	$-\in$	$-\in^*$	$\in$	(R_x,R_y)	
E_2	1	i	-1	1	-1	$-$i	i	$-$i		(x^2-y^2, xy)
	1	$-$i	-1	1	-1	i	$-$i	i		
E_3	1	$-\in$	i	-1	$-$i	$\in^*$	$\in$	$-\in^*$		
	1	$-\in^*$	$-$i	-1	i	$\in$	$\in^*$	$-\in$		

D_2	E	$C_2(z)$	$C_2(y)$	$C_2(x)$		
A	1	1	1	1		x^2, y^2, z^2
B_1	1	1	-1	-1	z, R_z	xy
B_2	1	-1	1	-1	y, R_y	xz
B_3	1	-1	-1	1	x, R_x	yz

D_3	E	$2C_3$	$3C_2$		
A_1	1	1	1		x^2+y^2, z^2
A_2	1	1	-1	z, R_z	
E	2	-1	0	$(x,y)\ (R_x,R_y)$	$(x^2-y^2, xy)\ (xz, yz)$

D_4	E	$2C_4$	$C_2(=C_4^2)$	$2C'_2$	$2C''_2$		
A_1	1	1	1	1	1		x^2+y^2, z^2
A_2	1	1	1	−1	−1	z, R_z	
B_1	1	−1	1	1	−1		x^2-y^2
B_2	1	−1	1	−1	1		xy
E	2	0	−2	0	0	(x,y) (R_x,R_y)	(xz,yz)

D_5	E	$2C_5$	$2C_5^2$	$5C_2$		
A_1	1	1	1	1		x^2+y^2, z^2
A_2	1	1	1	−1	z, R_z	
E_1	2	2cos72°	2cos144°	0	(x,y) (R_x,R_y)	(xz,yz)
E_2	2	2cos144°	2cos72°	0		(x^2-y^2, xy)

D_6	E	$2C_6$	$2C_3$	C_2	$3C'_2$	$3C''_2$		
A_1	1	1	1	1	1	1		x^2+y^2, z^2
A_2	1	1	1	1	−1	−1	z, R_z	
B_1	1	−1	1	−1	1	−1		
B_2	1	−1	1	−1	−1	1		
E_1	2	1	−1	−2	0	0	$(x,y)(R_x,R_y)$	(xz,yz)
E_2	2	−1	−1	2	0	0		(x^2-y^2, xy)

C_{2v}	E	C_2	$\sigma_v(xz)$	$\sigma_v(yz)$		
A_1	1	1	1	1	z	x^2, y^2, z^2
A_2	1	1	−1	−1	R_z	xy
B_1	1	−1	1	−1	x, R_y	xz
B_2	1	−1	−1	1	y, R_x	yz

C_{3v}	E	$2C_3$	$3\sigma_v$		
A_1	1	1	1	z	x^2+y^2, z^2
A_2	1	1	−1	R_z	
E	2	−1	0	(x,y) (R_y,R_x)	(x^2-y^2, xy) (xz,yz)

C_{4v}	E	$2C_4$	C_2	$2\sigma_v$	$2\sigma_d$		
A_1	1	1	1	1	1	z	x^2+y^2, z^2
A_2	1	1	1	−1	−1	R_z	
B_1	1	−1	1	1	−1		x^2-y^2
B_2	1	−1	1	−1	1		xy
E	2	0	−2	0	0	(x,y) (R_x,R_y)	(xz,yz)

C_{5v}	E	$2C_5$	$2C_5^2$	$5\sigma_v$		
A_1	1	1	1	1	z,	x^2+y^2, z^2
A_2	1	1	1	−1	R_z	
E_1	2	2cos72°	2cos144°	0	(x, y) (R_x, R_y)	(xz, yz)
E_2	2	2cos144°	2cos72°	0		(x^2-y^2, xy)

C_{6v}	E	$2C_6$	$2C_3$	C_2	$3\sigma_v$	$3\sigma_d$		
A_1	1	1	1	1	1	1	z	x^2+y^2, z^2
A_2	1	1	1	1	−1	−1	R_z	
B_1	1	−1	1	−1	1	−1		
B_2	1	−1	1	−1	−1	1		
E_1	2	1	−1	−2	0	0	(x, y) (R_x, R_y)	(xz, yz)
E_2	2	−1	−1	2	0	0		(x^2-y^2, xy)

C_{2h}	E	C_2	i	σ_h		
A_g	1	1	1	1	R_z	x^2, y^2, z^2, xy
B_g	1	−1	1	−1	R_x, R_y	xz, yz
A_u	1	1	−1	−1	z	
B_u	1	−1	−1	1	x, y	

C_{3h}	E	C_3	C_3^2	σ_h	S_3	S_3^5		$\in=\exp(2\pi i/3)$
A'	1	1	1	1	1	1	R_z	x^2+y^2, z^2
E'	$\begin{cases}1\\1\end{cases}$	$\begin{matrix}\in\\\in^*\end{matrix}$	$\begin{matrix}\in^*\\\in\end{matrix}$	$\begin{matrix}1\\1\end{matrix}$	$\begin{matrix}\in\\\in^*\end{matrix}$	$\left.\begin{matrix}\in^*\\\in\end{matrix}\right\}$	(x, y)	(x^2-y^2, xy)
A''	1	1	1	−1	−1	−1	z	
E''	$\begin{cases}1\\1\end{cases}$	$\begin{matrix}\in\\\in^*\end{matrix}$	$\begin{matrix}\in^*\\\in\end{matrix}$	$\begin{matrix}-1\\-1\end{matrix}$	$\begin{matrix}-\in\\-\in^*\end{matrix}$	$\left.\begin{matrix}-\in^*\\-\in\end{matrix}\right\}$	(R_x, R_y)	(xz, yz)

C_{4h}	E	C_4	C_2	C_4^3	i	S_4^3	σ_h	S_4		
A_g	1	1	1	1	1	1	1	1	R_z	x^2+y^2, z^2
B_g	1	−1	1	−1	1	−1	1	−1		x^2-y^2, xy
E_g	$\begin{cases}1\\1\end{cases}$	$\begin{matrix}i\\-i\end{matrix}$	$\begin{matrix}-1\\-1\end{matrix}$	$\begin{matrix}-i\\i\end{matrix}$	$\begin{matrix}1\\1\end{matrix}$	$\begin{matrix}i\\-i\end{matrix}$	$\begin{matrix}-1\\-1\end{matrix}$	$\left.\begin{matrix}-i\\i\end{matrix}\right\}$	(R_x, R_y)	(xz, yz)
A_u	1	1	1	1	−1	−1	−1	−1	z	
B_u	1	−1	1	−1	−1	1	−1	1		
E_u	$\begin{cases}1\\1\end{cases}$	$\begin{matrix}i\\-i\end{matrix}$	$\begin{matrix}-1\\-1\end{matrix}$	$\begin{matrix}-i\\i\end{matrix}$	$\begin{matrix}-1\\-1\end{matrix}$	$\begin{matrix}-i\\i\end{matrix}$	$\begin{matrix}1\\1\end{matrix}$	$\left.\begin{matrix}i\\-i\end{matrix}\right\}$	(x, y)	

C_{5h}	E	C_5	C_5^2	C_5^3	C_5^4	σ_h	S_5	S_5^7	S_5^3	S_5^9		$\in = \exp(2\pi i/5)$
A'	1	1	1	1	1	1	1	1	1	1	R_r	x^2+y^2, z^2
E'_1	1	$\in$	$\in^2$	$\in^{2*}$	$\in^*$	1	$\in$	$\in^2$	$\in^{2*}$	$\in^*$	(x, y)	
	1	$\in^*$	$\in^{2*}$	$\in^2$	$\in$	1	$\in^*$	$\in^{2*}$	$\in^2$	$\in$		
E'_2	1	$\in^2$	$\in^*$	$\in$	$\in^{2*}$	1	$\in^2$	$\in^*$	$\in$	$\in^{2*}$		(x^2-y^2, xy)
	1	$\in^{2*}$	$\in$	$\in^*$	$\in^2$	1	$\in^{2*}$	$\in$	$\in^*$	$\in^2$		
A''	1	1	1	1	1	−1	−1	−1	−1	−1	z	
E''_1	1	$\in$	$\in^2$	$\in^{2*}$	$\in^*$	−1	$-\in$	$-\in^2$	$-\in^{2*}$	$-\in^*$	(R_x, R_y)	(xz, yz)
	1	$\in^*$	$\in^{2*}$	$\in^2$	$\in$	−1	$-\in^*$	$-\in^{2*}$	$-\in^2$	$-\in$		
E''_2	1	$\in^2$	$\in^*$	$\in$	$\in^{2*}$	−1	$-\in^2$	$-\in^*$	$-\in$	$-\in^{2*}$		
	1	$\in^{2*}$	$\in$	$\in^*$	$\in^2$	−1	$-\in^{2*}$	$-\in$	$-\in^*$	$-\in^2$		

C_{6h}	E	C_6	C_3	C_2	C_3^2	C_6^5	i	S_3^5	S_6^5	σ_h	S_6	S_3		$\in = \exp(2\pi i/6)$
A_g	1	1	1	1	1	1	1	1	1	1	1	1	R_z	x^2+y^2, z^2
B_g	1	−1	1	−1	1	−1	1	−1	1	−1	1	−1		
E_{1g}	1	$\in$	$-\in^*$	−1	$-\in$	$\in^*$	1	$\in$	$-\in^*$	−1	$-\in$	$\in^*$	(R_x, R_y)	(xz, yz)
	1	$\in^*$	$\in$	−1	$-\in^*$	$\in$	1	$\in^*$	$-\in$	−1	$-\in^*$	$\in$		
E_{2g}	1	$-\in^*$	$-\in$	1	$-\in^*$	$-\in$	1	$-\in^*$	$-\in$	1	$-\in^*$	$-\in$		(x^2-y^2, xy)
	1	$-\in$	$-\in^*$	1	$-\in$	$-\in^*$	1	$-\in$	$-\in^*$	1	$-\in$	$-\in^*$		
A_u	1	1	1	1	1	1	−1	−1	−1	−1	−1	−1	z	
B_u	1	−1	1	−1	1	−1	−1	1	−1	1	−1	1		
E_{1u}	1	$\in$	$-\in^*$	−1	$-\in$	$\in^*$	−1	$-\in$	$\in^*$	1	$\in$	$-\in^*$	(x, y)	
	1	$\in^*$	$-\in$	−1	$-\in^*$	$\in$	−1	$-\in^*$	$\in$	1	$\in^*$	$-\in$		
E_{2u}	1	$-\in^*$	$-\in$	1	$-\in^*$	$-\in$	−1	$\in^*$	$\in$	−1	$\in^*$	$\in$		
	1	$-\in$	$-\in^*$	1	$-\in$	$-\in^*$	−1	$\in$	$\in^*$	−1	$\in$	$\in^*$		

D_{2h}	E	$C_2(z)$	$C_2(y)$	$C_2(x)$	i	$\sigma(xy)$	$\sigma(xz)$	$\sigma(yz)$		
A_g	1	1	1	1	1	1	1	1		x^2, y^2, z^2
B_{1g}	1	1	−1	−1	1	1	−1	−1	R_z	xy
B_{2g}	1	−1	1	−1	1	−1	1	−1	R_y	xz
B_{3g}	1	−1	−1	1	1	−1	−1	1	R_x	yz
A_u	1	1	1	1	−1	−1	−1	−1		
B_{1u}	1	1	−1	−1	−1	−1	1	1	z	
B_{2u}	1	−1	1	−1	−1	1	−1	1	y	
B_{3u}	1	−1	−1	1	−1	1	1	−1	x	

D_{3h}	E	$2C_3$	$3C_2$	σ_h	$2S_3$	$3\sigma_v$		
A'_1	1	1	1	1	1	1		x^2+y^2, z^2
A'_2	1	1	−1	1	1	−1	R_z	
E'	2	−1	0	2	−1	0	(x, y)	(x^2-y^2, xy)
A''_1	1	1	1	−1	−1	−1		
A''_2	1	1	−1	−1	−1	1	z	
E''	2	−1	0	−2	1	0	(R_x, R_y)	(xz, yz)

D_{4h}	E	$2C_4$	C_2	$2C'_2$	$2C''_2$	i	$2S_4$	σ_h	$2\sigma_v$	$2\sigma_d$		
A_{1g}	1	1	1	1	1	1	1	1	1	1		x^2+y^2, z^2
A_{2g}	1	1	1	−1	−1	1	1	1	−1	−1	R_z	
B_{1g}	1	−1	1	1	−1	1	−1	1	1	−1		x^2-y^2
B_{2g}	1	−1	1	−1	1	1	−1	1	−1	1		xy
E_g	2	0	−2	0	0	2	0	−2	0	0	(R_x, R_y)	(xz, yz)
A_{1u}	1	1	1	1	1	−1	−1	−1	−1	−1		
A_{2u}	1	1	1	−1	−1	−1	−1	−1	1	1	z	
B_{1u}	1	−1	1	1	−1	−1	1	−1	−1	1		
B_{2u}	1	−1	1	−1	1	−1	1	−1	1	−1		
E_u	2	0	−2	0	0	−2	0	2	0	0	$(x\ y)$	

D_{5h}	E	$2C_5$	$2C_5^2$	$5C_2$	σ_h	$2S_5$	$2S_5^3$	$5\sigma_v$		
A'_1	1	1	1	1	1	1	1	1		x^2+y^2, z^2
A'_2	1	1	1	−1	1	1	1	−1	R_z	
E'_1	2	2cos72°	2cos144°	0	2	2cos72°	2cos144°	0	(x, y)	
E'_2	2	2cos144°	2cos72°	0	2	2cos144°	2cos72°	0		(x^2-y^2, xy)
A''_1	1	1	1	1	−1	−1	−1	−1		
A''_2	1	1	1	−1	−1	−1	−1	1	z	
E''_1	2	2cos72°	2cos144°	0	−2	−2cos72°	−2cos144°	0	(R_x, R_y)	(xz, yz)
E''_2	2	2cos144°	2cos72°	0	−2	−2cos144°	−2cos72°	0		

D_{6h}	E	$2C_6$	$2C_3$	C_2	$3C'_2$	$3C''_2$	i	$2S_3$	$2S_6$	σ_h	$3\sigma_d$	$3\sigma_v$		
A_{1g}	1	1	1	1	1	1	1	1	1	1	1	1		x^2+y^2, z^2
A_{2g}	1	1	1	1	−1	−1	1	1	1	1	−1	−1	R_z	
B_{1g}	1	−1	1	−1	1	−1	1	−1	1	−1	1	−1		
B_{2g}	1	−1	1	−1	−1	1	1	−1	1	−1	−1	1		
E_{1g}	2	1	−1	−2	0	0	2	1	−1	−2	0	0	(R_x, R_y)	(xz, yz)
E_{2g}	2	−1	−1	2	0	0	2	−1	−1	2	0	0		(x^2-y^2, xy)
A_{1u}	1	1	1	1	1	1	−1	−1	−1	−1	−1	−1		
A_{2u}	1	1	1	1	−1	−1	−1	−1	−1	−1	1	1	z	
B_{1u}	1	−1	1	−1	1	−1	−1	1	−1	1	−1	1		
B_{2u}	1	−1	1	−1	−1	1	−1	1	−1	1	1	−1		
E_{1u}	2	1	−1	−2	0	0	−2	−1	1	2	0	0	(x, y)	
E_{2u}	2	−1	−1	2	0	0	−2	1	1	−2	0	0		

D_{2d}	E	$2S_4$	C_2	$2C_2'$	$2\sigma_d$		
A_1	1	1	1	1	1		x^2+y^2, z^2
A_2	1	1	1	−1	−1	R_z	
B_1	1	−1	1	1	−1		x^2-y^2
B_2	1	−1	1	−1	1	z	xy
E	2	0	−2	0	0	$(x\ y)$; (R_x, R_y)	(xz, yz)

D_{3d}	E	$2C_3$	$3C_2$	i	$2S_6$	$3\sigma_d$		
A_{1g}	1	1	1	1	1	1		x^2+y^2, z^2
A_{2g}	1	1	−1	1	1	−1	R_z	
E_g	2	−1	0	2	−1	0	(R_x, R_y)	(x^2-y^2, xy) (xz, yz)
A_{1u}	1	1	1	−1	−1	−1		
A_{2u}	1	1	−1	−1	−1	1	z	
E_u	2	−1	0	−2	1	0	(x, y)	

D_{4d}	E	$2S_8$	$2C_4$	$2S_8^3$	C_2	$4C'_2$	$4\sigma_d$		
A_1	1	1	1	1	1	1	1		x^2+y^2, z^2
A_2	1	1	1	1	1	−1	−1	R_z	
B_1	1	−1	1	−1	1	1	−1		
B_2	1	−1	1	−1	1	−1	1	z	
E_1	2	$\sqrt{2}$	0	$-\sqrt{2}$	−2	0	0	(x, y)	
E_2	2	0	−2	0	2	0	0		(x^2-y^2, xy)
E_3	2	$-\sqrt{2}$	0	$\sqrt{2}$	−2	0	0	(R_x, R_y)	(xz, yz)

D_{5d}	E	$2C_5$	$3C_5^2$	$5\ C_2$	i	$2S_{10}^3$	$2S_{10}$	$5\sigma_d$		
A_{1g}	1	1	1	1	1	1	1	1		x^2+y^2, z^2
A_{2g}	1	1	1	−1	1	1	1	−1	R_z	
E_{1g}	2	2cos72°	2cos144°	0	2	2cos72°	2cos144°	0	(R_x, R_y)	(xz, yz)
E_{2g}	2	2cos144°	2cos72°	0	2	2cos144°	2cos72°	0		(x^2-y^2, xy)
A_{1u}	1	1	1	1	−1	−1	−1	−1		
A_{2u}	1	1	1	−1	−1	−1	−1	1	z	
E_{1u}	2	2cos72°	2cos144°	0	−2	−2cos72°	−2cos144°	0	(x, y)	
E_{2u}	2	2cos144°	2cos72°	0	−2	−2cos144°	−2cos72°	0		

D_{6d}	E	$2S_{12}$	$2C_6$	$2S_4$	$2C_3$	$2S_{12}^5$	C_2	$6C'_2$	$6\sigma_d$		
A_1	1	1	1	1	1	1	1	1	1		x^2+y^2,z^2
A_2	1	1	1	1	1	1	1	−1	−1	R_z	
B_1	1	−1	1	−1	1	−1	1	1	−1		
B_2	1	−1	1	−1	1	−1	1	−1	1	z	
E_1	2	$\sqrt{3}$	1	0	−1	$-\sqrt{3}$	−2	0	0	(x,y)	
E_2	2	1	−1	−2	−1	1	2	0	0		(x^2-y^2,xy)
E_3	2	0	−2	0	2	0	−2	0	0		
E_4	2	−1	−1	2	−1	−1	2	0	0		
E_5	2	$-\sqrt{3}$	1	0	−1	$\sqrt{3}$	−2	0	0	(R_x,R_y)	(xz,yz)

S_4	E	S_4	C_2	S_4^3		
A	1	1	1	1	R_z	x^2+y^2,z^2
B	1	−1	1	−1	z	x^2-y^2,xy
E	{1	i	−1	−i}	(x,y); (R_x,R_y)	(xz,yz)
	{1	−i	−1	i}		

S_6	E	C_3	C_3^2	i	S_6^5	S_6		$\in=\exp(2\pi i/3)$
A_g	1	1	1	1	1	1	R_z	x^2+y^2,z^2
E_g	{1	$\in$	$\in^*$	1	$\in$	$\in^*$}	(R_x,R_y)	(x^2-y^2,xy) (xz,yz)
	{1	$\in^*$	$\in$	1	$\in^*$	$\in$}		
A_u	1	1	1	−1	−1	−1	z	
E_u	{1	$\in$	$\in^*$	−1	$-\in$	$-\in^*$}	(x,y)	
	{1	$\in^*$	$\in$	−1	$-\in^*$	$-\in$}		

S_8	E	S_8	C_4	S_8^3	C_2	S_8^5	C_4^3	S_8^7		$\in=\exp(2\pi i/8)$
A	1	1	1	1	1	1	1	1	R_z	x^2+y^2,z^2
B	1	−1	1	−1	1	−1	1	−1	z	
E_1	{1	$\in$	i	$-\in^*$	−1	$-\in$	−i	$\in^*$}	(x,y)	
	{1	$\in^*$	−i	$-\in$	−1	$-\in^*$	i	$\in$}	(R_x,R_y)	
E_2	{1	i	−1	−i	1	i	−1	−i}		(x^2-y^2,xy)
	{1	−i	−1	i	1	−i	−1	i}		
E_3	{1	$-\in^*$	−i	$\in$	−1	$\in^*$	i	$-\in$}		(xz,yz)
	{1	$-\in$	i	$\in^*$	−1	$\in$	−i	$-\in^*$}		

T_d	E	$8C_3$	$3C_2$	$6S_4$	$6\sigma_d$		
A_1	1	1	1	1	1		$x^2+y^2+z^2$
A_2	1	1	1	−1	−1		
E	2	−1	2	0	0		$(2z^2-x^2-y^2, x^2-y^2)$
T_1	3	0	−1	1	−1	(R_x, R_y, R_z)	
T_2	3	0	−1	−1	1	(x, y, z)	(xy, xz, yz)

O_h	E	$8C_3$	$6C_2$	$6C_4$	$3C_2=(C_4^2)$	i	$6S_4$	$8S_6$	$3\sigma_h$	$6\sigma_d$		
A_{1g}	1	1	1	1	1	1	1	1	1	1		$x^2+y^2+z^2$
A_{2g}	1	1	−1	−1	1	1	−1	1	1	−1		
E_g	2	−1	0	0	2	2	0	−1	2	0		$(2z^2-x^2-y^2, x^2-y^2)$
T_{1g}	3	0	−1	1	−1	3	1	0	−1	−1	(R_x, R_y, R_z)	
T_{2g}	3	0	1	−1	−1	3	−1	0	−1	1		(xy, xz, yz)
A_{1u}	1	1	1	1	1	−1	−1	−1	−1	−1		
A_{2u}	1	1	−1	−1	1	−1	1	−1	−1	1		
E_u	2	−1	0	0	2	−2	0	1	−2	0		
T_{1u}	3	0	−1	1	−1	−3	−1	0	1	1	(x, y, z)	
T_{2u}	3	0	1	−1	−1	−3	1	0	1	−1		

$C_{\infty v}$	E	$2C_\infty^\varphi$	…	$\infty\sigma_v$		
$A_1\equiv\Sigma^+$	1	1	…	1	z	x^2+y^2, z^2
$A_2\equiv\Sigma^-$	1	1	…	−1	R_z	
$E_1\equiv\Pi$	2	$2\cos\varphi$	…	0	(x, y);(R_x, R_y)	(xz, yz)
$E_2=\Delta$	2	$2\cos2\varphi$	…	0		(x^2-y^2, xy)
$E_3\equiv\phi$	2	$2\cos3\varphi$	…	0		
…	…	…	…	…		

$D_{\infty h}$	E	$2C_\infty^\varphi$	…	$\infty\sigma_v$	i	$2S_\infty^\varphi$	…	∞C_2		
Σ_g^+	1	1	…	1	1	1	…	1		x^2+y^2, z^2
Σ_g^-	1	1	…	−1	1	1	…	−1	R_z	
Π_g	2	$2\cos\varphi$	…	0	2	$-2\cos\varphi$	…	0	(R_x, R_y)	(xz, yz)
Δ_g	2	$2\cos2\varphi$	…	0	2	$2\cos2\varphi$	…	0		(x^2-y^2, xy)
…	…	…	…	…	…	…	…	…		
Σ_u^+	1	1	…	1	−1	−1	…	−1	z	
Σ_u^-	1	1	…	−1	−1	−1	…	1		
Π_u	2	$2\cos\varphi$	…	0	−2	$2\cos\varphi$	…	0	(x, y)	
Δ_u	2	$2\cos2\varphi$	…	0	−2	$-2\cos2\varphi$	…	0		
…	…	…	…	…	…	…	…